MUCHO MÁS QUE BICHOS

Fernando Cortés-Fossati

MUCHO MÁS QUE BICHOS

Descubre la verdadera naturaleza de
los Artrópodos, los animales más diversos
del planeta Tierra

© Fernando Cortés-Fossati, 2024
© Editorial Pinolia, S. L., 2024
Calle Cervantes, 26
28014, Madrid

www.editorialpinolia.es
info@editorialpinolia.es

Colección: Divulgación científica
Primera edición: junio de 2024

Depósito legal: M-8588-2024
ISBN: 978-84-19878-49-6

Diseño y maquetación: Almudena Izquierdo
Diseño cubierta: Alvaro Fuster-Fabra
Impresión y encuadernación: Industria Gráfica Anzos S.L.U.

Printed in Spain - Impreso en España

ÍNDICE

NOTA

Querido lector, querida lectora: como podrás observar a lo largo de estas páginas plagadas de bichos hasta arriba, en algunas ocasiones, los nombres que usamos para referirnos a ellos a veces comienzan con mayúscula, otras en minúscula. ¿Por qué? En lenguaje científico, cuando escribimos el nombre con mayúscula, nos referimos a ese grupo taxonómico de animales al completo que estamos nombrando, y, por tanto, incluimos a todas las especies que lo conforman. Sin embargo, cuando los vemos escrito comenzando en minúsculas, nos referimos no a todo el conjunto de especies, sino a algunos de estos animales en concreto que se incluyen dentro del grupo en que quedan clasificados, o a un nombre común dado a ese grupo animal. Así, por ejemplo, no es lo mismo decir *Artrópodos* que *artrópodos*, o *Insectos* que *insectos*. Escribiríamos «los Artrópodos (todos ellos) son animales», y por el contrario «hay artrópodos (no todos) que hacen tela». De la misma forma «algunos artrópodos (algunos, no todos) tienen seis patas, como los Insectos (todos tienen seis patas)». Así, *mosca* o *mosquito* son nombres comunes para referirnos a ciertas especies de insectos del grupo los Dípteros. Esta regla, aunque sencilla, nos ayuda muchísimo a la hora de hablar con propiedad de los organismos, y por tanto a que comprendas mejor la información contenida en este libro.

PRÓLOGO

T engo en mis manos un libro singular, que con expresiones divertidas y poco usuales en este tipo de tratados, nos acerca a un mundo de animales tan fascinantes como todavía desconocidos para el gran público: los Artrópodos. Como nos recuerda su autor, con más de un millón de especies descritas, y con más de diez millones de especies por descubrir según las últimas estimaciones científicas, es el grupo de seres vivos más numeroso y diverso que conforma esa biodiversidad que nos acompaña en esta aventura de la vida de la que nosotros formamos parte.

Este libro nos abre sus páginas a un mundo maravilloso, y a la vez uno de los más amenazados, el de los Artrópodos, cuyos primeros registros fósiles se remontan a cerca de 540 millones de años. Seres fantásticos que surcaban y trataban de sobrevivir en los mares cámbricos, momento en que dio comienzo una de las mayores revoluciones biológicas de la historia geológica de la Tierra. Desde entonces, los Artrópodos, a lo largo del tiempo, han ido modelando el medio, participando en todos los procesos ecológicos que mantienen los ecosistemas, diversificándose, superando procesos de extinción masiva y llegando hasta nosotros como el grupo más diverso que nunca haya existido. Como dice el autor del libro: «una fuerza imparable de la naturaleza cuyo torrente de vida parece no conocer medida».

Fernando Cortés-Fossati, con un estilo singular, y a veces explícitamente informal y provocativo, ha sabido huir del academicismo que nos caracteriza a los profesores universitarios, para acercar al gran público, con un lenguaje desenfadado e imaginativo, un mundo fascinante de seres vivos. Ya con el título del primer capítulo, «A tortas con el vocabulario», nos pone de manifiesto que estamos ante un libro que busca sorprender incluso en lo más básico del conocimiento. Ha logrado transformar lo que generalmente constituye un sesudo y complicado recorrido a través de las evidencias morfológicas y diferencias anatómica, en un paseo divertido y sorpresivo que logra mantener la atención incluso en los temas más áridos. La apasionante evolución de los Artrópodos desde sus orígenes en los albores del Cámbrico hace 540 millones de años, objeto de múltiples investigaciones y profundas discusiones científicas, se ve convertido en un fantástico viaje espacial a través del tiempo, donde el autor, con su característico lenguaje informal, logra mantener la atención del lector, y todo ello sin perder la rigurosidad de la base científica que sustenta el proceso evolutivo de este grupo de animales. A partir de aquí, con su peculiar lenguaje y desenfadado, nos muestra asombrosas morfologías y apasionantes biologías, adentrándonos en los secretos y particularidades de los distintos grupos. Desde los mal afamados Quelicerados, y pasando entre otros grupos por los apreciados Multicrustáceos o los poco queridos Ciempiés y Milpiés, nos lleva hasta el conjunto estrella de los Artrópodos, los Insectos, un grupo megadiverso que encontramos en todos los ecosistemas terrestres, de agua dulce e incluso en medio marino. De ellos dependen importantes procesos ecológicos como la polinización y producción de frutos, la descomposición de restos orgánicos y la fertilización de suelos, son la base de alimentación de otros muchos grupos animales y muchas de sus especies juegan un papel imprescindible en el control de plagas. Imposible en estas páginas el poder abordar las múltiples peculiaridades de un grupo de artrópodos del que conocemos más de un millón de especies, y se calcula que su diversidad puede ser de diez veces más. El autor, a través de anécdotas y pinceladas sobre los principales grupos, nos acerca a la vida de estos animales y logra despertar la curiosidad del lector por ellos.

Finalmente, Fernando parece ponerse serio, no utiliza expresiones informales y sarcásticas, y nos habla de manera directa y sin rodeos del grave problema que padece el mundo actual, la desaparición silenciosa de especies, la pérdida de biodiversidad de este grupo imprescindible para el buen funcionamiento de los ecosistemas y nuestro estado del bienestar. Una amenaza real que se cierne sobre este grupo de animales que sigue sin ser considerada en toda su dramática dimensión, ni por las administraciones y gobiernos, ni por la sociedad en general. Necesitamos que mensajes como los que encierra este capítulo se difundan, lleguen a todos y hagan reflexionar sobre qué mundo queremos dejar, ya que en ello va el futuro de la biodiversidad y nuestro estado de bienestar. Los Artrópodos son imprescindibles para que la vida siga fluyendo, tal como nos recuerda el último capítulo. Están presentes en nuestras vidas, convivimos con ellos, realizan importantes funciones en la Naturaleza, mantienen vivos ecosistemas saludables y aportan grandes beneficios a nuestra salud. En definitiva, estamos ante un libro que informa, despierta interés por los Artrópodos y mueve al lector a profundizar más en la biodiversidad y biologías de sus especies, por ello, enhorabuena a su autor por contribuir de esta forma a difundir el conocimiento y despertar inquietudes para conocer mejor al grupo de animales más diverso y abundante y a la vez más amenazado en la actualidad.

Eduardo Galante Patiño
Catedrático de Zoología
Profesor emérito de la Universidad de Alicante

1

A TORTAS CON EL VOCABULARIO

Un monstruo terrible, enorme como una montaña y cuya oscura sombra devoraba todo a su alrededor. Poseía una piel de brillantes escamas que parecía impenetrable, cuatro patas que se erigían desde el suelo como torres imposibles de derribar, y unas fauces repletas de colmillos afilados como espadas. Se trataba del dragón de Brno, ese que las leyendas contaban que aterrorizó en aquella región, allá por el medievo. Decían que, tras reiteradas encarnizadas batallas, un día la criatura había sido finalmente derrotada, y que su cuerpo conservado yacía en la ciudad, como símbolo. Pero yo lo miraba, y lo volvía a mirar, y lo único que veía era un cocodrilo —del Nilo, a mi parecer— allí, disecado y colgado del techo de una torre del siglo XIII. En un día normal en la ciudad checa de Brno, mientras caminaba por el centro histórico, me topé con aquella estampa, en el interior del arco que formaba parte de la base del *Starà Radnice*, el antiguo ayuntamiento de la ciudad. Aquello era, cuanto menos, curioso. Tenía que investigar el porqué.

En mi búsqueda de la historia real detrás de la leyenda, descubrí que, para algunos, el dragón acabó convirtiéndose en realidad cuando alguien, en el siglo XV, trajo un cocodrilo disecado a la ciudad a modo de presente. Cuando los habitantes vieron a aquella criatura expuesta en las calles, pensaron que se trataba del dragón de Brno, del cual se habían disecado sus restos como prueba irrefutable de que había sido abatido. Sí, sí, puedes estar riéndote, tirado por el suelo, gritando: «¡¿Cómo alguien puede confundir un cocodrilo con un dragón?!». Sin embargo, esta experiencia me sirvió para darme cuenta de una cosa: nadie tiene criterio para discernir realidad y ficción si no tiene las herramientas para hacerlo. Aunque pueda parecerte exagerado, esto aún ocurre hoy día. La falta de conocimiento y la mezcla de mito y realidad han persistido en la percepción de animales que el público general no conoce de forma adecuada. Porque, ¿y si vives en el siglo XV y nunca has visto a un cocodrilo, cosa bastante normal por aquella época? Pero ¿y si vives en el siglo XXI y crees que los «bichos» son una masa oscura de entes indistinguibles unos de otros, que hacen cosas sórdidas allá donde se encuentren, como estorbarnos, envenenarnos o mordernos, disfrutando mientras lo hacen?

Bicho. Sí, esa palabra que tanto decimos, que tanto usamos, y que, ojo al asunto, forma parte del título de este libro. Una palabra que normalmente se refiere, de forma despectiva, a cualquier criatura que nos parezca desagradable, asquerosa, y horripilante a nuestros ojos, y que en el imaginario colectivo suele ser asociada a la oscuridad, a la suciedad, a la maldad. Así, un bicho puede ser casi cualquier ente que la cultura imperante nos haya enseñado que es perjudicial. Para muchas personas, una serpiente podría considerarse un bicho, al igual que un sapo, o una lombriz… Es lo que tiene la palabra bicho, es tan ambigua, que cualquiera puede usarla de la forma que le venga en gana, porque estimado lector, estimada lectora… ¿Qué es un bicho? El famoso novelista y científico Arthur C. Clarke dijo en el siglo pasado que «cualquier tecnología suficientemente avanzada es indistinguible de la magia». Pues déjame decirte que un fenómeno de muy similar naturaleza ocurre en las calles en relación con los animales. Así, esta acertada frase se puede reformular de la siguiente manera: «cualquier animal que no conocemos adecuadamente es indistinguible de un bicho».

La sociedad está malacostumbrada. No creas que esas criaturitas que tienen más presencia en los medios y en las redes, como los monos y achuchables osos panda, leones, foquitas y zorritos, son los más abundantes, los más representativos. Para empezar, ten en cuenta que, a pesar de lo que creas, más del 90 % de la vida animal de la tierra tiene un tamaño corporal menor que la uña de un dedo de la mano. Y de ellos, la mayoría son seres realmente minúsculos a la par que anónimos, seres raros que nadie conoce, pero que están haciendo cosas trascendentales en su micromundo tales como comer bacterias y controlar sus poblaciones, o remover y oxigenar la tierra con sus movimientos a nivel milimétrico. Por otra parte, si los animales en cuestión no entran dentro de los que probablemente serían protagonistas de todo documental, y se salen de los cánones anatómicos esperables para considerarse peluchitos vivientes, son considerados no animales, sino bichos.

Y hay unas criaturas en particular que se llevan el título de bichos por excelencia, pues para prácticamente cualquier ser humano del mundo son desconocidas, oscuras y malignas: si tienen varios pares de patas, son pequeñas y peludas en aspecto, y tienen alas o antenas… ¡Ahí no hay duda! ¡Uf, eso ya son bichos con pedigrí! ¿Qué iban a ser, si no, seres tales como las cucarachas, las moscas, las arañas, o todos aquellos otros miles de seres de su calaña, iguales de asquerosos y perversos? Pues animales, fíjate. Sí, como un perro o nosotros mismos. Concretamente, Artrópodos, un gran grupo del reino animal que engloba, entre otros integrantes, a todos los insectos, arácnidos, o cochinillas y sus parientes, ¡como los cangrejos que te comes! También incluye a las abejas y las mariposas, algo más estimadas por el público general, pero que son tan insectos, y, por tanto, tan artrópodos y tan bichos como las cucarachas. «¡Pero, si no se parecen en nada, dirás!». Oh, ya creo yo que sí. Lo que ocurre es que hay un estigma social muy grande que nos impide ver la realidad con claridad. Entonces, si esto es así... ¿qué caracteriza a estas criaturas que son los Artrópodos, que tienen en común todas ellas para ser parientes?

Además de tener muchos ojos y patas como te imaginas cuando te mencionan la palabra *bicho*, los Artrópodos poseen un duro esqueleto externo formado por una cutícula muy resistente, pero provista de articulaciones entre todas las piezas que lo forman, a modo de armadura medieval. Esto les confiere protección sin renunciar a la flexibilidad. Asimismo, estos animales se caracterizan por ser generalmente de tamaño pequeño, micrométrico, milimétrico o centimétrico, y tener ciclos vitales muy cortos: en muchos casos, en tan solo un año, han hecho todo lo que tenían que hacer. Todos ellos son animales de cuerpo segmentado, y presentan tagmas o regiones corporales más o menos diferenciadas. Así, en su anatomía, podemos identificar una cabeza, un prosoma —la primera región corporal de animales como las arañas, entre otros—, un tronco, un abdomen, un tórax, o lo que corresponda en función del animal. En el caso de los artrópodos terrestres, en muchas ocasiones, el cuerpo está cubierto de sedas, que nos recuerdan a pelos, pero que no tienen nada que ver con estas estructuras propias de los Mamíferos. Algunas de estas sedas tienen funciones receptoras de corrientes, vibraciones o campos eléctricos: son los llamados tricobotrios. En cuanto a olfato, pues estos animales no huelen como nosotros, sino que tienen receptores de químicos situados en diferentes partes del cuerpo en función del grupo. Por ejemplo, mientras que los insectos «huelen» con las antenas, las arañas lo hacen con las patas. Suelen también disponer de receptores químicos en la boca. Lo mismo ocurre con su sentido del oído, que se parece de lejos al nuestro: algunas especies tienen estructuras parecidas a tímpanos en alguna parte del cuerpo, y otras no. Además, estos animales son, por lo general, ectotermos; es decir, no pueden regular su temperatura corporal como nosotros, sino que dependen de la temperatura del ambiente para activar su metabolismo. Por cierto, no tienen sangre, sino hemolinfa, un líquido transportador análogo a esta, que se mueve por el cuerpo gracias al bombeo de un corazón muy simple del que disponen estos animales. Su sistema circulatorio es abierto: a diferencia del nuestro, que es cerrado —la sangre nunca sale de nuestros vasos hasta que llega su destino, sean órganos, tejidos o lo que corresponda— la hemolinfa de los Artrópodos viaja por una red de vasos nada compleja que finaliza en unas áreas abiertas llamadas lagunas, en donde acaba derramándose dentro del animal, alimentando así con los nutrientes que transporta a los órganos y tejidos correspondientes. En función del animal, la hemolinfa puede transportar, entre otros, nutrientes, hormonas o células del sistema inmunitario además de oxígeno —por ejemplo, en los Multicrustáceos acuáticos como la langosta o las Arañas— o bien transportar únicamente nutrientes y otras sustancias, pero no oxígeno, que se distribuye en un sistema aparte —como ocurre con los Insectos y sus tráqueas—. En el caso de que la hemolinfa transporte oxígeno, esta no la hace mediante el uso de hemoglobina, como en nosotros los humanos, sino con hemocianina, una proteína basada en el cobre, y no en el hierro.

Por otra parte, siempre, siempre, necesitan realizar mudas de su exoesqueleto cada cierto tiempo para avanzar a la siguiente fase de maduración de su ciclo, poder crecer y llegar al estado adulto. Esto les permite regenerar partes dañadas del cuerpo de cara a la siguiente muda. Es usual que los individuos no muden más una vez llegan a su estado adulto. En muchos casos, el cuerpo de estos animales sufre en el proceso de maduración una serie de transformaciones muy extremas y complejas. Este proceso es el que llamamos metamorfosis, y es típico de los Insectos, pero también de los cangrejos y otros artrópodos marinos. Su reproducción suele ser de tipo sexual, y las especies cuentan con dos sexos separados, hembra y macho. La reproducción resulta, por lo general, en una increíblemente numerosa puesta de cientos de huevos que las hembras depositan en el medio, y abandonan a su suerte, pues como regla, los Artrópodos no cuidan de sus crías. En adición, muchos de estos animales poseen estructuras como las mencionadas antenas, que les confieren sentidos increíblemente refinados del tacto o el olfato, alas que les permiten volar, e incluso glándulas que les permiten generar sustancias increíbles, como la seda o el veneno. En cuanto a respiración se refiere, si se trata de especies acuáticas, respiran por branquias, pero si son terrestres, lo hacen mediante un sistema de tubitos distribuidos por todo su cuerpo llamados tráqueas. Algunos artrópodos incluso respiran directamente con la superficie corporal, a través de la cutícula, como ocurre, por lo general, en los Colémbolos. Y hasta aquí, las reglas generales de cómo son los Artrópodos…

Porque claro, con tanta diversidad de especies, nada puede darse por sentado al cien por cien en el mundo de los Artrópodos. Luego te enteras de que existen especies para nada pequeñas, sino monstruosas en tamaño, como el cangrejo gigante japonés, que mide cuatro metros, o de que hay insectos como ciertas cucarachas que paren vivas a sus crías, pues estas primero nacen de sus huevos en el interior de su madre y luego salen al exterior —es decir, son ovovivíparas—. O lees que existen especies de mariposas nocturnas, himenópteros o escarabajos que pueden controlar su temperatura corporal elevándola a más del doble de la temperatura que existe en el ambiente. O te enteras de que las madres araña suelen cuidar de sus crías y de que hay artrópodos que viven un siglo sin problema alguno, como la langosta americana… ¡Una criatura que puede llegar a pesar, por cierto, lo que una hembra adulta de American Stanford! Y es que, con tantas especies —¡más de un millón!— puedes encontrarte prácticamente todo bicho que puedas imaginar, y casi cualquier excepción a la norma establecida. ¡Son animales realmente complicados!

Aun así, y aunque aún nos queda mucho por estudiar y conocer, gracias a las técnicas científicas más avanzadas, hemos conseguido comprender, al menos a grandes rasgos, la ecología de estos animales o los grados de parentesco que existen entre ellos. Los científicos y científicas siempre consideramos válidos aquellos grupos de organismos en los que sus integrantes siempre provienen del mismo ancestro común —grupos monofiléticos—. Cuando tenemos varios grupos monofiléticos, volvemos a ordenar a estos grupos en función de su parentesco, y así, una y otra vez, cada vez a mayor escala, podemos remontarnos al mismo nacimiento de la vida. Así, ordenamos a los seres vivos desde el nivel de especie, el más bajo, hasta el nivel más alto, que es el de reino, en el caso que nos ocupa, el de los Animales. Gracias a ello, actualmente sabemos que las arañas no son insectos, que los Crustáceos no existen, que los Insectos y las gambas son primos, o que las termitas son realmente cucarachas —¡toma ya!—. En este libro, usaremos la clasificación más actualizada de los Artrópodos de la que disponemos hoy día, basada en los estudios más punteros. De este modo, visitaremos a cada uno de los grupos que los conforman, y nos adentrarnos en cada uno de sus increíbles estilos de vida. Para alcanzar este estado de conocimiento del que disponemos hoy, hemos sufrido mucho a lo largo de la historia de la ciencia. Muchos porrazos… para que ahora los llamemos «bichos», de forma despectiva, a secas.

En nuestros albores como civilización, venerábamos a muchos artrópodos y temíamos a otros, pero aun así comprendíamos su importancia ecológica. Muchas culturas relevantes de la historia, como la sumeria, la egipcia, o la romana así lo atestiguan. Sin embargo, poco después comenzaron a ser considerados seres infernales o sinónimo de enfermedad, una percepción que perduró hasta el siglo XVII incluso entre los círculos académicos, en parte porque eran usados como figuras de aleccionamiento moral acerca de lo que no estaba bien. Esta herencia cultural, fuertemente arraigada, fruto de una cosmovisión caduca, ha sobrevivido hasta nuestros días. Una herencia que provoca falta de aprecio por la historia natural de estos animales y que lleva a la percepción generalizada de que todos estos organismos —que ojo, representan el 85 % de las especies animales conocidas en el mundo— son lo mismo: una masa de seres asquerosos y malignos. Sin embargo, el progreso de la ciencia moderna fue revelando una verdad abrumadora, incontestable: los artrópodos son animales de luz, imprescindibles para nuestra existencia. ¿No te lo crees? Cierra los ojos, respira profundamente un par de veces… Y vuélvelos a abrir. Mira con detenimiento a tu alrededor. Puede que estés leyendo en tu salón o en un parque. Todo, absolutamente todo lo que te rodea, está ahí gracias a la existencia de diversos grupos de seres vivos esenciales para nuestra vida en los que nadie repara, como es el caso los Artrópodos. Las plantas crecen sanas y fuertes porque miles de millones de organismos básicos en los ecosistemas, entre ellos hormigas o escarabajos, remueven y oxigenan el suelo durante toda la vida de la planta. Los suelos son más fértiles porque estos animales reciclan miles de toneladas de nutrientes al participar en los procesos de descomposición. Las redes tróficas se mantienen en funcionamiento gracias a ellos, pues se encuentran en la base de todas ellas. Además, participan de forma crucial en procesos como la polinización de las plantas, el control poblacional de otros animales… En definitiva, sea en una pradera, en el pico más gélido de la cordillera del Himalaya o en lo más hondo de la fosa de las Marianas, en la madera de cualquier mueble o barco fabricado vez alguna, en las frutas y peces que comes, e incluso en tu piel en simbiosis con ácaros, los Artrópodos y su esencialidad están presentes, ahí y por donde mires. ¡Ostras, si es que hay artrópodos que hasta viven en la lava de los volcanes casi recién solidificada, como ciertas tijeretas o escarabajos lavícolas, que colonizan antes estos ecosistemas que plantas o cianobacterias!

¿Te está picando la curiosidad? Te adelanto que, si continúas leyendo, no habrá vuelta atrás: descubrirás un mundo maravilloso, repleto de seres sorprendentes que te dejarán atónito, que romperá todos tus esquemas y prejuicios, y que te hará ver el mundo de una forma completamente distinta. Porque en este libro para nada trato a unos seres cualesquiera. Estamos haciendo mención del más grandioso grupo animal que la Tierra ha visto. Un grupo de origen ancestral, cuyo antepasado más primigenio vivió en nuestro planeta hace, nada más y nada menos, que 538,8 millones de años, a comienzos del periodo Cámbrico. Por aquel entonces, los Artrópodos fueron protagonistas de una revolución que cambió la historia de la evolución de los animales y el mundo para siempre. Desde ese instante, hasta hoy, han moldeado el planeta en que vivimos, pues fueron vitales para mantener el funcionamiento de todos los ecosistemas del mundo, ecosistemas que ellos mismos ayudaron a cincelar, en un tiempo remoto. Y es, justo aquí, donde comienza nuestra historia.

2

EL ASCENSO DE LOS BICHOS

Hoy en día, hay artrópodos por doquier, sustentando el funcionamiento de nuestra realidad. Su dominio hegemónico en prácticamente todos los ecosistemas del mundo es, sin duda, indiscutible. Pero ¿fue esto siempre así? ¿Cómo fueron los primeros artrópodos? ¿Cómo llegaron a convertirse en los reyes del reino animal? Tranquilidad entre las masas, que justamente en este capítulo daremos respuesta a todas esas y más preguntas. Y para hacerlo, imagina que tuviésemos una máquina del tiempo, en la que pudiéramos viajar a cualquier momento de la historia, y saltar a través de los millones de años, desde el pasado más remoto hasta el presente, para contemplar en primera persona cómo estos animales se convirtieron en dueños de todo lo que nos rodea.

Te adelanto que esta será una historia repleta de criaturas extrañas y monstruos asombrosos: que no te cuenten lo contrario, los primeros bicharracos de la historia no fueron los dinosaurios, por mucha publicidad que tengan, y por muy sorprendentes que sean. Los primeros gigantes que hollaron este planeta fueron artrópodos: gambas acorazadas de casi medio metro, bichos marinos llenos de pinchos o milpiés más largos que una moto de competición, fueron algunos de estos asombrosos animales que alguna vez habitaron la Tierra.

¿Dientes largos? ¿Emoción desenfrenada por comenzar nuestro viaje? ¡Sin duda, será épico y trepidante! Tengo mucho que contarte… Y es que, en las tres últimas décadas, el estado de conocimiento sobre la evolución temprana de estas criaturas ha experimentado un importante progreso, en parte al tesón, pero también al ingenio, de una gran diversidad de especialistas en la materia, gracias a los cuales estamos rellenando huecos de información de momentos remotos de la historia de la vida que parecían imposibles de alcanzar hasta hace muy poco tiempo. Los avances en campos como la biología molecular, la filogenómica, la anatomía comparada, la paleontología o la geología, así como la creación y perfeccionamiento de diversas técnicas estadísticas para el análisis de datos, y de nuevas tecnologías y máquinas cada vez más precisas, están siendo claves en este proceso. El único «fallito» es que no se han inventado todavía naves capaces de viajar al pasado, por lo que tendremos que resolver ese punto con algo de imaginación. ¡Sin embargo, lo primero que debemos saber es qué fecha marcar en el panel de nuestro vehículo temporal! Y esta es nada más y nada menos que hace 538,8 millones de años. Sí, con total seguridad, ese fue el mundo que vio nacer a nuestros protagonistas. Gracias a técnicas estratigráficas de datación relativa y absoluta de sedimentos, al registro fósil, y a sofisticadas técnicas de biología molecular que aplicamos en artrópodos actuales, sabemos que estos animales aparecieron justo en esa fecha. ¡538,8 millones de años! Esta bestial cantidad de tiempo equivale a visionar en bucle, en tiempo real, toda la historia de la humanidad alrededor de 2 000 veces. Necesitaríamos tener más que una longevidad inhumana para aguantar tremendo maratón: muchísimo suero fisiológico para hidratarnos los ojos.

Tecleamos la fecha. La nave empieza a vibrar fuertemente —¡espero que te hayas puesto el cinturón! —. Comenzamos a ver haces de luz que se aceleran y pasan por el cristal de la cabina de mando. Un ruido ensordecedor se apodera de nuestra atmósfera. Sentimos una sensación fortísima de succión en nuestro estómago y de repente dejamos de ver cualquier cosa en nuestro en derredor, pues todo se vuelve oscuro, mientras los ruidos de la máquina nos aturden. ¡Flis, flas, flus! ¡Aaaaaahhh! ¡Deceleración!

De repente, aparecemos en una zona continental, emergida, como en la que ahora podría desarrollarse un bosque, o una ciudad. Pero allí… ¡Allí no hay nada! Vemos ante nosotros un mundo vacío, yermo a nuestros ojos, como un desierto infinito carente de vida, a excepción de unos cuantos microorganismos que son capaces de resistir las brutales condiciones de un planeta que no tiene ecosistemas terrestres. Un mundo en el que solo existía un supercontinente, formado de todas las placas tectónicas del planeta unidas en una sola masa, que se concentraba en el hemisferio sur: la hostil y prácticamente inhabitable Pannotia. Sin embargo, a Pannotia le quedaba poco para desaparecer —poco a escala geológica, claro, puesto que los continentes se mueven muy despacio en «tiempo humano»—. Debido a la dinámica de placas, con el paso de los miles de años, esta gran masa estaba comenzando a resquebrajarse.

Hemos aterrizado oportunamente justo entre finales del periodo ediacárico —la última de las divisiones del eón proterozoico— y principios del periodo cámbrico —el primero de los periodos de la era paleozoica, que comenzaba el nuevo eón fanerozoico—. Aunque fuese imperceptible a simple vista, en ese momento de la historia de la vida, las reglas del juego estaban cambiando drásticamente. Una conjunción de factores, tal vez el más importante, el adiós de Pannotia, habían creado la tormenta perfecta para el desencadenamiento de una revolución en la historia de la vida.

Eso sí, para observar de forma más palpable lo que se estaba cociendo realmente en la Tierra por estas fechas, hemos de usar nuestra nave en modo automóvil, y conducir hasta llegar a la costa, para darnos un chapuzón en el océano. Un océano que se estaba convirtiendo, cada vez a pasos más agigantados, en un hervidero de vida. ¿Qué estaba ocurriendo? Ni más ni menos que un fenómeno conocido como la explosión de vida del Cámbrico. La evolución se había acelerado debido a las condiciones ambientales tan propicias que existían para ello, a esa tormenta perfecta de la que hablábamos, y, en consecuencia, aparecieron por doquier una horda de nuevas criaturas dispuestas a comerse el mundo, en tan solo 13-25 millones de años —existen diversas propuestas de la duración del evento—. Un desarrollo de acontecimientos a todas luces vertiginoso en comparación con las franjas de tiempo en que usualmente suelen ocurrir radiaciones evolutivas de ese calibre. Fue por aquel entonces, de hecho, cuando aparecieron casi todos los grandes linajes que millones de años después darían lugar a los animales modernos que hoy conocemos, entre ellos los Cordados, como nosotros los humanos, o los Moluscos y los Equinodermos. Pero, pero… ¿Por qué ocurrió esto?

La ruptura de Pannotia lo había cambiado todo: las dinámicas oceánicas, las corrientes, las condiciones de luz y temperatura… Incluso provocó que la cantidad de nutrientes en los océanos variara: los procesos de orogénesis —formación de montañas— que estaban ocurriendo a raíz de los movimientos tectónicos, habían vuelto disponibles, en cantidades ingentes, diversos elementos esenciales para la vida. Esto tenía repercusiones muy importantes. Dicho de forma llana, ya no había tantas limitaciones para la evolución de los organismos, pues había «cemento» de sobra para construir animales grandes y complejos morfológicamente.

Por otra parte, hubo cambios drásticos en la cantidad de oxígeno disuelto en los océanos y la atmósfera, que hasta hacía unos millones de años, había sido muy baja. Por si no lo sabías, la atmósfera original, previa a la vida, para nada disponía de grandes cantidades de este gas. Así, cuando los seres vivos aparecieron, los microorganismos anaeróbicos eran los reyes. Estos usaban otras moléculas para llevar a cabo sus actividades metabólicas. Sin embargo, posteriormente aparecieron los microorganismos fotosintéticos, y cambiaron lentamente la composición en gases de las aguas y la atmósfera. Luego, aparecieron algas macroscópicas, cuya actividad contribuyó a un mayor enriquecimiento de este gas. Así, conforme transcurrían los primeros millones de años de evolución de los seres fotosintéticos, la concentración de oxígeno en la atmósfera iba aumentando paulatinamente, hasta convertir a la atmósfera en oxigenada y poco favorecedora para los organismos anaeróbicos, que fueron destronados. Y con el oxígeno sube que te sube, cientos de millones de años después, en el momento en que nos encontramos en nuestro viaje, en el Cámbrico, este gas alcanzó unos niveles nunca antes registrados. A causa de la disminución del dióxido de carbono, también la Tierra sufrió un proceso de enfriamiento.

Es importante comentar que, a lo largo de los millones de años, esta concentración de oxígeno seguiría fluctuando, con picos muy altos (Devónico medio, Carbonífero superior), y periodos muy chungos en cuanto a oxígeno se refiere (finales del Ordovícico, finales del Devónico)… Pero nunca llegarían a los niveles de aquella atmósfera inicial y anoxigénica.

Por si esto fuera poco, hubo modificaciones muy significativas en la composición de la fauna de los ecosistemas marinos. Aquel cambio radical en las condiciones ambientales desembocó en una extinción a gran escala de infinidad de organismos previos a la explosión, que ya no estaban adaptados al nuevo mundo que les rodeaba. Aquel escenario vacío dejó un mundo lleno de oportunidades que explotar para «los nuevos».

Sin embargo, el golpe de gracia lo dio una mutación que dotaba a los nuevos organismos de una mayor capacidad de diversificarse fácilmente, y de adaptarse a los cambios ambientales. Se trataba de la aparición de unos genes, llamados genes Hox, estrechamente ligados al control de la morfología de los organismos. ¿Cómo que Hox? ¿Cómo unos genes pueden liar semejante pifostio? Veamos el porqué.

Los genes Hox son un tipo concreto de genes homeóticos. Estos genes son tremendamente importantes para el desarrollo de la forma de los organismos animales —morfogénesis—. Funcionan como señales de tráfico que, durante el desarrollo del cuerpo del embrión, ordenan, a cada célula que lo constituye, formar parte de la región que le toque. Concretamente, los genes Hox regulan el orden de la anatomía que forma un animal, en el sentido del eje anteroposterior del cuerpo. Es decir, que si los genes Hox pudieran hablar, estarían todo el día mandando y dando órdenes a las células que forman al embrión: «tú vas a formar parte de los ojos, en la cabeza, y tú, que estas en esta zona central, y te veo muy a tu bola, ya te puedes ir convirtiendo en una célula del tórax». Dicho de una forma simplista, la aparición en el Cámbrico de una serie de genes que ordenaban la morfología de los animales como si fueran legos, de forma muy organizada y con libro de instrucciones, provocaba que cualquier mutación en estos diera lugar a experimentos evolutivos muy interesantes, consistentes en todo tipo de anatomías y formas imaginables. Muchos de estos experimentos salieron de perlas, y los animales que tenían estas nuevas anatomías eran muy competitivos. Fue debido a ello que los Animales se diversificaron tanto por aquel entonces.

Mejor adaptados a las nuevas condiciones, más modernos, y arrolladores: habían llegado nuevos pistoleros al salvaje océano cámbrico. Y se estaban adueñando de todo. La fauna previa a la aparición de todos estos organismos simplemente no podía seguirles el ritmo. Mermada por unos cambios ambientales drásticos a los que no estaba adaptada, recibió la estocada final directamente de parte de estas criaturas modernas con las que les tocó competir, pero que eran más eficientes buscando cobijo, detectando los peligros, procesando la comida. Estos antiguos animales no tenían nada que hacer. Bueno, casi… Unos pocos grupos de criaturas precámbricas sobrevivieron a esta salvaje remodelación del mundo, sin apenas cambios. De hecho, no solo eso, sino que han llegado hasta nuestros días: pregúntale, si no, a la medusa con la que «conversaste» el pasado verano, descendiente de los Medusozoos ediacáricos como *Auroralumina*, el primer depredador conocido en la historia, que era sésil y se alimentaba de pequeños bichitos del plancton.

De entre toda esta nueva horda de animales que estaban comiéndose el mundo, había un linaje que se había colocado a la cabeza en casi cualquier aspecto: el de los Artrópodos. Su genética tenía el potencial necesario para conquistarlo todo en poco tiempo. De hecho, fueron los animales que más se diversificaron en el Cámbrico, con unas tasas de cambio genéticas y anatómicas vertiginosamente veloces, estimadas en cinco veces por encima de lo normal para este grupo. Así, debido a las presiones selectivas que actuaban sobre el ambiente, y a la propia competición de estos animales con sus semejantes —quien peor que alguien semejante a ti— a partir de los primeros ancestros artrópodos se fueron seleccionando animales más endurecidos, más articulados, con una mejor visión, con una cabeza más definida, y con una variedad de formas y estilos de vida nunca vista hasta la fecha. Esto marcaba la diferencia. Estaban por todos lados, y lo hacían todo genial, porque no tenían rival entre sus coetáneos, y menos aún entre las criaturas que ya habitaban el océano cuando estos llegaron al mundo. Ha de tenerse en cuenta que antes de la explosión cámbrica no existían ojos, cabezas, las direcciones delante y detrás, bocas complejas, y mucho menos aletas, patas o cosas por el estilo. La historia era básica: casi todas las criaturas ediacáricas —llamadas así porque vivieron durante el Ediacárico— eran masas fofas y blanditas que vivían en el fondo marino, y que, o bien eran sésiles, o bien poseían una movilidad muy básica. Sinceramente, en la mayoría de los casos, en aquel océano primitivísimo no verías mucha diferencia a primera vista entre algas —que ya llevaban mucho tiempo habitando las aguas marinas— y animales. Así que imagínate que eres uno de esos bichillos, y que aparece por tu barrio una criatura con patas articuladas con las que corre como el diablo, con una cabeza de verdad con órganos vitales muy bien protegidos, que tiene unos ojos de última tecnología que pueden formar imágenes y una boca que tritura el alimento de forma espectacular. Es como si estuvieras viendo al *Terminator* futurista de Arnold Schwarzenegger, un robot de tecnología inalcanzable… Apaga y vámonos.

Los procesos evolutivos clave que permitieron convertirse a los artrópodos en «Terminators cámbricos» fueron cuatro: la artropodización, la segmentación, la tagmosis y en último término, derivado de la sinergia de todos ellos, la cefalización. ¿Cuál es la naturaleza de cada uno de ellos?

Pues bien, la artropodización consistió en un proceso gradual de desarrollo y perfeccionamiento de la cutícula que forma el exoesqueleto de los Artrópodos. Esta estructura está compuesta de diversas capas superpuestas, constituidas de un amplio abanico de compuestos que le confieren unas propiedades increíbles. Entre sus componentes principales, por una parte, encontramos a la quitina, un biopolímero cuya principal propiedad es la flexibilidad. Por otra parte, encontramos ácidos grasos, o diversas proteínas, como la artropodina, la esclerotina o la cuticulina, las cuales aportan rigidez al conjunto. Así, el exoesqueleto pasaba a tener unas propiedades fabulosas, que hasta el momento parecían imposibles de coexistir en una única estructura: duro y resistente… ¡pero a la vez flexible! Tener un exoesqueleto «guay del Paraguay» daba muchas ventajas estructurales. Hace casi 540 millones de años, tener una coraza flexible y articulada pero dura, era tremendamente ventajoso, por ello, los artrópodos primigenios que contaban con exoesqueletos más poderosos prevalecieron sobre los que no, pues sobrevivían mejor a la depredación y a los accidentes que tenían potencial para dañar su organismo. Además, en parte, estos recubrimientos permitieron también que los animales pudieran desarrollar extremidades complejas, como patas o aletas articuladas, algo nunca antes visto en la historia animal. Para más inri, en un determinado momento, los primeros descendientes del artrópodo ancestral comenzaron a incorporar calcio proveniente del agua marina en la matriz de sus exoesqueletos, como siguen haciendo los actuales artrópodos acuáticos, tales como los cangrejos. Esto les conferían un endurecimiento extra que los convertía en auténticos tanques de combate.

Por otra parte, la segmentación fue un proceso evolutivo de profunda modificación morfológica que desembocó en animales cuya anatomía total estaba formada por segmentos más pequeños bastante aislados entre sí y repetidos, externa e internamente. Los individuos que presentaban esta modificación se veían más favorecidos que los que no. El hecho de disponer de una anatomía constituida de divisiones bastante independientes unas de otras permitía aislar los daños que recibía el cuerpo en una zona concreta, sin que afectara en demasía al resto del cuerpo, y acelerar también el tiempo que tardaba el animal en reponerse de una herida. Esto constituía una gran ventaja, pues en otros animales de la época, o anteriores a estos, una herida profunda se traducía con bastante seguridad en una evisceración completa del cuerpo. Un boquete, y acababas vacío como una piñata. Y eso no mola en absoluto. La prueba de que la segmentación era muy útil por aquel entonces es que muchos grupos de forma independiente la desarrollaron de forma cuasi simultánea, entre ellos los primeros cordados.

Nosotros provenimos de ancestros segmentados, aunque por el camino estas divisiones acabasen perdiéndose. En el caso de los Artrópodos, la segmentación es tremendamente patente de forma externa, pues todas esas divisiones físicas que se identifican en la superficie de cualquier artrópodo de hoy día —piensa en un milpiés o en una gamba— bien corresponden a los segmentos, o bien lo hicieron en el pasado, en sus ancestros, pues puede que en la actualidad muchos de los bloques que estás viendo ante ti sean fruto de una fusión de varios segmentos que hace millones de años eran independientes.

Cambiando de tercio, ¿qué podemos contar sobre la tagmosis? Pues que en parte ocurrió a consecuencia de la segmentación: consistió en la diferenciación gradual de distintas zonas del cuerpo de los artrópodos, mediante la agrupación y fusión de segmentos en regiones específicas que se dedicaban a un mismo propósito, como la reproducción —el abdomen— o la locomoción —el tórax—. Esto permitía un mejor rendimiento del organismo de estas criaturas. Hoy en día, puedes ver un caso de tagmosis extremo en los Insectos, que como su nombre indica —proviene del verbo latín *insecare*, 'en cortes'— tienen el cuerpo dividido en regiones profundamente diferenciadas entre sí. Puedes ver perfectamente en el cuerpo de una abeja, una hormiga o una cucaracha, que hay una cabeza, un tórax o un abdomen: tagmosis pura y dura.

Por último, la cefalización no fue más que la guinda del pastel de toda esta fiesta evolutiva. Con un cuerpo segmentado, con tagmas, y defendido por una armadura conformada por una cutícula endurecida, lo que quedaba para marcar la diferencia era disponer de una cabeza bien formada. Poco a poco, prevalecieron los individuos que tenían la mayoría de los sentidos y órganos vitales, como los ganglios cerebrales, centralizados en un extremo del cuerpo: la cabeza. Esto les hacía ser más eficiente a la hora de analizar la información que les llegaba del mundo exterior, pues el centro de procesamiento estaba más cerca de receptores como la boca o los ojos y podían intercambiarse información más rápido. Para terminar el asunto, las piezas del exoesqueleto que cubrían esta parte del cuerpo eran especialmente duras, lo que le daba protección especial a una zona tan vital de la anatomía. Es decir, poseían una estructura dura como nuestro cráneo, pero por fuera, en forma de revestimiento.

Por si todo esto fuera poco, los Artrópodos contaban con unos sensores totalmente futuristas: los primeros ojos en condiciones de la historia, los ojos compuestos. Sabemos que los antepasados de los artrópodos disponían de unas estructuras muy básicas, llamadas ojos medios, que solo detectaban las condiciones de luz del ambiente, y que aquello fue «el no va más» en su momento. Sin embargo, los nuevos ojos compuestos eran capaces de percibir imágenes complicadas de forma realmente precisa, y rendían mucho más eficientemente que los órganos visuales previos a partir de los cuales estos habían evolucionado. ¡Imagina el salto cualitativo que estas estructuras supusieron! La aparición de estos órganos de la visión marcó un antes y un después en la evolución de los animales, y puso a los artrópodos en una posición aún más ventajosa con respecto al resto de organismos.

Estos ojos compuestos —junto a los ojos medios, que se conservaron como estructuras de apoyo— están presentes hoy en día en la gran mayoría de los Artrópodos de nuestro planeta, entre ellos, los Insectos, los Miriápodos o los Decápodos, por poner algunos ejemplos. ¿Conoces esa típica foto macro en la que se puede apreciar de cerca el rostro de una mosca, con unos ojos que parecen tener un dibujo mallado por encima? Pues esos son, justamente, unos ojos compuestos, unos ojos formados por miles de ojos llamados *omatidios*, capaces de formar en su conjunto imágenes en mosaico. Estos órganos se consideran un carácter plesiomórfico de los Artrópodos. Es decir, es el rasgo ancestral que tenían los artrópodos primigenios, antepasados comunes a todas las especies que hoy día habitan entre nosotros. Y aunque a lo largo de la historia evolutiva particular de algunos artrópodos actuales, como las arañas, los ojos compuestos se hayan ido transformando hasta convertirse en otro tipo de receptores oculares, esto ha ocurrido de forma secundaria, pues su ancestro más antiguo sí que disponía de ojos compuestos.

¡Hala! Ahí los teníamos ya, partiendo la pana con todos sus superpoderes. Artrópodos en estado puro, segmentados, tagmatizados, con branquias, con patas, con aletas, con super ojos, y, sobre todo, con un exoesqueleto articulado, flexible pero duro. A decir verdad, esto último, además de conferirle ventajas adaptativas a los Artrópodos, a nosotros los científicos nos vino genial para que quedara un buen registro fósil de aquellos tiempos tan lejanos. Como imaginarás, en este aspecto, los descubrimientos paleontológicos son esenciales en el proceso de reconstrucción de la historia evolutiva de estos animales. Pero quiero dejarte clara una cosa: para que un fósil se forme, se necesitan unas condiciones específicas muy benévolas, más aún para criaturas que habitaron hace casi 540 millones de años. Hazme caso, la paleontología no es como se relata las películas, donde aparecen esqueletos completos por doquier, los excavas y ya está. No, no. En los yacimientos aparecen fragmentos, la mayoría de las veces todos destrozados y deformados, y hay que devanarse los sesos por estudiarlos y encontrarles un sentido. Peor aún si los restos no son lo suficientemente duros, pues más difícil es que se produzca el proceso de mineralización que convertirá ese resto en piedra. Ese es el motivo por el que un hueso, o un exoesqueleto con depósitos de calcio —como es en el caso que nos interesa—, se fosiliza más fácilmente que un órgano, que, aunque en ocasiones excepcionales llega a conservarse, está constituido de tejido blando y no posee para nada una matriz propicia para el depósito de minerales.

¿Recuerdas a nuestros amigos, los blandos y fofos de la fauna ediacárica? Sí, esos animales previos a los de la explosión cámbrica, que eran tan primitivos que ni siquiera tenían estructuras duras que les confirieran algo de resistencia. Pues con estas características, era prácticamente imposible que se fosilizasen al morir. La única forma por la que sabemos que existieron es debido a que se han conservado, en el lecho marino fosilizado, diversos moldes de sus cuerpos, bastantes, de hecho, para lo que cabría esperar. Parece ser que nuestros amigos los blandos contaban con una baza a su favor, pues los sedimentos de tipo siliciclástico del Ediacárico ayudaban a una mejor conservación de este tipo de restos. ¡Y vaya bichos se han conservado, si son tan raros que son hasta difíciles de interpretar! Y, por otro lado, ¡vaya nombres les pusieron! Algunos de los fósiles que pertenecen al Ediacárico son *Albumares, Archaeonassa, Aspidella, Bilichnus, Charnia, Chondrites, Ediacaria, Dickinsonia, Gyrolithes, Harlaniella, Kimberella, Lockeia, Neonereites* o *Torrowangea*. Te prometo que esta retahíla de palabras raras no forma un conjuro maligno en un idioma arcaico. Los restos de fauna ediacárica pueden encontrarse en diferentes partes del planeta, como por ejemplo en Canadá. Es en este país donde se encuentran dos de los lugares de mayor valor geológico y biológico del planeta, tanto que son considerados patrimonio de la humanidad por la Unesco: los famosos esquitos de Burguess Shale y Mistaken Point en la península de Avalon, Terranova.

Concretamente, en este capítulo acerca de la evolución de nuestros bichos, es relevante destacar al género *Dickinsonia* y sus parientes cercanos, que formaban parte del grupo de los Dipleurozoos, y que en algún momento de la historia reciente se plantearon como posibles ancestros basales de los Artrópodos, debido a su cuerpo segmentado. Sin embargo, esta propuesta finalmente fue rechazada. Como ya has visto, los cuerpos segmentados han aparecido varias veces de forma independiente, en la historia de la evolución animal, en grupos que no tienen estrecha relación entre sí. En el Cámbrico comenzaron también sus andaduras los kinorrincos, unos

37

familiares lejanos de los artrópodos que han llegado hasta nuestros días y que también disponen de… ¡un cuerpo segmentado! Por otra parte, encontrábamos a los Anélidos. Actualmente, muchos de estos animales —no todos, como se afirma comúnmente— también poseen cuerpos segmentados, de ahí que se observe un patrón anillado en su cuerpo. No en vano, la palabra *anélido* proviene del latín *annelus*, es decir, 'anillo'. La lombriz de tierra es un buen ejemplo de ello. En el pasado, durante mucho tiempo, se englobaron juntos, debido a esta característica, a los Artrópodos y a los Anélidos, en un grupo de nombre *Articulata*, que fue propuesto por el importante naturalista francés George Cuvier a principios del siglo XIX. El razonamiento de esta propuesta residía en que, si ambos grupos tenían cuerpos articulados, debían de ser parientes. Todo esto estaba muy bonito hasta que se indagó lo suficiente mediante estudios más modernos, morfológicos y genéticos, y se demostró que la teoría clásica hacía aguas por todos lados… Así que nada de nada, cada grupo por su lado.

A partir de los estratos justo un pelín posteriores al comienzo del Cámbrico —es decir, poco después de 538,8 millones de años atrás— se comienzan a encontrar artrópodos por doquier, de golpe y porrazo. Así es, pasamos de la nada casi absoluta, a tener montones de fósiles: está claro que, sin duda, estos animales tienen un origen cámbrico, y que se convirtieron en los amos del océano casi de la noche a la mañana. Los primeros fósiles fundamentales para nuestro relato tienen un nombre extraño: *Monomorphicnus*. Puede que esta palabra no te diga nada, pero —redoble de tambores— ¡es el primer resto de artrópodo en la historia del planeta del que disponemos! Consiste en unas huellas fosilizadas en el sustrato, una serie de marcas en forma de cresta, lo suficientemente bien definidas como para asegurar que fueron producidas por un artrópodo. La única limitación que entramos con estos fósiles es que, desgraciadamente, no podemos afinar tanto como para conocer al animal o animales concretos a los que pertenecieron las huellas. Es por ello por lo que a los nombres científicos que les asignamos a estos restos son icnogéneros, una suerte de clasificación ficticia que nos permite ordenar huellas parecidas entre sí, pero sin conocer al autor concreto, más allá del gran grupo animal al que pertenecen.

Los rastros tipo *Monomorphichnus* más antiguos parecen ser previos a cualquier fósil de trilobites conocido, y eso que estos animales se encuentran entre los primeros artrópodos de los que se tiene constancia. De igual manera, y en lo que respecta a restos de huellas, también se suelen encontrar otras muy antiguas de tipo *Protichnites* y *Diplichnites*. Ambas presentan doble hilera, una por cada lado del cuerpo, y pertenecieron a apéndices tipo pata. Sin embargo, en el primer caso, entre medio de cada hilera de huellas, se dibuja una línea, que pudo pertenecer a una estructura de tipo quilla, en la parte inferior del cuerpo, entre las patas, o a una cola situada al final del cuerpo del animal. Como estos, hay muchos más casos similares, y aunque no nos pueden dar mucha más información que la expuesta aquí, al menos nos dejan constancia de que nuestros protagonistas ya estaban haciendo de las suyas. En cualquier caso, también casi al comienzo de los estratos cámbricos, tras restos vagos, pasamos a registros fósiles en condiciones, con un bicho muerto y mineralizado por delante, a veces a trozos, pero en otros casos, bastante completos.

No tenemos claro en qué día o a qué hora apareció, ni cuál fue el organismo concreto que podríamos llamar el «primer artrópodo». La presión evolutiva, que es la que va seleccionando ciertas características en los individuos en función del ambiente que les rodea, es gradual, y hasta que no se fijan bien unos caracteres que determinen a un grupo, entre medias, tenemos taxones «rarunos», que son, pero no son. En nuestro caso, tenemos a diversos organismos a los que podríamos denominar «protoartrópodos», varios linajes de bichos emparentados entre sí, que estaban a caballo entre ser artrópodos y no serlo, y de los cuales la mayoría se extinguieron en un tiempo relativamente rápido. Pero al final, uno tiró para adelante, perduró, y acabó dando lugar a los artrópodos que conocemos. ¿A que es complicada la cosa? He de decirte que la evolución no es lineal, y es un proceso demasiado complejo como para resumirla en frases o ilustraciones del tipo: «Un mono se convirtió en un mono menos peludo bípedo y le creció el cerebro y apareció Lucy, que es nuestra abuela —falso— y sus tataratatara nietos luego se convirtieron en humanos lampiños llamado *Homo sapiens*». Y, es más, hay quien piensa que la evolución es cosa del pasado, que no está ocurriendo ahora mismo. La evolución nunca para, no llegamos a un estado final en el que los organismos permanecen en una forma fija, tras haber, pasado por unas cuantas fases previas, como ese otro dibujo de «un pez se convirtió en una rana, que se convirtió en un reptil, que se convirtió en un ratón, y luego en un mono, y luego, hala, llegamos a personas, fin». ¡No, no, no! Los humanos seguimos evolucionando, y las plantas, y todos los artrópodos, y todos los organismos vivos restantes. *Sorry*, los seres vivos no son Pokémon.

De vuelta a nuestro hilo argumental principal, el caso es que, por desgracia, no disponemos de casi ninguna información en lo referente al periodo de tiempo situado justamente entre el «apenas hay algún fósil» y el «de repente hay muchos artrópodos». No hay grandes pistas acerca los momentos transitorios que ocurrieron entre el no haber artrópodos y haberlos, de forma que uno pueda imaginarse cómo era el primero de la historia con mucho grado de detalle. Sin embargo, parece claro que, a pesar de ello, este no diferiría mucho de un ser pequeño y alargado, de cuerpo segmentado. Un ser alargadito, que podría recordar a un gusanillo, un ser «poca cosa» y todo lo que quieras, pero que disponía de un cuerpo recubierto de una estructura articulada y poderosa, tanto como para dejar alguna pista, aunque fuesen rastros: ese famoso exoesqueleto que es más duro que un pan de hace siete días. Seguramente, su cuerpo constaba de un segmento al principio de su cuerpo, de tipo cabeza, uno al final, de tipo cola o telson, y muchos segmentos similares en el medio, que contenían un par de apéndices locomotores y otro par de tipo branquia, para respirar. Recuerda que este animal era marino, por lo que tomaba oxígeno disuelto en el agua. Disponía de un sistema circulatorio abierto, y su hemolinfa transportaba oxígeno y nutrientes. Además, tenía un aparato bucal mucho más complicado que los que habían existido antes, lo que le permitía aprovechar mejor la comida. Por si fuera poco, tenía ojos complejos, de tipo compuesto, que les permitían obtener información del ambiente de una forma tan precisa como ninguna otra criatura cámbrica podía hacerlo.

Tras el paso de los millones de años, aparecieron descendientes mejorados de los primeros artrópodos, más pulidos, con cutículas más desarrolladas y nuevas mejoras. Así, empezaron a diversificarse más y más, y cada vez de forma más acelerada. Aparecieron linajes en donde sus descendientes tenían cuerpos hidrodinámicos que permitían nadar de forma sostenida y dirigida en la columna de agua, y no como las medusas, muy influenciadas por las corrientes. Los artrópodos con aletas, de hecho, fueron tal vez de los primeros animales que tuvieron este tipo de natación. En otros linajes, sin embargo, se seleccionaron individuos con apéndices que estaban cada vez mejor desarrollados y articulados, y que permitían caminar por el fondo del mar con mayor y mayor soltura. Por si esto fuera poco, además, entre estos diferentes animales, aparecieron nuevos y diversos aparatos bucales que funcionaban de forma distinta, pero que tenían en común permitir un mejor procesamiento del alimento en comparación con los organismos que habitaron el mundo antes que ellos. Y, a decir verdad, a estos bichos les fue muy bien. Aunque cierto es que los linajes más basales, es decir, muy cercanos a ese ancestro artrópodo primigenio, acabaron por extinguirse hace muchísimos millones de años. Sin embargo, tres de ellos, más derivados, no tan cercanos al nodo basal que comparten todos los artrópodos, sí que acabaron teniendo mayor recorrido. ¿Cuáles son y cuáles de ellos han sobrevivido?

Uno de ellos es el de los Quelicerados: las arañas son buena prueba de ello. Por aquel entonces, vivía el abuelo de todo vinagrillo, solífugo, escorpión o araña actual. Este animal poseía un par de quelíceros, estructuras que acababan en pincitas (*quelas*) que, en vez de machacar la comida, la despedazaban a pellizcos. Tenía ojos compuestos, pero la mayoría de sus descendientes los acabarían perdiendo, como las actuales arañas. Este abuelito quelicerado tampoco tenía antenas, aunque al parecer, sus ancestros sí las tuvieron, o al menos tuvieron la misma región en la cabeza donde otros parientes tienen antenas. Mientras que en el resto de los artrópodos con los que están emparentados en el presente, como las gambas o los insectos sí que tienen antenas, parece que ya en los primeros quelicerados, estas se fueron modificando a lo largo de la historia evolutiva del linaje, y se convirtieron justo en los quelíceros, las piezas bucales que caracterizan a estos animales. ¿Has visto que la evolución es emoción? Es como un culebrón donde no sabes por dónde va a salir la cosa: la boca de un escorpión actual tiene que ver más con una antena de una cigala que con la propia mandíbula de la cigala. Para quedarse patidifuso. ¿Magia? ¡No, genes Hox en acción!

El segundo de los linajes que tuvo mayor recorrido, aunque a la postre se extinguiera, es el de los Artiópodos. Los Artiópodos tal vez tengan un nombre raro, pero es en esta rama de Artrópodos donde podemos encontrar a los animales fósiles más famosos de todos, después de los dinosaurios: los trilobites, así como otras criaturas parientes cercanas suyas. Increíble, ¿verdad? ¿Sabías que los trilobites eran tan artrópodos como los Insectos? ¡Seguro que te has llevado una buena sorpresa! Estas criaturas, que disponían de ojos compuestos, antenas y muchos pares de patas, eran los reyes de los fondos marinos cámbricos. En este capítulo les dedicaremos un espacio porque fueron unos animales espectaculares y muy exitosos, aunque ya no se encuentren entre nosotros.

En tercer y último lugar, encontramos a los Mandibulados, que también han llegado hasta el presente: puedes preguntarle a un milpiés, a una gamba, a una cochinilla de la humedad, a un proturo, a una hormiga o a una cucaracha del presente, para que te lo corroboren —no creo que te contesten, pero inténtalo—. A comienzos del Cámbrico, dentro de los Artrópodos, ya teníamos también al abuelito de todas estas criaturas pululando por el mar. Tenía ojos compuestos, antenas y unas piezas bucales fuertes, llamadas mandíbulas, que procesaban en alimento haciendo cizalla y machacándolo para ingerirlo, y que le dan nombre a su grupo.

La gran diferencia entre estos linajes, como puedes ver, radica en la forma de procesar el alimento de cada uno de ellos. Mientras que los quelicerados disponen de quelíceros, unas piezas bucales que acaban en pinzas pequeñitas con las que desmenuzar el alimento y succionar su contenido, las mandíbulas son un par de piezas que machacan la comida, por lo que funcionan de forma similar a las mandíbulas de las que nosotros los humanos disponemos en nuestra boca. De hecho, como funcionan parecido, por eso mismo comparten nombre. Es por ello por lo que ambas estructuras se consideran evolutivamente análogas, pues sirven para lo mismo, aunque su origen evolutivo no sea común —el origen de nuestra boca siguió un camino totalmente diferente, pero ambas estructuras acabaron pareciéndose por cosas del azar—.

Por otra parte, los Artiópodos son algo especiales. Han sido —y aún son— objeto de controversia en cuanto al parentesco que guardan con los Quelicerados y los Mandibulados. ¿Son más cercanos a los primeros o a los segundos? Por decirlo de una forma sencilla, esta situación se debe a que sus características definitorias son algo menos fiables que las que encontramos en Quelicerados y Mandibulados, dos grupos muy distintos entre sí. Pero los Artiópodos parecen estar ahí, entre medias de los dos, y no sabemos si ponerlos algo más cerca de unos que de otros. Lo que podemos decir de los Artiópodos es que la región bucal es diferente a la de Quelicerados y Mandibulados. En los trilobites, por ejemplo, existía una estructura dura en la región de la boca, que se encontraba en la parte ventral, llamada *hipostoma*, y que englobaba a las piezas bucales. En cualquier caso, más que por la forma de procesar el alimento, la forma sencilla de identificar a un artiópodo es fijarse en su cuerpo típicamente ovalado y de tipo trilobites que muestran sus fósiles, que se encuentra dividido normalmente en tres regiones, y que constaba de una patas muy peculiares y antenas filiformes.

Ahora que tenemos las piezas más importantes dispuestas en el tablero con este minicursillo de primer curso de Cámbrico, que nos servirá para hacernos una idea del panorama que vamos a encontrarnos, ya podemos comenzar esta trepidante y nueva excursión por el tiempo para visitar a las bestias más increíbles que sin duda han habitado este planeta. La vida había florecido en su máximo esplendor, más que nunca hasta el momento, y los ecosistemas contaban con una diversidad de especies asombrosa y una complejidad nunca vista antes. Y bichos raros… Muchos bichos raros.

Así que, haciendo uso de nuestra maravillosa máquina del tiempo, que cuenta con un montón de ventanas estratégicamente colocadas en todas direcciones, podemos asomarnos para divisar a todos estos estrambóticos seres como si estuviéramos en un submarino. Algunos al menos resultarían familiares a pesar de su forma arcaica, como diversas especies primitivas de moluscos o equinodermos que habitaban el fondo marino, o esponjas y medusas, que ya poseían anatomías muy similares a las que ahora mismo pueblan los océanos. Sí, las esponjas son animales, por eso las del baño se llaman así, aunque la mayoría hoy día sean sintéticas. Pero las esponjas que siguen vendiendo como naturales están hechas del cuerpo de estos animales. Sí, efectivamente, te estás refregando los sobacos con un bicho muerto.

Tarde o temprano, si sigues ojo avizor a través de los cristales, atento al fondo oceánico, vas a ver cosas raras. Porque, entre los animales más rocambolescos del Cámbrico, estaban sin duda los del género *Hallucigenia*. Estos animales estaban relacionados con los ancestros de los artrópodos más basales que existieron en los orígenes —pertenecía a los Lobópodos—. Tenían forma de gusano con patas, con las que caminaba por el fondo marino, al cual nos referimos técnicamente como el bentos, y púas de puercoespín en la espalda, probablemente para disuadir a los depredadores de que se lo zamparan. Al principio de su cuerpo, poseía una cabeza alargada con ojos muy primarios de una sola lente, y una boca con dientes que se encontraba en el extremo de un esbelto cuello estirado de jirafa, desde donde brotaban una especie de manitas tentáculo. Desde luego, esta descripción parece haber sido escrita entre «hallucigenaciones» pero no, el bicho en cuestión fue real.

No creas que en el grupo de los Artrópodos íbamos a encontrar criaturas mucho más normales. ¡Ni mucho menos! Trasteando por el fondo marino, podríamos encontrar posibles candidatos a la primera gamba del mundo, como las criaturas del género *Marrella*, que, ciertamente, parecían más Digimon que gambas, pues presentaban loquísimos pinchos en la cabeza que se proyectaban hacia atrás, cubriendo el cuerpo. También podríamos divisar *Sanctacaris*, posibles ancestros de los quelicerados, y por tanto de los cangrejos cacerola, los escorpiones y arañas. Sin embargo, los *Sanctacaris* tenían también aspecto de «trilobites-Digimon», más que de cualquier quelicerado actual que te venga a la cabeza. Si te estás preguntando qué es un cangrejo cacerola, porque no lo has oído nunca, no te preocupes, pues hablaremos de ellos más tarde, largo y tendido.

En cualquier caso, todo queda en anécdotas en comparación con el grueso de la fauna cámbrica del fondo marino. Un grueso conformado por los verdaderos reyes de los mares, unos animales prehistóricos muy conocidos por el público general, aunque casi nadie sepa que se trata de artrópodos: ¡los trilobites! Y es que los fósiles nos indican claramente que en el océano cámbrico había, sobre todo, muchos, muchos, muchos de estos animales, y que el fondo marino era su feudo. Allí se lo pasaban genial reciclando materia orgánica en descomposición, filtrando partículas que había en el agua o comiendo animalillos pequeños. En cualquier caso, otros se adaptaron a desarrollar un estilo de vida pelágico y nadaban activamente en la columna de agua.

Los restos de trilobites suelen estar, por lo general, muy bien conservados a causa del durísimo exoesqueleto que presentaban en su cuerpo, que contenía grandes cantidades de calcio. De hecho, probablemente, fueron de los primeros artrópodos en acumular este metal en sus armaduras. El hecho de fueran los primeros animales cuyos fósiles se conservaban en tan buen estado, con la adición de que estos restos fueran además tan numerosos, hace que los trilobites suelan ser considerados como los organismos que verdaderamente comenzaron el núcleo duro del registro fósil de la vida en la Tierra. En algunos casos, en ellos hasta se puede observar su morfología ocular —el cual también tenían estructuras de calcio, todo quede dicho—. De hecho, el ojo compuesto bien conservado más antiguo del que se tiene conocimiento es de un trilobites. El ejemplar, de la especie *Schmidtiellus reetae,* y depositado en el instituto de geología de Tallín, en Estonia, fue objeto de un intenso estudio realizado por la doctora Brigitte Schoenemann, de la Universidad de Colonia, y sus colegas, y cuyos sorprendentes resultados fueron publicados en el año 2017 en la prestigiosa revista científica *Proceedings of the National Academy of Sciences.*

Con más de 22 000 especies fósiles descritas, y con todo el tiempo que habitaron el planeta, no podemos decir precisamente que les fuese mal en la vida. Su linaje perduró por más de 250 millones de años en el planeta, hasta comienzos del Triásico, justo cuando los dinosaurios aparecieron en el planeta. Esta abismal cantidad de tiempo que da vértigo nada más leerla, nos ilustra también lo adaptables que fueron, otra de las claves de su éxito. Cuando el medio cambiaba, se avecinaba una extinción en masa, o había mucha competitividad en los ecosistemas, muchas de sus especies perecían, pero siempre aparecían otras nuevas preparadas para las nuevas condiciones que el cambiante mundo les imponía. De hecho, parece ser que incluso había algunos trilobites que habitaban cerca de la costa, e incursionaban en zonas continentales a través de los estuarios de los ríos ya en el Cámbrico, aunque fuera temporalmente. Así lo sugieren investigaciones como la de M. Gabriella Mángano y sus colegas, que en 2020 publicaron un interesantísimo artículo en la prestigiosa revista *Proceedings of the Royal Society B*. Y es que esas áreas, por aquel entonces poco exploradas, proporcionarían una zona especialmente segura a estas especies, pues estaba libre de depredadores, y, además, disponía de fuentes de alimento sin explotar.

En cualquier caso, estos artrópodos, así como sus parientes cercanos, como, por ejemplo, los *Squamacula*, los *Acanthomeridion*, los *Agnostida* o los *Saperion*, eran eminentemente marinos. Aunque con diferencias propias de cada género y especie, la mayoría de los trilobites y sus parientes eran más o menos parecidos físicamente, y tenían un plan corporal aplanado, con regiones del cuerpo diferenciadas, y largas antenas. Concretamente, en los trilobites, estas regiones corporales eran tres, muy fácilmente distinguibles, de ahí su nombre, que proviene del griego y significa 'tres lóbulos'. La primera región correspondía a la cabeza, que constaba, por la parte dorsal, de ojos compuestos constituidos de lentes de calcita y ojos simples, y de antenas y boca en la ventral. La segunda región correspondía al tórax, y la tercera al pigidio. En la parte ventral tenían branquias y patas marchadoras articuladas. Acuérdate de que son artrópodos, y que al igual que cualquier insecto, o bogavante, tenían que crecer mediante mudas para pasar de crías a adultos—de hecho, se encuentran muchas de ellas fosilizadas—y tener un cuerpo articulado, dividido por zonas. Este cuerpo articulado les permitiría, por ejemplo, enrollarse y hacerse una bola en caso de peligro, o tener una mejor economía del movimiento.

Con tanta diversidad de especies de trilobites, es lógico adivinar que, aunque con una estructura base similar, hubo una gran diversidad de tamaños y formas. La mayoría eran pequeños, y median unos pocos centímetros. ¡Incluso había algunos que medían alrededor de un milímetro! Es el caso de los pequeños *Acanthopleurella*, que habitaban en lo que ahora es Reino Unido y que ocupaba lo que la cabeza de un alfiler. Por si esto fuera poco, de forma secundaria, habían perdido los ojos, así que, eran trilobites totalmente ciegos. En el lado opuesto, teníamos a los gigantes *Isotelus*, que habitaban en lo que ahora es América del Norte, y que podían llegar a medir más de medio metro de largo, o algunas especies de *Ogyginus* hallados en Portugal, que llegaban a medir setenta centímetros de largo. Eso sí, ninguno de estos géneros fue de los primeros trilobites en existir, sino que eran bastante más posteriores al evento de la explosión cámbrica: vivieron durante el Ordovícico, un periodo más reciente que comenzó hace unos 490 millones de años y acabó hace unos 444.

Algunos trilobites tenían formas crípticas para confundirse con las rocas del fondo marino, y otros tenían un cuerpo más estilizado para nadar. Aunque tal vez los que poseyeran un aspecto más inverosímil eran los increíbles trilobites espinosos, que disponían de sistemas muy desarrollados de púas en la espalda y que les daba el aspecto de demonios japoneses. Estas púas les servían para defenderse de sus depredadores, como ocurre con los actuales erizos de mar o los puercoespines.

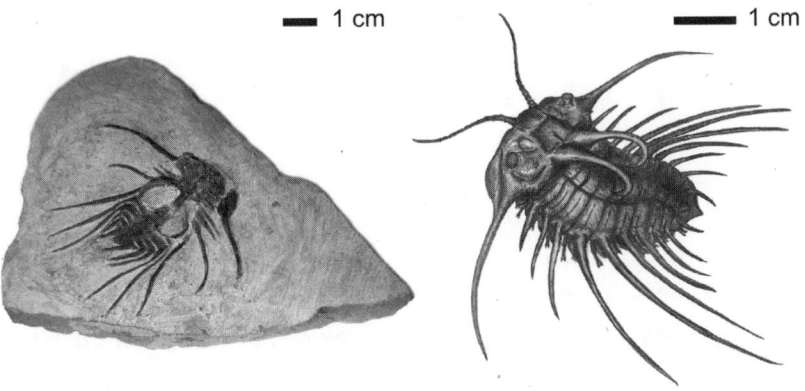

Figura 2.1. Fósil de un trilobites del género *Dicranurus*, hallado en Marruecos. A la derecha, reconstrucción del aspecto de *D. hamatus* en vida.

Tal vez uno de los casos más espectaculares pueda ser el del *Dicranurus mostrosus* —así como otros parientes de su mismo género— que habitaban en el Devónico, también mucho después del Cámbrico, en lo que hoy es América y Marruecos, que por ese entonces estaban unidos bajo el mar.

Oye, creo es hora de regresar de vuelta a nuestra línea temporal principal, y de camino, de cambiar un poco de aires. Llevamos tanto tiempo mirando para abajo desde las ventanas de nuestra nave, en busca de fauna bentónica, que nos vamos a hacer una contractura. Creo que es hora de descansar la vista y el cuello centrando nuestra atención en un punto lejano, ahí en lo alto, en la columna de agua, a ver que nos encontramos. Pues algo normal, seguro que no. Surcando las aguas cámbricas, encontramos por ejemplo a los Opabínidos, unos pequeños seres de un dedo de largo, con cinco ojos, y aspecto de gamba aplastada nadadora, muy cercanos al artrópodo primigenio. Pero lo más extraño que podías ver en este animal era su boca: consistía en una trompa larguísima que colgaba hacia abajo y que acababa en una especie de baldes de excavadora con los que buscaba bichillos por el sedimento marino. Tal vez el género más conocido de estos animales es *Opabinia*, que le da nombre al grupo, y cuyos restos fueron encontrados… ¡en Burgess Shale!

Sin embargo, el éxito de estos animales para nada había quedado restringido solamente a unos pocos filtradores, carroñeros, o pequeñas criaturitas que capturaban criaturitas aún más pequeñas que ellas, como *Opabinia*. Había muchos nichos libres por explotar. Las presiones selectivas actuaron en favor de animales que se estaban especializando en comer presas más grandes, y que regulaban las poblaciones de los animales que eran filtradores o carnívoros de pequeña escala. Dicho de otro modo, alguien tendría que hacer de tiburón blanco en los mares cámbricos. Si no, todas las poblaciones de aquellas criaturas crecerían de forma incontrolada, y los ecosistemas colapsarían. De esta manera, aparecieron los primeros super-depredadores del planeta: los Radiodontos habían llegado. Al igual que los Opabínidos, con quienes estaban emparentados, el origen de estas criaturas es de los más cercanos al más ancestral de todos los artrópodos. Paradójicamente, muchos de ellos se estaban especializando en comer a los artrópodos más modernos que habían aparecido en otro linaje, por ejemplo, artiópodos como los trilobites, y, seguramente, quelicerados y mandibulados de aquella época. Por este motivo, eso de decir que un animal «está más evolucionado que otro» es una chorrada, pues vaya rapapolvo les estaban dando los Radiodontos a los demás: lo importante es estar adaptado, no estar al último grito de la moda evolutiva, como si esto fuera un desfile de pasarela en París. Otra cosa es que los animales tengan formas más o menos primitivas en comparación con sus ancestros, o que sus organismos sean más o menos complejos, cosa que tampoco tiene por qué afectar a su desempeño.

Tal vez el radiodonto más famoso entre los «frikis» de los bichos prehistóricos es *Anomalocaris canadensis*, el cual ha aparecido

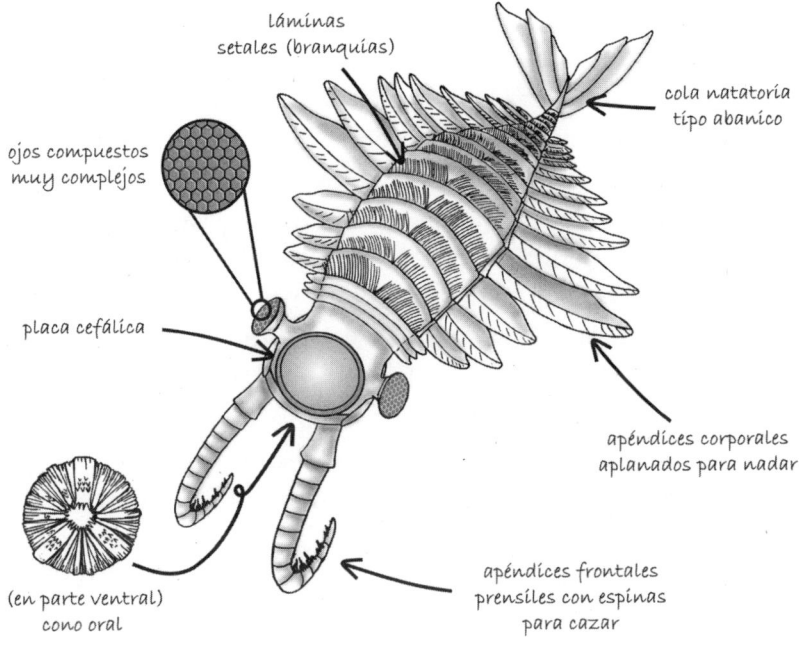

láminas
setales (branquías)

cola natatoria
tipo abanico

ojos compuestos
muy complejos

placa cefálica

apéndices corporales
aplanados para nadar

(en parte ventral)
cono oral

apéndices frontales
prensiles con espinas
para cazar

Figura 2.2. Aspectos anatómicos más relevantes de *Anomalocaris*,
el primer superdepredador de la historia. Ilustración del autor.

en multitud de series, documentales y fascículos. A ver, no es
tan famoso como el tiranosaurio, pero dentro de los artrópodos extintos, los cuales tienen infinitamente menos admirado-
res, goza de una posición algo privilegiada, aunque casi nadie
nunca jamás haya oído hablar de él. Su nombre, que, tradu-
cido del griego, significaría algo así como camarón —*caris*—
anómalo o extraño de Canadá —país que por aquel entonces estaba sumergido— nos da una idea de su peculiar forma,
digna de una película de monstruos japonesa. ¿Canadá? Sí, es
que se encontró… ¡en Burguess Shale!

Los *Anomalocaris* tenían unos cuarenta centímetros de longitud corporal —lo que para aquella época significaba ser muy
grande—, un cuerpo segmentado, con extensiones a los late-
rales como si fueran placas en forma de aletas, que le servían

para nadar, y unos «dientes» de peculiar morfología, que comparten todos los radiodontos y que justamente da nombre al grupo. Esta estructura bucal redonda es llamada *cono oral*. El cono oral adquiere su nombre de la disposición de las placas dentadas que lo formaban, que rodeaban a la boca como un anillo. De ahí *radiodonto* ('dientes en círculo'). Este grupo, que, sin duda, se encuentra entre los más espectaculares artrópodos que jamás han existido, fue propuesto por el paleontólogo canadiense Desmond H. Collins en 1996. Incluye a unas pocas especies que habitaron entre el Cámbrico y el Devónico, de las que algunas eran depredadoras, pero otras, filtradoras.

El cono oral era una pieza bucal indispensable para el *Anomalocaris*. Si eres un depredador y comes bichos duros como una piedra, te viene genial tener la boca más dura que una piedra. Además, estos animales, así como sus parientes, poseían unos apéndices cerca de la boca, parecidos a bracitos-tentáculo con espinas. En el caso de los *Anomalocaris*, estos servían para capturar y manipular a las presas. De esta manera, con una armadura perfecta que le permitía protegerse, y a la vez nadar y cazar con agilidad, y dos armas manipuladoras de presas, debía sentirse el rey, mientras comía entrecots de trilobites, *Opabinia* a la plancha o pinchitos de *Anomalocaris* más pequeños a los que pudiera subyugar. Pero, con sus presas en constante evolución, ¿cuánto duraría su reinado? Pronto, *Anomalocaris* sería desbancado por presas que se protegían mejor y por depredadores que cazaban de forma más eficientes a estas presas mejor protegidas. La carrera armamentística entre depredadores y presas a escala compleja había comenzado, una competición entre cazadores que cada vez cazan mejor, y objetivos que evaden cada vez mejor al cazador, en una escalada sin fin, y que ya nunca pararía hasta llegar a nuestros días.

Así, llegó un punto en que *Anomalocaris* fue relegado a la altura del betún. Mientras los millones años pasaban, los mares se enriquecían en vida, y los animales iban aumentando de tamaño y en complejidad. Una vez no hubo limitaciones ambientales —recordemos que hubo un aumento de nutrientes en el mar a comienzos del Cámbrico— el hecho ser grande te confería ventajas. Así, bichos cada vez más gigantescos pululaban por los mares. Y en esta pugna por el dominio de los océanos, hubo dos grupos que se impusieron a los demás. Con el permiso de los Artiópodos y sus impertérritos trilobites, finalmente, todo pareció quedar reducido a un titánico enfrentamiento entre dos formas de procesar la comida: quelíceros contra mandíbulas, mandíbulas contra quelíceros, Quelicerados contra Mandibulados, Mandibulados contra Quelicerados. Una pugna encarnizada en la carrera por la supremacía evolutiva.

De esta forma, animales de uno y otro grupo, más eficientes en su obtención y procesamiento del alimento hacían que en el otro también se seleccionan solo aquellos individuos más eficientes, capaces de competir con los primeros, lo que provocaba una diversificación en especies cada vez mayor. Unos se extinguían, otros prevalecían y se diversificaban todavía más. Con el paso de los millones de años y la rápida radiación evolutiva de estas criaturas, la cosa se puso tan apretada y competitiva, que hubo un momento en que no había espacio en el mar para ningún artrópodo más.

Tan solo en el periodo que se desarrolló entre principios y mediados del Cámbrico, habíamos pasado de no tener casi ningún artrópodo, a tener bichos a raudales. A mediados-finales de este periodo, además de tantos trilobites que los encontrabas hasta en la sopa, ya habían aparecido los Picnogónidos o arañas de mar, unos quelicerados cuyo nombre común alude a su parecido con las verdaderas arañas, y los Euquelicerados, un linaje de quelicerados cuyos descendientes darían lugar, con el paso de los millones de años, a criaturas tan famosas como los cangrejos cacerola, los opiliones, los escorpiones o las arañas. Asimismo, dentro de los Mandibulados ya encontrábamos un linaje formado por criaturas marinas que en un futuro daría lugar a los Miriápodos, es decir, a los ciempiés, milpiés y otras criaturas emparentadas. En paralelo, otros linajes se habían escindido del mismo ancestro común de los Mandibulados y darían lugar a los Oligostracos, a los Branquiuros y los Mistacocáridos, los más antiguos de los Mandibulados junto con los Miriápodos, y también a los ancestros de animales como los cangrejos o los insectos. Puede que muchos de estos nombres ahora te suenen a idioma inventado de película de ciencia ficción, pero, tranquilidad, posteriormente visitaremos a cada uno de estos grupos para que te quedes con sus caras. Lo importante ahora es que te hagas la idea de que estos bichos estaban diversificándose de una forma espectacular, y que, debido a esto, todo nicho explotable, toda adaptación a un cierto microhábitat o a un clima concreto dentro del agua marina, o cualquier posibilidad de hacerte un hueco, aunque fuera a codazo limpio, estaba copada.

Así, las presiones selectivas fueron seleccionando artrópodos que, por un lado, tenían mutaciones que les hacían poder vivir en aguas dulces y soportar bajas salinidades, y por otro, criaturas que eran capaces de soportar cada vez mejor eso de asomarse fuera del agua, en la orilla, donde había huecos que nadie había llenado, y, por tanto, un mundo de oportunidades de cubrir. Gradualmente, a partir de este punto, ocurrieron dos sucesos fundamentales. Por una parte, los Artrópodos conquistaron las masas dulceacuícolas —el primer artrópodo dulceacuícola conocido que atestigua este importante hito, *Maldybulakia saierensis* se describió hace muy poquito, en 2023—. Por otra parte y de forma totalmente independiente, aquellos individuos que disponían de mutaciones que les permitían estar emergidos durante periodos cada vez más largos, fueron conquistando, poco a poco, hábitats de mayor componente terrestre. Finalmente, este proceso evolutivo dio lugar a artrópodos que eran capaces de vivir en tierra, sin depender del agua, en una ventana de tiempo comprendida entre el Ordovícico y el Silúrico, por tanto, entre hace 485 y 443,8 millones de años.

Tenemos, de hecho, restos fósiles testigos de esta transición, y donde comenzó el contacto de los bichos con las zonas continentales emergidas: huellas que, según la datación, se realizaron durante un espacio de tiempo previo al Silúrico, comprendido entre el Cámbrico hasta principios del Ordovícico, alrededor de 485 millones de años, en sustratos intermareales, que quedaban al descubierto con la marea baja. Es decir, parecía haber artrópodos flirteando con una vida anfibia desde casi su aparición. Los rastros más antiguos de entre estas huellas pudieron pertenecer a unos artrópodos primitivos llamados Euticarcinoides, que cuentan con alrededor de quince especies descritas. Estos artrópodos habitaron en el planeta durante varios cientos de millones de años, y sus primeras especies eran posiblemente anfibias. Para que te hagas una idea de su aspecto, muchos de estos animales tenían pinta de milpiés, mientras que otras se asemejaban también a milpiés, pero con un caparazón de tortuga puesto encima. Ya extintas, estas criaturas habitaban en lo que ahora es Europa y Norteamérica, Argentina y Australia, y parecen pertenecer al grupo de los Mandibulados. De hecho, se propusieron como posibles ancestros de los Miriápodos, los Multicrustáceos y otros animales emparentados con estos.

En cualquier caso, casi cien millones de años después de la aparición de los primeros euticarcinoides del Cámbrico, y con artrópodos puramente terrestres ya en escena, la tierra firme seguía siendo un terrible infierno. No estaba tan pelada como cuando aterrizamos a principios del Cámbrico, pues ya había charquitos con algas dulceacuícolas, y esas cosas… pero de ninguna manera visualices, en nuestro viaje imaginario por el tiempo, que aquello era como un vergel esperando a ser conquistado, lleno de oportunidades fáciles, un bello y exuberante paisaje digno de una película de *Avatar*. Si te sirve como ejercicio de visualización, el hecho de imaginarte una escena caricaturesca sobre el asunto, no pienses que estos bichos que saltaron a tierra eran los guais del barrio, que iban a un sitio glamuroso gracias a sus mutaciones. Más bien imagínate a unos bichos que debido a las presiones selectivas, fueron conquistando un ecosistema marginal y horrible en el que nadie querría estar, porque no les quedaba otra. Aunque podemos considerar el Silúrico como el periodo en que nacieron los ecosistemas terrestres, los ecosistemas terrestres en condiciones que te estás imaginando no aparecerían hasta unos millones de años después. De momento, daba miedo ver como estaba aquello. El mundo emergido era un inhóspito lugar, durísimo para la vida, con microorganismos como bacterias y hongos por doquier, pero que no tenía apenas cobertura vegetal bien desarrollada por ese entonces, pues las plantas terrestres habían aparecido casi al mismo tiempo que los animales terrestres. Estas habían derivado de algas filamentosas que habitaban en cuerpos de agua dulce que había en tierra firme, y que a su vez provenían de ancestros que habitaban en agua salada. Para nada eran árboles, sino pequeños seres fotosintéticos parecidos a helechos que, selección natural mediante, poseían estructuras duras capaces de luchar contra la gravedad para distribuir los nutrientes por su organismo, y crecer hacia arriba sin desplomarse por el suelo como si un fideo cocido se tratase. También contaban con medidas para evitar la desecación, un reto al que antes estos seres vivos no se habían enfrentado.

No te creas que los animales tenían que luchar contra retos muy distintos. Fuera del agua, ya no flotas. Si una medusa intentara andar por la playa, me parece que no llegaría muy lejos, a no ser, claro, que alguien la condujera dentro de un carrito motorizado. Así, la selección natural también actuó en favor de aquellos individuos que mejor se desplazaban a pesar de la gravedad, y que mejor estaban aislados del medio exterior para evitar la desecación. Por supuesto, un pesado exoesqueleto con depósitos de calcio no ayudaba en absoluto a caminar en tierra firme sin la ayuda de la flotabilidad, y con la gravedad tirándote bien hacia abajo. Este escenario llevó a que se seleccionasen individuos más ligeros, que no contaban con exoesqueletos tan pesados y calcificados.

Por otra parte, en estos animales se desarrollaron nuevas formas de respirar, pues ya no podían tomar oxígeno del agua, sino que debían hacerlo del aire. Así, los mandibulados terrestres contaban con un sistema de tráqueas, una red de tubos, que se distribuían por todo el cuerpo del animal, y que comenzaban en unas aperturas, llamadas opérculos, situadas en la superficie del animal, por donde entraba el aire de forma pasiva. Dicha red de tubos se adentraba en el cuerpo y se ramificaba en tubitos cada vez más y más pequeños, las traqueolas, que finalmente acababan conectándose con los tejidos y repartiendo el oxígeno por ellos. En caso de los quelicerados terrestres, al menos en un principio —más tarde aparecerían linajes de quelicerados que tuvieron tráqueas también—, se desarrollaron otras estructuras diferentes, llamadas pulmones. Este nombre se debe al parecido que tienen a los nuestros, aunque no tengan un origen evolutivo común. De hecho, estos pulmones no funcionan mediante aspiraciones y espiraciones como los nuestros, sino que también son estructuras que se podrían considerar pasivas, como las tráqueas. Los pulmones quelicerados, además, tenían una peculiar distribución de tipo libro, es decir, tenían de láminas apiladas donde el oxígeno, en último término, entraba en contacto con el líquido transportador de estos animales y se acababa disolviendo en él y transportado por el mismo a través del cuerpo.

Ambas estructuras, tráqueas y pulmones en libro, aún están presentes en mandibulados y quelicerados actuales, respectivamente. Por ejemplo, un ciempiés o un escarabajo, que son artrópodos mandibulados, disponen de una red de tráqueas para respirar. Por otra parte, una tarántula o un escorpión, como quelicerados que son, poseen pulmones en libro.

Aunque esto queda fuera de nuestra trama principal, mucho más tarde aparecería otras estructuras respiratorias diferentes a las tráqueas y a los pulmones en libro: los pulmones pleopodales, que poseen hoy día las cochinillas de la humedad —que como veremos más tarde, son parientes cercanas de los cangrejos—. Estas no son más que unas branquias modificadas muy protegidas, que siempre están húmedas y que tienen muchas barreras físicas para evitar la desecación por pérdida de agua. Esto, además, se ve reforzado por los hábitos de las cochinillas, que, por lo general, solo habitan también ambientes con una humedad ambiental muy alta.

De vuelta al Silúrico, aún con criaturas preparadas para soportar la gravedad, y estructuras para respirar aire, aun así, existían unos cuantos problemillas a resolver, y que constituían limitaciones muy importantes para el desarrollo de la vida. En primer lugar, vale, muy bien, a respirar felices todo el aire que quieras. Pero… ¿y la hemolinfa, con los nutrientes que transporta, cómo se mueve por dentro del cuerpo ahora? El corazón que bombeaba hemolinfa, y el sistema de vascularización de los artrópodos también tuvieron que adaptarse al efecto de gravedad que existe en tierra firme. Y la cosa no acaba ahí. Por otra parte, en el mundo emergido, el estrés térmico era tremendo. En comparación con el mar, donde las temperaturas se regulan mucho mejor gracias al efecto amortiguador del agua, fuera de este, la historia era totalmente la contraria: ¡picos de frío por la noche! ¡Ahora toma insolación y calor infernal, como si estuviéramos en un asador de pollos!

Conforme el tiempo avanzaba, las plantas terrestres ganaban terreno, la composición de la atmósfera iba cambiando de forma más acusada —la proporción de oxígeno atmosférico era cada vez más alta—, y los ecosistemas terrestres se volvían cada vez más complejos, con más y más organismos capaces de habitar en ellos. Si, a partir de este punto, avanzásemos esta parte de la historia de la vida en cámara rápida gracias a nuestra máquina temporal, observaríamos como, a pesar de otros nuevos cambios ambientales y sus consiguientes extinciones, los

Artrópodos comenzaron a florecer en tierra, y a multiplicarse sin parar. Y claro está, en todos los rincones marinos habidos y por haber, donde seguían siendo los amos absolutos. En resumen: aunque las condiciones ambientales cambiaban una vez tras otra y las presiones selectivas viraban constantemente, con la consecuente extinción de los linajes menos adaptados, en nuestros protagonistas siempre aparecían novedosas mutaciones que los hacía altamente competitivos en nuevos ambientes. Los artrópodos eran tan versátiles que se iban amoldando gradualmente a casi cualquier condición imaginable. Desde el principio, comenzaron a participar en procesos esenciales para el funcionamiento de los ecosistemas terrestres y acuáticos, como el reciclado de nutrientes, o el mantenimiento de los suelos. Dicho de otro modo, se fueron volviendo cada vez más indispensables en los ecosistemas acuáticos y terrestres, porque, en parte, ayudaron a construirlos.

En lo que respecta al registro fósil de esta etapa de la evolución bichera, disponemos de restos de animales mandibulados y quelicerados totalmente terrestres, trozos corporales de miriápodos y arácnidos del periodo Silúrico y del periodo posterior, el Devónico, para el cual también se han hallado además restos de otras muchas criaturas artrópodas, como los Colémbolos. Por ello, no cabe duda de que fueron los dos primeros grupos mencionados los que tienen el honor de ser los primeros animales puramente terrestres conocidos. Específicamente, parece que fueron los Miriápodos los primerísimos en vivir en tierra firme de forma total.

Los fósiles más antiguos que pertenecen a artrópodos terrestres y que nos permiten inferir esta información se hallaron en Reino Unido, concretamente en Ludford Lane, en un estrato datado en unos 420 millones de años. En él se identificaron restos de diferentes géneros de miriápodos, entre ellos *Eoarthropleura*, del grupo de los Miriápodos Artropléuridos —un grupo que nos dará mucho juego dentro de poco, porque... ¡vaya bichos!—, pero también una especie de arácnido rara de verdad, llamada *Eotarbus jerami*, que pertenecía al extinto grupo de los Trigonotárbidos. Estas eran unas extrañas criaturas que parecían una mezcla entre garrapatas, arañas y opiliniones. Es lo que pasa, claro, cuando todavía los diferentes descendientes de un ancestro no se han separado mucho entre ellos porque no ha pasado suficiente tiempo. Es decir, una persona y sus hermanos tienen una genética mucho más parecida que los tataranietos de cada uno de ellos entre sí. Pues esto mismo, pero trasladado a nuestros bichos: aunque los linajes de cada uno de los animales que conformarían los artrópodos que conocemos hoy día ya se estaban separando, muchos de ellos en ese momento todavía no estaban bien definidos y sus características anatómicas eran más similares entre ellos que ahora, cuando ha pasado ya mucho tiempo desde que divergieron de su ancestro común.

Como ves, los inicios de los primeros animales terrestres no fueron nada fáciles, y no se encontraron con ningún hotel de cinco estrellas esperándoles, precisamente. Ahora puedes darte cuenta de que, con un proceso tan duro y paulatino, eso de representar la conquista del medio terrestre con la viñeta de un animal pisando por primera vez, a cámara lenta, el suelo, como el que está clavando una bandera en la Luna, en plan «Hala, ya está, todo esto para mí», mientras suena *Así habló Zaratustra* de Richard Strauss de fondo… Pues no es muy realista que digamos.

¿Qué estaba ocurriendo, mientras tanto, en el mar? ¿Cómo seguían las cosas por allí? Pues las cosas seguían un curso parecido. La diversificación de los artrópodos marinos seguía yendo a toda pastilla. A principios del Silúrico, ya encontrábamos separados a todos los grandes linajes de artrópodos que posteriormente darían lugar a los actuales animales que hoy conocemos. Recordemos que, en algún momento del Cámbrico, los Euquelicerados, ancestros de los actuales cangrejos cacerola o los opiliones, ya estaban haciendo de las suyas en el medio marino. De la misma manera, los antepasados de los actuales cangrejos, percebes o Cefalocáridos, Branquiópodos o Remipedios también estaban quedándose con un trozo del pastel. Sin embargo, ahora ya encontrábamos también a los antepasados de los actuales hexápodos —Insectos y parientes—. Es decir que, en cuanto a Artrópodos respecta, podíamos encontrar todo tipo de bichos que pudieras imaginar: nadadores, filtradores, bentónicos, carroñeros, carnívoros, omnívoros, generalistas, especializados en un tipo concreto de comida, más pequeños, más grandes, diminutos o enormes. También se hallaban ya, nadando por aquellas aguas, los primeros peces en condiciones, que contaban con un aspecto muy primitivo, pero que se podían reconocer como tales sin ningún problema, más en comparación con sus extravagantes ancestros, que datan prácticamente de la explosión cámbrica.

Espera, espera… rebobinemos un poco. ¿Artrópodos enormes? Efectivamente. Si *Anomalocaris* había sido grande para las condiciones que había en su época, algunos de estos bichos de los que hablaremos ahora eran seis veces más grandes, y ciertamente, enormes para cualquier momento de la historia de la vida, sea en su contexto natural o no. Ni mamuts, ni dinosaurios, ni dimetrodones: los Artrópodos fueron, probablemente, los primeros monstruos gigantes de la historia, producto de unas condiciones ambientales cada vez más benignas en los océanos. ¿Pero por, qué aparecieron criaturas XXL, cuando antes no las había habido?

¿Recuerdas que, desde hace unos millones de años, ya no había una fuerte limitación de nutrientes en el medio marino, lo que permitía que hubiera seres más complejos y grandes? Puede que, entre los individuos que conformaban las poblaciones de especies que eran usualmente depredadas, el ambiente seleccionase a los individuos de mayor talla, pues sobrevivían mejor, ya que, debido a su tamaño, era más complicado para los depredadores el poder subyugarlas. Pero claro, en esta carrera armamentística de tamaños entre presas y depredadores, al mismo tiempo, se seleccionarían depredadores cada vez más masivos para poder subyugar a esas presas cada vez más grandes. Así, en esta vorágine de «a ver quién es más grande», se llegaron a alcanzar dimensiones estratosféricas en los cuerpos de los artrópodos.

Uno de estos primeros bicharracos inmensos que habitó los mares no fue otro que *Jaekelopterus rhenaniae*, un quelicerado del grupo de los Euriptéridos que medía dos metros y medio de largo. ¡Dos metros y medio! ¡Tanto como el largo de una bañera! Con semejante tamaño, este animal se convierte en el quelicerado más grande jamás conocido, y en uno de los artrópodos más grandes que han habitado el planeta. Propio de los mares del Devónico, habitó lo que hoy es Alemania hará casi 400 millones de años. Era el primer megamonstruo del mundo, y probablemente no habría habido animales mucho más grandes que él anteriormente. Se hipotetiza que *Jaekelopterus*, al igual que otros euriptéridos, debía ser un depredador. En consecuencia, debían existir presas muy grandes para saciar su apetito, y mantener su cuerpo serrano. Por aquel entonces, como hemos comentado, ya había peces prehistóricos, cuyas especies más recientes también comenzaron a aumentar de tamaño rápidamente, por lo que ya había material para hacerse un buen espeto. Por supuesto, se zampaba artrópodos más pequeños que él, entre ellos, otras especies de euriptéridos de tamaño más comedido. ¡Los bichos no se casan con nadie!

Otro de los euriptéridos más famosos los encontramos en el género *Megarachne*. Famosos, todo hay que decirlo, a causa de un error de interpretación. Como puedes comprobar con ese nombre genérico, inicialmente se creía que los *Megarachne* eran arañas gigantes prehistóricas, las más grandes que habían habitado la Tierra jamás. Pero nada de eso. Una vez estudiados a fondo los restos, se descubrió que los *Megarachne* eran euriptéridos como el *Jaekelopterus*, solo que bastante más pequeños, claro.

Los euriptéridos son conocidos vulgarmente como escorpiones marinos, dada su apariencia general alargada y la forma del final de su cuerpo, que acababa en una especie de cola, pero que en este caso servía para nadar, como en muchos otros artrópodos marinos que disponen de estructuras similares al final de su cuerpo. Sin embargo, estos animales no son verdaderos escorpiones, sino parientes suyos, algo lejanos. Realmente eran más cercanos a los actuales cangrejos cacerola, con los que forman en grupo Merostomata. Si te has llevado un buen chasco tras enterarte de que estas gigantes criaturas no eran escorpiones gigantes, tranquilidad y sangre fría: a pesar de ello, sí existieron grandes escorpiones acuáticos, y hablaré de ellos dentro de poco. Y tampoco se quedaban atrás en eso de ser enormes. No te defraudarán, ya lo verás.

Aunque muy impresionantes, los Euriptéridos se extinguieron, junto con los trilobites y otros muchos animales, en la gran extinción que ocurrió entre finales del Pérmico y principios del Triásico. En cualquier caso, se les dio muy bien también eso de ser exitosos, pues perduraron durante unos 200 millones de años. Pero es que la extinción del Pérmico-Triásico fue destructiva a más no poder. De hecho, deja a la extinción de finales del Cretácico, la que extinguió a los grandes dinosaurios, tirada por los suelos. Ya verás el bajón que te va a dar cuando hablemos sobre ella. Pero bueno, la naturaleza es así. Probablemente, de no haber ocurrido, los vertebrados no hubiéramos tenido oportunidad de desarrollarnos como lo hicimos.

Al mismo tiempo que los euripterídos gigantes eran reyes indiscutibles de los mares, había otros artrópodos que estaban haciéndose, poco a poco, un hueco en esto de la vida: los escorpiones verdaderos, que, aunque actualmente solo cuentan con especies terrestres, comenzaron sus andaduras en el mar, o al menos en costa, con estilo de vida anfibios. Y esto lo sabemos porque disponemos de testigos fósiles de la transición de estilos de vida en los escorpiones. Entre ellos, tenemos al célebre y enorme *Brontoscorpio anglicus*, descrito en 1972 únicamente a partir a la pieza móvil de uno de sus pedipalpos —esas estructuras llamadas comúnmente «pinzas» en los escorpiones—. El meollo de la cuestión es que este trozo de pinza, encontrado en Reino Unido, medía nada más y nada menos que diez centímetros. De acuerdo con esta medida, se estima que el tamaño completo de este monstruo maravilloso sería de casi un metro. Vaya pedazo de escorpión. Tan grande como la altura de un niño de cuatro años. Ciertamente, debía pesar bastante. Por ello, a pesar de que el resto se hallaba fosilizado en sedimentos terrestres, y por tanto queda claro que el animal podía salir a tierra firme, se hipotetiza que debía ser predominantemente acuático. El peso de un escorpión de ese tamaño, con su grueso y poderoso exoesqueleto, sería difícil de sostener todo el tiempo sin la ayuda de la flotabilidad que hay en el agua. Así, este animal podía cazar presas en el agua y desplazarse a tierra para huir de los falsos escorpiones marinos, que, a pesar de ser falsos escorpiones, le comían de verdad si le pillaban porque eran muy grandes. Además, por aquella época ya había peces de un tamaño considerable. Y por considerable quiero decir del tamaño de una persona bien crecida. Por otra parte, esta vida anfibia podría conllevarle ventajas a nuestro querido *Brontoscorpio* en el sentido contrario: estos animales podían meterse en remojo si algún peligro terrestre les acechaba. Se debe tener en cuenta que, a finales del Devónico, hará unos 400 millones de años, ya había tetrápodos de tipo anfibio, que habían evolucionado a partir de peces —¡los vertebrados estaban llegando, por primera vez, a pisar tierra firme, entre ellos, nuestros ancestros!—. Así, estos tetrápodos que parecía mitad pez, mitad salamandra no eran pequeñitos, precisamente, por lo que un *Brontoscorpio* de tamaño juvenil, perdido, lejos de la costa podría ser presa fácil para estos. Por si te suenan de algo los nombres *Acanthostega* o *Ichthyostega*, estas criaturas prehistóricas relativamente famosas son propias de finales de este periodo Devónico que estamos visitando.

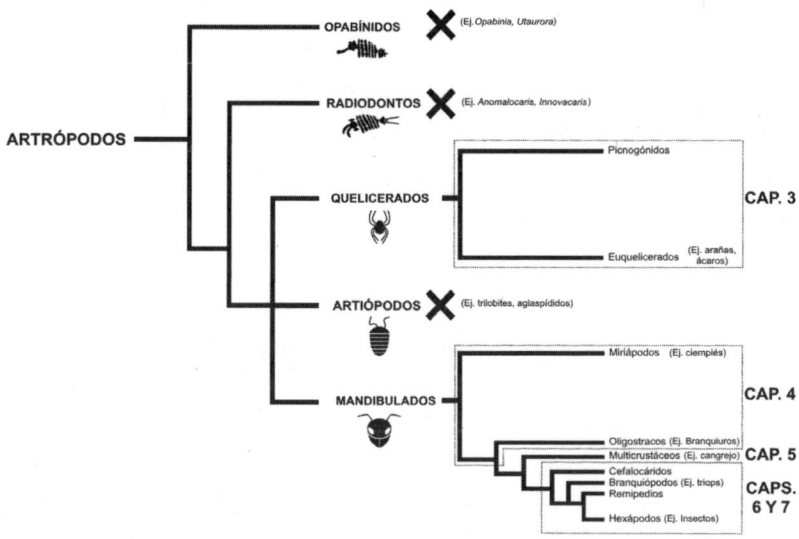

Figura 2.3. Árbol filogenético simplificado de los Artrópodos. Marcados con una equis, los linajes extintos. A la derecha, los capítulos en los que se tratará a cada uno de ellos.

Por cierto, aprovecho este momento para dejar claro que la evolución no es el destino. Ningún ser vivo está destinado a nada, ni siquiera nosotros. No estaba escrito que los Artrópodos llegaran a conquistar el mundo de la forma en que lo hicieron, simplemente, salió así. El hecho de que hayan llegado hasta nuestros días de la forma tan increíble en que lo han hecho no es algo regalado, no estaba previsto, o programado. Es cierto que desde sus comienzos eran animales muy adaptables, y fuertes, y tenían muchas cartas ganadoras, pero tuvieron que sobrevivir a inimaginables peligros, e incluso a eventos azarosos. Finalmente, se desempeñaron mucho mejor que otras criaturas que se quedaron por el camino. Podrían haberse extinguido como ellas, pero no fue así. En resumen, si creías que cada uno de los bichos que hoy están en el presente lo habían tenido fácil para llegar al año en que lees estas páginas, pues te estás equivocando.

Por los registros de los que se disponen, parece que los restos de los primeros escorpiones que existieron en el planeta son muy poco frecuentes. De estos animales, no hay muchos fósiles del Silúrico y el Devónico, ni siquiera del Carbonífero, que es más reciente. Así que no podemos decir mucho sobre los cambios que se sucedieron hasta llegar a la aparición de escorpiones similares a los actuales. Lo que queda claro, a tenor de las especies vivas que tenemos hoy entre nosotros, es que, poco a poco estos animales fueron disminuyendo de tamaño y haciéndose menos dependientes del agua, hasta que ya no quedó ninguno en remojo. De hecho, pocos millones de años después, no solo los escorpiones, sino prácticamente todos los linajes de Quelicerados se habían adaptado al medio terrestre, excepto los cangrejos cacerola y los Picnogónidos, que actualmente siguen habitando en el océano.

Mientras tanto, en la tierra, los ecosistemas terrestres seguían volviéndose cada vez más frondosos, repletos de helechos, enormes árboles y rebosantes de vida animal. Pero, sobre todo, cada vez más verdes: todo eran humedales llenos de plantas, árboles por todos lados, exuberancia, más plantas, más árboles, más árboles, más plantas, por allí, plantas, por aquí, plantas también… ¿Lo pillas, no? Muchas plantas. En consecuencia, la atmósfera seguía enriqueciéndose de oxígeno. Así, si le damos un poco al acelerador temporal de nuestra nave, llegamos al increíble periodo carbonífero, en el que existían unos niveles de oxígeno en la atmósfera mucho más altos de los que existen en la actualidad. Mientras que hoy día, hasta un 21 % de la composición atmosférica está formada de oxígeno, en el Carbonífero, ese porcentaje ascendía hasta un asombroso 35 %. Con razón, por aquel entonces se daban muy asiduamente «megaincendios» muy, muy locos. Pero mucho.

El Carbonífero —llamado así porque gran parte del carbón usado en nuestra historia reciente proviene de depósitos que se encuentran en estratos datados en este periodo— fue, sin duda, sinónimo de esplendor para los Artrópodos, especialmente, para los terrestres. Tanto es así, que a veces es conocido comúnmente como el «Periodo de los insectos» —¡ja, como si el presente no lo fuera!—, o el «Periodo de los insectos gigantes». Y es que, así es, los Insectos y sus parientes, derivados de aquellos ancestros mandibulados marinos de los que hablamos, emparentados con los cangrejos, ya estaban campando a sus anchas por el mundo desde hacía unos millones de años atrás. Llegaron allí, con su cuerpo de seis patitas, su par de antenas, y su hechura fuertemente tagmatizada, y aplastaron a todos los otros animales que había llegado a tierra antes que ellos. En poco tiempo, se volvieron numerosísimos, ocuparon todos los ecosistemas y nichos imaginables, y claro, desbancaron a muchos otros artrópodos que antes habitaban en ellos, pero que eran menos eficientes en su desempeño. Pero en el Carbonífero, se volvieron la repera. Una de las razones de este éxito fue la aparición de insectos con alas, unas estructuras que les permitieron conquistar los cielos, y, por ende, ser más rápidos y eficientes en el desplazamiento en tierra firme. Poco antes, solo había bichos que se arrastraban o correteaban por el suelo, o que, como mucho, daban grandes saltos, como los insectos más primitivos y que carecían de alas, como los pececillos de bronce que aún hoy día están entre nosotros. Pero ahora… ¡había helicópteros que se desplazaban a sesenta kilómetros por hora y que colonizaban rápidamente cualquier ecosistema, por muy lejos que estuviera! ¿Sabes lo que implica pasar de bichos que pueden moverse unos cuantos centímetros al día, a tener bichos que son capaces de recorrer un kilómetro como si nada? ¡Qué locura! Los hexápodos se convirtieron en los amos de todo, en los primeros animales de la historia en volar, y, por cierto, en los únicos artrópodos en hacerlo.

Algunos de estos insectos voladores no eran precisamente discretos: las altas concentraciones de oxígeno favorecieron el sistema de respiración pasivo por tráqueas que tenían estos animales, lo que permitió la aparición de insectos de tallas muy grandes. Muy grandes, que no gigantescos. Mucha gente cree al oír hablar de los insectos gigantes del Carbonífero, que existieron insectos superlativos, libélulas de cinco metros, ciempiés de diez metros, y escorpiones de quince metros, como esos de las películas de serie B. Y esto no era posible porque había limitaciones corporales que lo impedían, la primera de ellas, el pesado exoesqueleto rígido de estos animales. ¿Recuerdas lo que ocurría con *Brontoscorpio*, aquel escorpión gigante que no podía estar todo el tiempo en tierra? Nada más pensar en lo bien que le funcionaría la circulación o la respiración a un artrópodo tan grande, te hace llegar a la conclusión de que no le hubiera ido muy bien, por decirlo de forma suave. Entonces, eran grandes, y mucho, pero en el contexto de los insectos que tenemos hoy en día. Y de hecho en algunos casos ni eso. Actualmente existen insectos palos de medio metro, la mayor araña conocida de todos los tiempos, y el cangrejo más gigante que la Tierra haya visto, cuya envergadura de patas alcanza los cuatro metros de largo. Tela marinera.

En los mares carboníferos, la fiesta de los artrópodos continuaba a pesar del paso de los millones de años. Como ya veremos en capítulos posteriores, aunque hoy día los Insectos son los animales con mayor riqueza en especies —con más de un millón descritas por el momento— los animales con mayor diversidad de estilos de vida son, probablemente, los Multicrustáceos y sus parientes. Fíjate si ya había diversidad de estilos de vida en estos animales por aquel entonces, que fue en este periodo cuando las cochinillas de la humedad —multicrustáceos isópodos parientes de los cangrejos—colonizaron el medio emergido. En él, se especializaron en comer lo mismo que sus ancestros en el mar: materia orgánica en descomposición, tarea en la que, en muy poco tiempo, se volverían imprescindibles para el mundo, igual que sus ancestros en el mar.

El Carbonífero fue vital para la fundación de las bases del mundo que hoy funciona ante nosotros. Con montones y montones de nuevas criaturas artrópodas cada millón de años que pasaba, cada vez más grupos animales que había colonizado la tierra desde el agua, anfibios enormes por todos lados, ecosistemas acuáticos repletos de vida, ejércitos infinitos de hongos y microorganismos, y zonas verdes cada vez más frondosas, el medio terrestre estaba convirtiéndose en un complejo puzle conformado por miles de piezas que encajaban de forma maravillosa.

Sin embargo, en este puzle complejo, se estaba viendo claramente y por primera vez que cómo los animales más complejos, con sus modernas patas con huesos internos y sus pulmones, no estaban en la base, sino en la cúspide. Eran todas esas pequeñas criaturas como las bacterias, los hongos o especies de anélidos y nematodos, que habían saltado a tierra hacía unos millones de años, o de artrópodos y otros pequeños bichejos microscópicos, los que se encargaban de hacer funcionar todos los procesos esenciales necesarios para que los otros animales pudieran vivir adecuadamente. Eran recicladores de residuos, comedores de plantas, removedores y oxigenadores de tierra, y algunos de ellos, además —porque lo cortés no quita lo valiente—, se desempeñaban como depredadores ápice que controlaban las poblaciones de otros seres vivos, incluidos, claro que sí, algunos vertebrados de pequeño tamaño.

Da la impresión de que los Artrópodos aumentaron su diversidad cuanto más se diversificaban las plantas. Tiene sentido, visto que ambos tipos de organismos se benefician entre sí. Cuanto más nutrientes se reciclaban y mejor se oxigenaba la tierra, mejor crecían las plantas, y cuantas más plantas había, más lugares había para que los Artrópodos florecieran.

Por otra parte, es en el Carbonífero cuando aparecen por primera vez las plantas con semilla. Así, para los animales, una nueva oportunidad, un nuevo nicho a explotar aparecía en los ecosistemas: especializarse en comer estos pequeños fetos de planta.

Es probable, igualmente, que de la misma forma que ocurre ahora, algunos artrópodos y otros animales ayudaran, sin saberlo, a que las especies de plantas se dispersaran. Si estos animales transportaban semillas para comérselas y las acababan perdiendo, contribuía a que las semillas llegasen más lejos de lo que hubieran llegado por ellas mismas. Así, el hecho de tener semillas constituía para las plantas una nueva posibilidad de expandirse gracias a los animales granívoros.

En los bosques, praderas, lugares esteparios, montañas y planicies, montones de bichos campaban de un lado a otro. No tenían la limitación que tenían los anfibios, que solo podían vivir en entornos muy húmedos para poder respirar adecuadamente, lo que les permitía colonizar muchísimos ecosistemas que los vertebrados no habían podido ocupar. Aunque esto no tardaría en cambiar, porque derivados de los anfibios, los reptiles ya habían llegado al mundo para buscar su sitio en él. Estos animales no dependían tanto del agua como sus ancestros, pues sus cuerpos estaban muchos más protegidos de la desecación y sus huevos tenían una cáscara dura, que les permitía proteger al embrión del medio exterior por muy seco que fuera, por lo que no era necesario realizar las puestas en el agua, como sus ancestros anfibios.

En el Carbonífero, entre otros muchos bichos, ya había algunos que podíamos reconocer perfectamente, pues eran muy parecidos a sus parientes vivos de hoy en día. Entre ellos, se hallaban los escorpiones terrestres o las arañas, que probablemente evolucionaron a partir de unos quelicerados anfibios, medio marinos medio terrestres, similares a garrapatas con cintura, y que finalmente dieron el salto completo a tierra. Asimismo, por ese entonces también pululaban por el suelo los ápteros pececillos de bronce y de plata, seguramente los primeros insectos en colonizar la tierra hacía mucho, y que ya mencionamos anteriormente. Y, sobre todo, comenzó a haber bichos voladores por doquier, que contaban con un par de alas con las que podían practicar el vuelo sostenido. Aunque en ese momento, entre estos navegantes del aire, encontrábamos ya a los saltarines grillos y las prolíficas chinches —que tenían las alas más modernas del momento, pues podían plegarlas sobre su abdomen— los primeros insectos y animales del mundo en poder volar fueron libélulas, muy exitosas, las reinas de los cielos por aquel entonces. Con unas alas primitivas que no podían plegar sobre su cuerpo y unos gigantescos ojos de vista aguda, estos animales han llegado prácticamente idénticos hasta nuestros días en cuanto a morfología se refiere, solo que más pequeñitos. En sus comienzos, fueron los primeros superdepredadores aéreos del mundo. Gracias a sus enormes estructuras voladoras, podían recorrer grandes distancias sin depender del agua en estado adulto, y cazar desde el aire. Sin embargo, necesitaban realizar las puestas de huevos en el agua, mismo medio en el que vivían sus crías, que tenían una especie de tráqueas que sobresalían del cuerpo en forma de branquias, y que no perdían hasta que no llegaban a la madurez.

Los restos de libélula son bastante frecuentes en el registro fósil, así que tenemos su historial bastante bien fichado. De entre las especies extintas, tal vez las más famosas sean las del género *Meganeura*, en el que los especímenes más grandes llegaron a alcanzar envergaduras alares de setenta y cinco centímetros de largo —más de lo que mide el largo de un perro de raza bóxer— y que así, eran alrededor de siete veces más grande que una libélula de hoy día. Una auténtica salvajada, aunque casi todo el bicho fuera alas.

Pero para gigante, el único bicho que se puede considerar de verdad gigante en este mundo carbonífero, una excepción a la norma: *Arthropleura*, un enorme género de milpiés cuyos integrantes podían llegar a alcanzar más dos metros y medio de largo, más de lo que mide un jugador de la NBA, más de lo que mide la puerta de una casa o un frigorífico. Así, estos milpiés se convierten en uno de los artrópodos más grandes conocidos de la historia. Estas bestiales criaturas, que, se estima, pesaban alrededor de cincuenta kilogramos, caminaban muy pegadas al suelo como los milpiés actuales, gracias a sus múltiples pares de cortas patas, probablemente se alimentaban de materia vegetal en descomposición. ¿Tendrían estas criaturas depredadoras naturales asiduos, o eran prácticamente intocables?

Con esta duda que queda en el aire, y mediante el uso del botón de avanzado rápido en el tiempo de nuestra impresionante máquina del tiempo en forma de nave despampanante, llegamos al Pérmico, el periodo que sucede al Carbonífero. Un periodo que lo cambiaría todo para nuestros protagonistas. Aunque a primera vista, parecía que los Artrópodos seguían cubriendo, como engranajes clave, un amplio abanico de nichos esenciales en los ecosistemas, y afianzando su liderazgo como organismos vitales para el mundo —por ejemplo, artrópodos tan emblemáticos como los Himenópteros o los escarabajos, nacieron durante este periodo— muchos otros estaban sucumbiendo sin remedio a las nuevas y durísimas condiciones imperantes en el medio.

Como sabrás, los continentes nunca se quedan quietos, porque, aunque lentamente a escala humana, se desplazan como a la deriva sobre el manto, a causa de las corrientes de convección que existen en él, como trozos de corcho flotando sobre un barreño de agua. Durante todo nuestro viaje temporal, estos movimientos siguieron su curso, y desmembraron a Pannotia en muchos continentes. Pero, por simple azar, llega un momento en que todos esos trozos de corcho siempre vuelven a encontrarse dentro del barreño, y se forma otro supercontintente. Así es, se trata de un proceso cíclico que ocurre cada ciento de millones de años. Y en ese caso, lentamente, se estaba formando Pangea, el último supercontiente que por el momento el planeta ha albergado. Con él, otra vez cambiaban drásticamente las condiciones de todo el planeta, tanto en los mares, como en la tierra firme. Debido a ello el clima estaba volviéndose cada vez más seco y extremo. Esto es típico de los supercontientes: con un mazacote de tierra enorme, de miles y miles de kilómetros de tierra seguidos, se potencian los climas áridos. Los megabosques carboníferos desaparecieron, el oxígeno empezó a disminuir, y los vertebrados que eran cada vez más diversos y duros de pelar, con los reptiles a la cabeza, comenzaron a estar por todos lados, a ser realmente enormes, y a apoderarse de la cima de las cadenas alimentarias. Así, el reinado de los «megabichos» comenzó a caer. Pero no todo era jolgorio, ni siquiera para los reptiles. El ambiente se volvía cada vez más y más salvaje. Hasta que, de repente, la situación estalló. A finales de este periodo, una, gran extinción, sin duda, la más grande de la que tenemos constancia, ocurrió en la tierra, y barrió al 95 % de la vida terrestre y al 70 % de la vida marina de la Tierra. Más de la mitad de todas las familias taxonómicas del mundo que habitaban en ese momento se extinguieron. Muchos de nuestros protagonistas favoritos dijeron adiós para siempre, entre ellos, los euriptéridos o el grupo de los Artiópodos, que quedó exterminado por completo. El evento fue tan catastrófico que la vida tardó en recuperarse mucho, mucho tiempo después. Se hipotetiza, que varias causas naturales tuvieron que converger, a la fuerza, para dar lugar a una megaextinción tan gigantesca, una como nunca se había visto o se vería después. La combinación ganadora del bingo de la muerte podría haber sido la siguiente: cambios en los ciclos de nutrientes, un aumento de la temperatura en el planeta, el choque de un asteroide, y, para rematar, un aumento salvaje de bacterias productoras de metano. Todo esto sumado, claro, a la ya comentada aparición de Pangea, que llevaba consigo en el pack una fuerte aridificación y una acusada disminución de oxígeno a escala mundial, un cambio en las corrientes oceánicas, y vete a saber qué más… Seguro que todo esto ocurrió en viernes, y que de ahí venga lo de *Black Friday*, porque si no, esta expresión es desmerecida.

Bromas aparte —pues las extinciones no ocurren en un día— cabe decir que, pese a todo, muchos organismos aguantaron a duras penas aquel duro revés, y sobrevivieron para continuar su viaje: todos los animales que tienes ante ti tuvieron ancestros que lo hicieron, como cualquier pez, cualquier anfibio o reptil, y esto tuvo dos consecuencias. La primera es que los dinosaurios aparecieron, y se encontraron un mundo lleno de oportunidades. La segunda es que, a partir de los reptiles, aparecieron mamíferos primitivos de los que descendemos, y sin los cuales, ahora no tendrías este libro en las manos. Obviamente, también resistieron los indispensables y fuertes Artrópodos que, aunque ya no tan gigantes, radiaron de nuevo de forma esplendorosa. En el Triásico, ya había criaturas voladoras como mariposas y moscas además de las viejas pero efectivas libélulas, que siguieron viendo reducido su tamaño en las especies más modernas, no solo por el descenso de oxígeno en la atmósfera, sino también conforme aparecieron en escena otros animales que también podían volar. Animales más efectivos, más gráciles y habilidosos, como las aves, nacidas en el Jurásico. Unos animales, que al igual que los mamíferos, disponían de un metabolismo capaz de controlar la temperatura corporal, sin depender del ambiente: no importaba cuan frío o lluvioso fuera el día, estos animales salían a cazar; no como la mayoría de los artrópodos, que estaban inactivos si no hacía buen tiempo. Con animales cazadores tan eficientes surcando los cielos prácticamente todo el día, siete días a la semana, el hecho de ser un artrópodo grande y torpe penalizaba, pues era sinónimo de blanco fácil para los depredadores. Así, cada vez más discretos, nuestros protagonistas se iban pareciendo más y más a los integrantes actuales de este grupo animal tan imprescindible para la vida. De hecho, existen muchísimos fósiles de insectos y cangrejos del Jurásico y el Cretácico, que convivieron con los dinosaurios, muy bien conservados —algunos de ellos en ámbar— y que, a pesar de tener más de sesenta y cinco millones años, no serías capaz de distinguir de las especies vivas de hoy día. En resumen, podemos observar cómo los animales vertebrados empezaron a dominar las cimas de las cadenas alimentarias de todo el mundo, y a dominar aparentemente el planeta. Pero la realidad era que toda la realidad que les rodeaba estaba siendo sostenida, desde las sombras, por los animales más pequeñitos, esos a los que llamas «bichos», sin los cuales los grandes no se comían una rosca.

Y hablando del Cretácico… Finalmente, con este periodo llegamos a la última gran radiación de los artrópodos, la diversificación final, ¡la explosión definitiva de los bichos! Esta estuvo ligada a la aparición de las plantas con flor. Básicamente, en este periodo aparecieron plantas que tenían polen, que no eran más que células reproductoras, «esperando» en el centro de sus flores. Como estas no podían moverse para encontrar pareja, necesitaban celestinas. Así, a través de la historia evolutiva de las plantas con flor, se fueron seleccionando individuos que disponían de una sustancia azucarada en ella, además de polen. Esta sustancia llamaba la atención de los insectos, pues era rica en energía. Era una especie de atrayente, recompensa para aquellos insectos que se acercaran a libar. Así, de camino, se impregnaban con su polen. Manchados de células reproductoras, en sus visitas de flor en flor, participaban en la reproducción sexual por polinización al ir dejando polen de una planta en otra. Esto resultó en una forma muy efectiva de reproducción sexual para las plantas, y las plantas con flor se diversificaron enormemente hasta tener polinizadores específicos para cada especie en algunos casos. Por si fuera poco, las flores eran cada vez más elaboradas, no por tener estructuras más increíbles, sino por estar cada vez mejor diseñadas para atraer específicamente a los polinizadores con los que la especie de planta estaba coevolucionando. ¿Qué es esto de la coevolución? Básicamente, es un proceso en el que dos especies evolucionan al mismo tiempo y en la misma dirección, porque la historia natural de una está influyendo a la de la otra. De esta manera, aparecieron flores cada vez más preparadas para determinadas especies de insectos, e insectos con aparatos bucales cada vez más preparados para libar específicamente un tipo de planta, como si de una fiesta exclusiva se tratase: «Aquí, solo abejas solitarias»; «Aquí, solo ciertas mariposas papiliónidas». Por si esto fuera poco, en las flores aparecieron coloraciones específicas para señalizar el camino a los insectos polinizadores, e incluso patrones ultravioleta que no se ven en el espectro visible, pero que sí eran detectables para los animales capaces de percibirlo como los Himenópteros, los Lepidópteros —y algunos pájaros—. Esta nueva asociación entre plantas e insectos moldeó de forma definitiva el mundo que conocemos, y ya no hubo vuelta atrás: el experimento había salido muy bien. Actualmente, el 90 % de las especies de plantas existentes en el mundo poseen flor, de las cuales el 80 % es polinizada por insectos. El feudo de los Artrópodos no había hecho más que afianzarse. Por si aquello fuera poco, desde hacía unos millones de años, y a partir de ese momento, más que nunca, estas criaturas que habían visto reducido su tamaño y que ahora eran muy pequeñas pero abundantes se acabaron convirtiendo en la dieta indispensable para una gran diversidad de animales grandes —de esos de los que nos gustan, de los que nos parecen monos y peluditos— una realidad que ha continuado hasta nuestros días.

A partir del Cretácico, sin apenas cambios, estos animales sobrevivieron y se recuperaron de cada extinción acaecida, hasta llegar a la actualidad, con los Insectos a la cabeza como los más ricos en especies. Cayeron los grandes dinosaurios, y los mamíferos, poco a poco, se hicieron fuertes, y enormes, de forma que ocuparon todo lo que los grandes reptiles habían acaparado durante los anteriores 160 millones de años. Pero ¿quiénes seguían siendo animales clave? Pues los de siempre, los pequeñitos, por ejemplo, los Nematodos, los Anélidos, los

Moluscos, los Rotíferos… Y por supuesto, los Artrópodos. De hecho, cuando no parecía posible, cada vez eran, si cabía, más numerosos, más necesarios para mantener el mundo que se había construido en torno a ellos, y en el que eran una pieza clave. Un mundo en el que seguirán siendo determinantes en el futuro para el equilibrio de los ecosistemas que existirán en los próximos millones de años. Hoy día, con más de un millón de especies conocidas, los Artrópodos son los animales más numerosos, abundantes y diversos del planeta Tierra, y representan alrededor del 85 % de los animales alguna vez descritos por la ciencia. Son, poéticamente hablando, como una fuerza imparable de la naturaleza cuyo torrente de vida parece no conocer medida. Como digo, existen más de un millón de especies de artrópodos descritas hasta la fecha, pero se estima que queda aún por describir una cantidad tremebunda. Por poner algunas cifras sobre la mesa, se estima que quedan por describir aún por la ciencia unas 50 000 especies de arañas, y entre seis y diez millones de insectos. Asimismo, se estima que en total, pueden quedar entre varios millones de especies de artrópodos por ser descubiertas, que en función de las estimaciones, varían entre dos y más de veinte millones. Puede parecer una exageración, pero ni en broma lo es. Puede parecer que hay muchos, pero ni hablar del peluquín. Todos y cada uno de esos seres, llamados bichos en tono despectivo, odiados y rechazados por la sociedad, junto con todos los otros artrópodos con los que convivimos, están permitiendo que comas, que tengas trabajo, un hogar, y en definitiva, que vivas. Toda la realidad que nos rodea, el mundo que conoces no sería posible sin ellos. Por ello, en un gravísimo escenario de cambio global como el que estamos viviendo, en el que estamos poniendo en peligro la supervivencia de una infinidad de especies que ni siquiera logramos saber, y de las cuales muchas ni siquiera están descritas, necesitamos amar, comprender y conservar a estos animales que nos están permitiendo tener una vida plena. Cuanto más se deterioren las comunidades de estos animales, peor será nuestra calidad de vida, hasta el punto de que, si los hiciéramos desaparecer totalmente, nosotros iríamos detrás de ellos, sin lugar alguno para la duda. De hecho, ya está ocurriendo, de forma progresiva, y estamos más cerca del colapso del mundo que conocemos. No nos equivoquemos, somos meros invitados en este frágil planeta azul. Si fuera posible que la Tierra perteneciese a alguien, te aseguro que no sería nuestra. Puede que fuese de las Bacterias, o de las Plantas, o de cualquier animal que no fuera vertebrado... pero ¿nuestro? ¿Eres consciente de que no te has comprado un libro de chistes?

A todo esto, creo que es hora de que volvamos a casa. La máquina comienza a emitir sonidos. Estamos dejando atrás el mundo ancestral, y tras fogonazos y destellos de luz, volvemos a tenerlo todo bajo control: oímos risas, gente andando apresurada al trabajo, ruidos de miles de automóviles, y aviones surcando líneas comerciales a decenas de kilómetros de altura. Pero todo es un espejismo. Por cada humano, varios cientos de millones de artrópodos están tejiendo la realidad ante nosotros, unas veces de forma más sutil, y otras veces frente a nuestra misma cara. Tan solo debemos prestar atención. Puede no gustarnos, o puede que queramos negarlo, pero este planeta no nos pertenece en lo más mínimo: se nos permite vivir en un planeta de artrópodos. Porque si hablamos de animales, los verdaderos reyes de este planeta son los bichos. Y para muestra, lo que está por venir. A partir del próximo capítulo comenzaremos otro trepidante viaje, en el no hacen falta viajar en el tiempo, pues se desarrolla en el presente. Un presente en el que podemos admirar a los artrópodos más increíbles que puedas imaginar, sin necesidad de ir al Carbonífero. Es hora de conocer, uno a uno, a los grandes grupos de artrópodos que nos permiten vivir cada día, y de asombrarnos con sus increíbles peculiaridades.

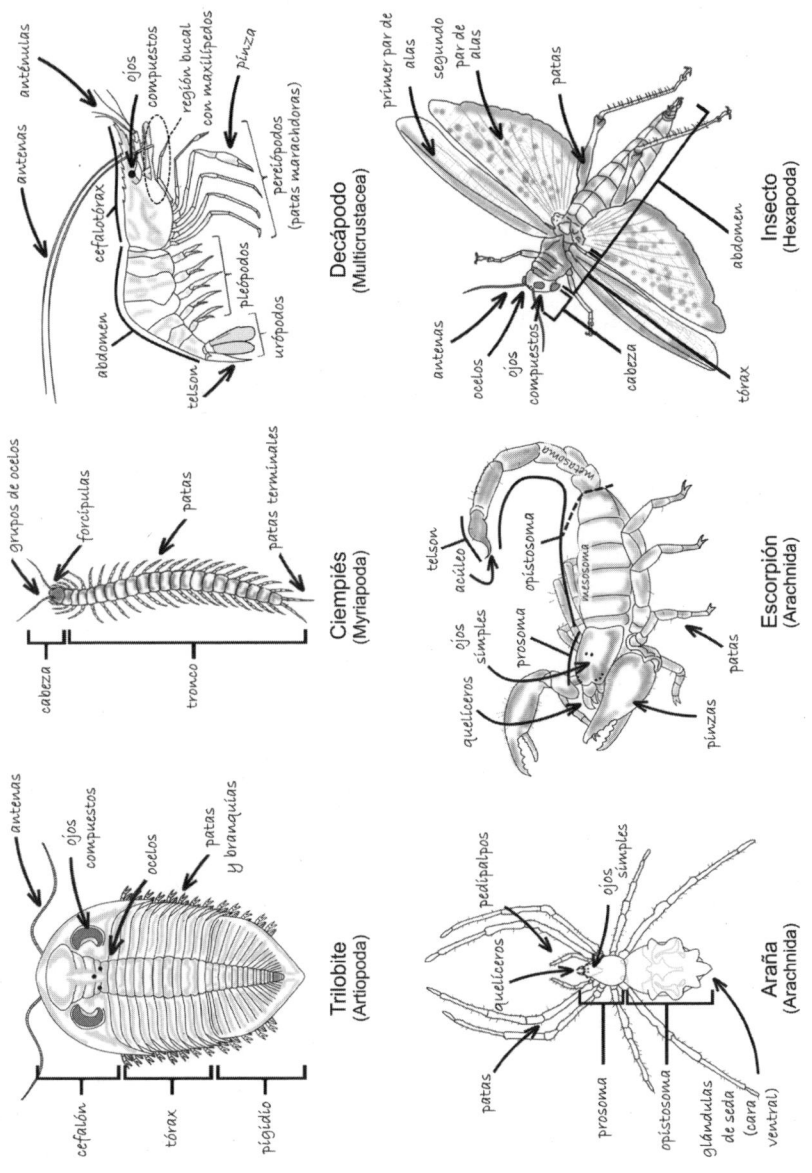

Figura 2.4. Anatomía básica de un trilobites, como representación de los ya extintos Artiópodos, así como de diversos artrópodos actuales que se tratarán a lo largo de este libro.

3

ARAÑAS Y COMPAÑÍA: LOS QUELICERADOS

Seguramente, mientras lees esto, hay una de ellas, cerca de ti. Sin ser detectada, con sus muchos ojos y patas, mira a su entorno, en busca de presas de las que alimentarse. Su increíble cobertura de sedas en las patas y el cuerpo, actúan a modo de sensores de movimiento y sus extremidades, cubiertas de múltiples narices receptoras de compuestos químicos, la advierten de cualquier rastro que pueda hallarse a su alrededor. Está esperando su momento, tranquila, paciente, en su tela, tensa y pegajosa. Hasta que, de repente, algo cambia: ha detectado una potencial presa. En milésimas de segundo, cambia su postura corporal. Con sigilo, toma impulso, y se prepara para asestar una mordedura cargada de veneno letal. Entonces, casualmente te giras, y ves que justo a cinco centímetros de tu nuca, en la pared, un ser de color oscuro se desliza de su tela a toda velocidad. Es una araña. El tiempo parece congelarse. Tus pelos se erizan, tus pupilas se dilatan, tu voz se quiebra. Pero finalmente eres capaz de gritar, como un poseído del demonio: ¡TOOOOOOOOOOOOMAA YAAAAAAAAAAAAAAAA! —o eso es lo que debería haber ocurrido en realidad si hubieras visto una—.

Porque, claro que no, la araña no iba a por ti. Nunca has corrido peligro. Nunca has sido su presa. Desgraciadamente, la gente les tiene pavor, de forma injustificada, a causa de la mala prensa, que, sin fundamento, se hace sobre ellas. Sin embargo, lo que debería celebrarse cada vez que tenemos a una cerca de nosotros, es la espectacular forma en que cazan a los insectos que entran en casa, que son su presa principal, y, por ende, la indispensable labor que desarrollan ahí fuera, en los ecosistemas de todo el mundo. Bueno, ellas, y el resto de las integrantes de su gran grupo, los Quelicerados.

Todos ellos tienen en común la forma de procesar el alimento tan particular que poseen, y que ya hemos visto con anterioridad. A diferencia de los Mandibulados, presentan en la boca un par de piezas bucales llamadas quelíceros, con forma de pincitas, y cuya función principal es desmenuzar el alimento, a pellizquitos. La mayoría de ellos no pueden ingerir partículas sólidas, por lo que el desmenuzamiento de la comida les permite acceder a los fluidos que consumen. En el caso de los depredadores, esto permite acceder a los juguitos internos de sus presas, los cuales predigieren antes de ingerir gracias a la regurgitación de enzimas en la comida. Otros pocos, sin embargo, pueden ingerir alimento sólido, como los cangrejos cacerola, los opiliones o algunos ácaros.

Con el paso del tiempo, de los millones de años, los quelíceros se han ido transformando de forma diferente en cada uno de los animales quelicerados que hoy existen. Así, pueden servir para inyectar el veneno para retener a sus presas pues se han convertido en una especie de colmillos de serpiente, como en las arañas, o tener forma de tenacitas despedaza-presas, como en los escorpiones —no estoy hablando de las famosas pinzas de escorpión, esa es otra historia de la que hablaremos luego—.

Aparte de la posesión de quelíceros, estos animales se caracterizan por tener su cuerpo dividido en dos regiones bastante claras, al menos, en la mayoría de los casos: el prosoma, donde se encontrarían el aparato bucal, los ojos, y las patas, y el opistosoma, donde encontramos esa parte del cuerpo que la gente suele llamar el «culillo» de la araña —que realmente contiene el corazón, las gónadas, el sistema digestivo, las glándulas de la seda, entre otras cosas—. Esta equivaldría a la segunda región del cuerpo de los cangrejos cacerola, que incluyen ese largo telson o cola en forma de espina característico de estos animales, o la región que va desde el final del carapacho, esa pieza en forma de escudo donde se entran los ojos, hasta el final de la cola con aguijón incluido, en los escorpiones.

Todos los quelicerados carecen de antenas (ahora ya sabes por qué) y tienen, además, un par de pedipalpos, unos increíbles apéndices todoterreno que, en función de la historia evolutiva de cada quelicerado concreto, se han convertido en extremidades quimiorreceptoras y sondas de inseminación de esperma, como en las arañas, en pinzas para la captura de presas como en los telefónicos o escorpiones, o en pinzas con glándulas de veneno como en los diminutos Pseudoscorpiones, entre otros muchos ejemplos. Asimismo, todos los quelicerados tienen cuatro pares de patas. Si cuentas más de ocho en una araña, te estás equivocando y estás contando los pedipalpos, cercanos a la boca, como si fueran patas. Es cierto que los actuales cangrejos cacerola tienen cinco pares de patas, y que antiguos quelicerados como los Euriptéridos también: ese par extra se situaba en último lugar y estaba modificado para la natación. Sin embargo, exceptuando estos casos, repito, la araña de tu casa tiene ocho patas, al igual que un escorpión, ni más ni menos.

Más allá de esto, la configuración anatómica de estos animales es bastante variable. Los marinos tienen una especie de branquias, llamadas branquias en libro, y los terrestres respiran mediante pulmones en libro, como las especies de escorpiones o las arañas, o mediante tráqueas, como las de opiliones o los ácaros. Tanto las branquias como los pulmones en libro se llaman así por ser láminas o sacos con repliegues que parecen hojas de un libro.

Por lo general, los Quelicerados suelen tener muchos ojos —más que cámaras tiene un smartphone de hoy día, que ya es decir—. Aunque, eso sí, hay bastante variabilidad en cuanto al número que presentan. Ocho suele ser la norma para la mayor parte de las especies de arañas y escorpiones. Se estima que

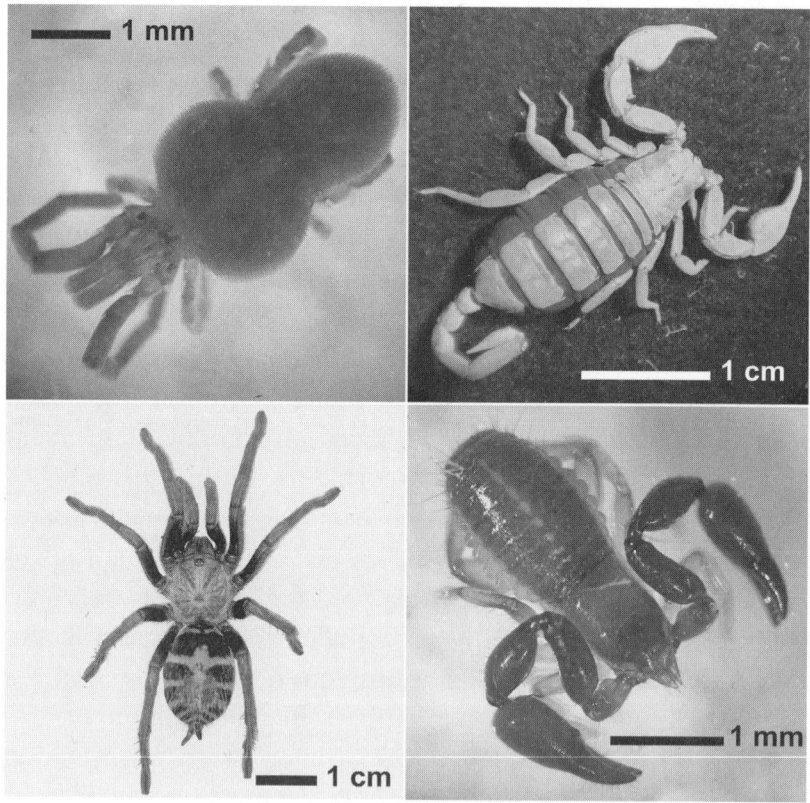

Figura 3.1. Algunos de los grupos de Quelicerados actuales más relevantes. De izquierda a derecha y de abajo a arriba: acariforme (Trombiidae), escorpión (*Tetratrichobothrius flavicaudis*), cangrejo cacerola (Limulidae, ejemplar de la colección de exposición de del

84

por cada metro cuadrado de bosque puede haber unas 150 arañas viviendo en él. A ocho ojos por araña, cuando pasas por allí, te están detectando unos 1 200 ojos. ¡Y tú diciendo que te sientes solo! ¡Pero si eres *influencer*! Otras especies de quelicerado, sin embargo, son menos mirones, y «tan solo» disponen de cuatro ojos, dos… o ninguno: muchos ácaros, y algunas especies de arañas, escorpiones u opiliones son totalmente ciegos, y suelen habitar en ecosistemas en los que tener órganos visuales no sirve de mucho, como las cuevas u otros lugares poco luminosos. La gran mayoría de quelicerados presentan

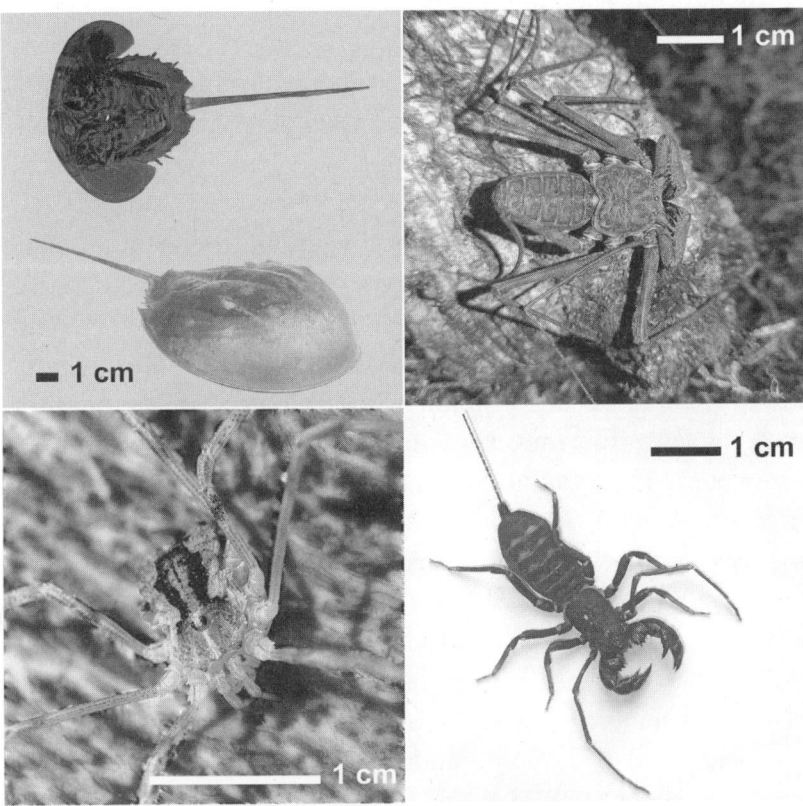

Departamento de Ciencias de la Vida de la Universidad de Alcalá de Henares), amblipigio (*Phrynus mexicanus*), araña tarántula (*Davus pentaloris*), pseudoscorpión sin identificar, opilión (*Odiellus* sp.) y vinagrillo (*Typopeltis* sp.).

ojos simples. ¡Pero ahí vienen los cangrejos cacerola y te rompen el esquema, pues tienen ojos compuestos, un par para ser concretos, del total de los diez que poseen!

De toda esta cantidad de órganos de la vista, no todos sirven para visualizar imágenes. Algunos detectan luces y sombras, siluetas, u otro tipo de radiaciones que dan información adicional al animal sobre su entorno, y que junto al gran arsenal de receptores de todo tipo que tienen por todo su cuerpo, los convierte en auténticos ninjas capaces de encontrar los mejores lugares donde esconderse sin que nadie los vea, defenderse de forma más eficiente de los depredadores, y, sobre todo, encontrar presas, muchas presas.

Presas, presas y más presas. Actualmente, contamos con más 113 000 especies vivas de quelicerados descritas por la ciencia —si contáramos también a las fósiles, deberíamos sumar otras 2 000—. Es decir, hay más especies de estos bichos que especies de aves, peces, reptiles, anfibios y mamíferos juntas. Todo este maremágnum de criaturitas se halla repartido en catorce grandes grupos: los Picnogónidos, los Merostomados, y todos los Arácnidos, que son —coge lápiz y papel—los Ricinuleidos, los Esquizómidos, los Opiliones, los Palpígrados, los Acariformes, los Parasitiformes, los Solífugos, los Pseudoscorpiones, los Escorpiones, las Arañas, los Amblipigios, y los Telifónidos. Y la mayoría de ellos contiene exclusivamente especies depredadoras. En algunos, como es el caso de los Acariformes o los Opiliones, puedes encontrar bichos especializados en comer plantas o detritus. Sin embargo, el aspecto ecológico más relevante que tienen estos animales está relacionado con la captura de presas, específicamente, artrópodos terrestres. Y es que, como ya sabrás, a excepción de los Picnogónidos y los cangrejos cacerola, que nunca llegaron a colonizar el medio terrestre, y de algunos acariformes como los Halacáridos —que cuenta con especies que se especializaron en habitar aguas tanto marinas como de agua dulce— todos los quelicerados viven en tierra firme.

En este medio, son tan increíblemente buenos regulando poblaciones de otros bichos, que, de no existir, los ecosistemas de todo el mundo colapsarían. Piénsalo así: si los Artrópodos son tan importantes que están por todos los lados, y son tan diversos y exitosos, han de proliferar que da gusto, ergo, para que haya un equilibrio, debe de haber un gran batallón de grupos animales, entre ellos nuestros amigos los Quelicerados, especializados en comerlos, en cualquier ecosistema del mundo. De hecho, sin irnos lejos, todos los días, en algún rincón de nuestra casa, en el camino que sube a la montaña que transitamos mientras hacemos senderismo, bajo alguna piedra del césped de nuestro chalé o sobre un árbol del parque cerca del trabajo, muy diversos quelicerados están protagonizando espectaculares escenas de caza de tipo «Safari en el Serengueti», dignas de documental. ¡Y si prestamos atención, podemos verla gratis, sin irnos a África!

En esto de comer bichos, las maestras son las arañas. Con más de 51 000 especies descritas hasta la fecha, misma cifra que se estima para aquellas que todavía nos quedan por descubrir, son los depredadores más diversos de la Tierra. Se estima que todas las arañas del mundo pesan unos veinticinco millones de toneladas. Puede que te sorprenda, pero no es un gran número comparado con lo que pesan todas las termitas del mundo (400 millones de T) o las hormigas (100 millones de T). Sin embargo, a pesar de su humilde contribución a la biomasa terrestre, son capaces de consumir al año entre 400 y 800 millones de toneladas de bichos al año. Sí, ¡al año! Así, las arañas se convierten en los animales cazadores más esenciales del planeta, pues consumen más bichos que cualquier otra criatura que se te ocurra, sea grande o pequeña Ni reptiles, ni aves, ni mamíferos insectívoros, olvídalo: por cada unidad de masa de arañas, se consumen dieciséis veces esa cantidad en presas. Por ejemplo, por cada millón de toneladas de arañas, se consumen dieciséis millones de toneladas de presas. Así que, con veinticinco, consumen el equivalente a entre diez y quince veces la población de un continente como Europa y entre ciento cincuenta y trescientas veces la población de un país como España, con unos treinta y ocho millones de habitantes. Es decir, que las arañas consumen una cantidad de presas equivalente a casi tres veces lo que pesa la humanidad, todos, toditos los años. Y ahora, a esta cifra, suma lo que se come el resto de los Quelicerados, con contribuciones más humildes —pero igual de importantes, porque todas suman— y ahí tendrás la razón de que necesitamos fervientemente a todas las arañas, escorpiones, solifugos y otros bichejos quelicerados. A todos ellos, ni uno más, ni uno menos. ¿Cómo se paga ese servicio que hacen estos animales? No se puede. Lo que sí podemos hacer es asimilar esas cifras, tan gigantescas que hasta son difíciles de imaginar, para mentalizarnos de lo mucho que debemos cuidar a estos animales por nuestro propio bien.

Una vez que conocemos, en términos generales, los aspectos ecológicos más relevantes de estos animales, creo que es interesantísimo visitar, camerino por camerino, a cada una de las estrellas de este extraño y colorido elenco, tan abrumador que hasta asusta. Así que, para acercarnos a este mundo quelicerado de una forma relajada, te haré una visita guiada donde veremos los detalles e «intrígulis» más importantes o sorprendentes. Te aseguro que, con esta vista superficial del asunto, quedarás sobrecogido ante la gran riqueza y espectacularidad de estilos de vida presentes. E incluso creo que comenzarás a ver a estos animales, arañas incluidas, de otra manera. Y para comenzar, creo que no hay mejor forma que dándonos un chapuzón oceánico.

Como ya hemos visto, aunque conformen una minoría, existen grupos de Quelicerados estrictamente marinos, en donde todas sus especies viven en remojo sin excepción. Así, los primeros quelicerados que trataremos serán los Picnogónidos o arañas de mar, los quelicerados más viejos que existen, y que aparecieron hace millones de años en el océano. Obviamente estos animales no son arañas, si no, estarían con ellas en el mismo grupo, lo que ocurre es que se asemejan a ellas por su forma, de ahí su nombre común. En segundo lugar, y antes de saltar a tierra, nos las veremos a los Merostomados, con sus únicos representantes vivos, los Xifosuros o cangrejos cacerola. Es muy importante que sepas que estos animales tampoco son cangrejos, y menos aún cacerolas —¡malditos nombres comunes que llevan a confusión!—. Al igual que con los Picnogónidos, este nombre se usa por el parecido físico, que dicho quede, no sé dónde está. Ambos grupos provienen de los linajes de quelicerados vivos más antiguos que existen. Concretamente, se estima que el de los picnogónidos pueda tener más de 530 millones de años y así sea el más antiguo de todos. Incluso en algunos casos, se duda de si realmente son quelicerados o bichos de una naturaleza más ancestral a estos…

Los Picnogónidos tienen una apariencia rara, para qué te voy a mentir. A tenor del registro fósil del que se dispone, parece que su aspecto no ha cambiado mucho a lo largo del tiempo. Estoy seguro de que estás pensando que nunca has escuchado hablar sobre ellos, pero, ciertamente, aunque raros en aspecto, no lo son en cuanto a abundancia. No hace falta irse a una isla en mitad del trópico para encontrarlos, vaya. Más bien lo contrario. Están por todos lados, pero el quid de la cuestión es que saben camuflarse muy bien. Así, tan solo hay que prestar atención para tener la oportunidad de ver alguno. Merece la pena. Puede que sean menos conocidos, puede que pasen desapercibidos, pero molar, molan una barbaridad. Con alrededor de 1500 especies descritas hasta la fecha, estos animales destacan por varios motivos. En primer lugar, son maestros del disfraz. Muchos de ellos viven en aguas someras, por ejemplo, en los sistemas intermareales, como esos que deja a la vista la marea cuando baja. En todas esas rocas y pozas que quedan a la vista mientras ha paseado por la orilla, todas ellas llenas de algas por doquier, hay muchos,

muchos pequeños picnogónidos, la mayoría de unos pocos milímetros de longitud, escondidos entre esos matojos de láminas algares, con un nivel de camuflaje pocas veces igualado. Su forma alargada, con un cuerpo todo lleno de patas —su nombre, que proviene del griego, significa literalmente «todo lleno de rodillas»—, y su coloración típicamente pálida, les hacen parecer filamentos o cualquier otra estructura más de ese lío marañoso que son los bosques de algas… Pero no, ahí están, acechando a sus presas, en el caso de las especies depredadoras. Otros, sin embargo, no son tan poca cosa, sobre todo los que viven a grandes profundidades, como en los fondos abisales. Los picnogónidos más grandes conocidos pertenecen al género *Colossendeis*, y pueden presentar envergaduras de más de medio metro si se cuentan las patas. Un chihuahua te ocupa menos espacio, vaya.

Aparte de su genial camuflaje, los picnogónidos destacan por su peculiar relación con la descendencia. Para empezar, cuidan de sus puestas, cosa que tal vez pueda sorprenderte por considerarse un comportamiento propio de mamíferos o aves. Pero no creas, es bastante frecuente entre los artrópodos, y muy probablemente, ya lo hacían antes que estos. Y si no, espérate a leer lo que queda de capítulo. Pero, además, en este caso concreto, estos animales se encuentran entre los pocos artrópodos en que los machos son los encargados exclusivos de cuidar de las multitudinarias puestas de huevos, que acarrea en su cuerpo hasta el punto de comprometer su «supercamuflaje» porque se ve demasiado bulto para tan poco cuerpecillo. Por ejemplo, en el caso de la especie *Achelia simplissima*, el papá carga con hasta doce sacos llenos de huevos, a los que airea y cuida para que sus crías nazcan sanas y fuertes.

Los Picnogónidos, anónimos para el público general, son, la verdad, bastante extraños, tan delgaduchos y patudos. De hecho, tan extraños y complejos que para los científicos también son, en diversos aspectos, grandes desconocidos, ya que su

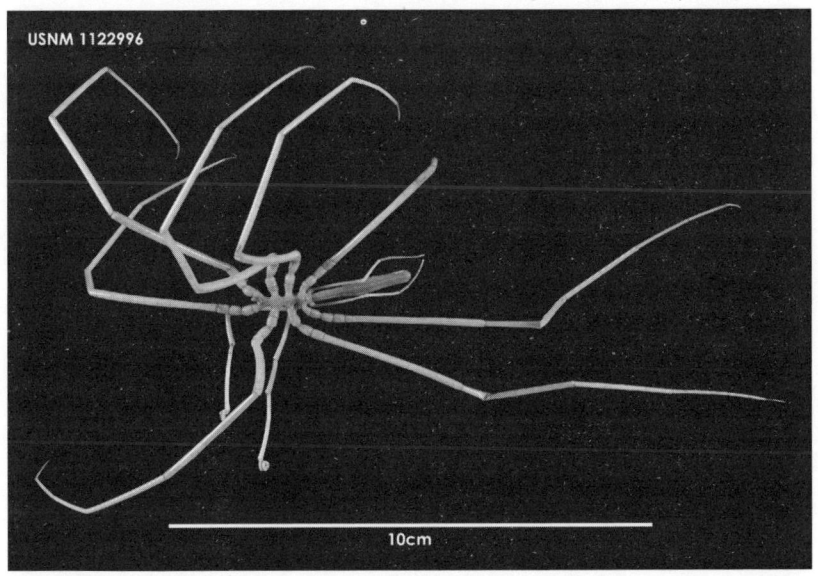

USNM 1122996

10cm

Figura 3.2. El género *Colossendeis* incluye a las especies de picnogónido más grandes del mundo. En la imagen, un *C. megalonyx*. Fotografía: Museo Nacional de Historia Natural del Instituto Smithsoniano, Washington D.C., Estados Unidos.

biología no es sencilla de estudiar. Aun así, la información de la que disponemos ya nos sobra para admirarlos. Por ejemplo, son tremendamente diversos en cuanto a estilos de alimentación. Sabemos que hay picnogónidos carroñeros, y también depredadores, que se alimentan, gracias a sus quelíceros y a una especie de trompa succionadora, de animales pequeños pertenecientes a grupos como los briozoos o las anémonas. También se conocen especies algívoras —es decir, que comen algas—, e incluso especies parásitas. Cabe destacar el caso del picnogónido *Nymphom parasiticum*, un auténtico Nosferatu del mundo marino. ¿Sabéis qué son los nudibranquios o babosas de mar, esos bonitos animales de colores imposibles, que últimamente se han puesto muy de moda en internet y documentales sobre vida submarina? Pues no os preocupéis, que nuestro amigo vampírico los conoce muy bien. De hecho, cuando lo describieron por primera vez en 1906, ya lo pillaron con las manos en la masa. Resulta que vive sobre un nudibranquio llamado *Tethys fimbria*, típico del Mediterráneo, al que, clavándole la trompa chupona en el cuerpo, le succiona los fluidos corporales. Eso sí que es zumo recién exprimido... Lo curioso de esta historia es que jamás se ha vuelto a ver a un picnogónido de esta especie. En cualquier caso, se han reportado otros muchos casos de parasitismo sobre diversos nudibranquios y otros animales a lo largo de los años. La historia de los vampiros, al menos en este caso, es totalmente real.

¿Y la historia de las cacerolas en el mar? ¿También lo es? Pues no sé, porque la gente no se pone de acuerdo. Para unas personas, estos animales se parecen a cacerolas, para otras, a herraduras, y a mí me parecen más sartenes que otra cosa. Pero el caso es que sí, hay unos bichejos bastante enigmáticos, libres de teflón, que parecen haber salido directamente de la prehistoria, con su exoesqueleto súper duro, pulido y brillante, y con pinchos donde menos te lo esperas. Estamos hablando del segundo grupo que trataremos en este capítulo, el de los cangrejos cacerola o Xifosuros. Eso de llamarles cangrejos hace referencia a que parecen el típico marisco acorazado familiar de los bogavantes o los propios cangrejos, pero poco tienen que ver con ellos en cuanto a parentesco cercano.

Los Xifosuros cuentan con tan solo cuatro especies vivas en la actualidad: el cangrejo de herradura de manglar *Carcinoscorpius rotundicauda*, el cangrejo de herradura americano o del Atlántico *Limulus polyphemus* —que es el más conocido de todos ellos—, el cangrejo de herradura del Indo-pacífico *Tachypleus gigas*, y el cangrejo de herradura chino o de tres espinas *Tachypleus tridentatus*. Al igual que los picnogónidos, también suelen ser llamados fósiles vivientes, debido a que en comparación con los xifosuros descritos a partir del registro fósil del que se dispone, han cambiado muy poco en aspecto desde hace millones de años. Dicho de una forma más científica, las tasas de diversificación de este grupo han sido realmente bajas a lo largo de toda su historia evolutiva.

Bueno, dos grupos de dos que hemos tratado en el capítulo han entrado ya en este club. Y, *spoiler*, no son los únicos, pues prácticamente a cualquier artrópodo se le ha llamado fósil viviente en algún momento. Pero si lo pensamos fríamente, si un organismo está muy bien adaptado a su ambiente, podrá cambiar en aspectos pequeños, pero ¡para qué más! Si no hay presión del ambiente para cambiar, no hay cambio. Así podemos afirmar es que el origen del linaje de estos cacharros de cocina con patas, que hoy se pueden encontrar en América y Sudeste Asiático, parece remontarse más de 525 millones de años atrás. Sin embargo, las especies que hoy habitan entre nosotros son algo más recientes, pues divergieron de su ancestro común hace unos 135 millones de años.

¿Y qué se dedican a hacer los cangrejos cacerola? Pues cosas de cangrejos cacerola como, por ejemplo, depredar sobre animales que viven en el fondo marino en aguas someras, aunque también practican el carroñeo. Son capaces de ingerir comida sólida, a diferencia de la mayoría de los quelicerados, que se alimentan licuando la comida. A su vez, son presa de otros depredadores más grandes, por lo que tienen el exoesqueleto cubierto de fuertes espinas y un telson alargado en forma de cola pero que acaba en punta, que les sirven para ser menos apetecibles.

Otro impresionante aspecto del ciclo de vida de un cangrejo cacerola es el que ocurre en el momento de la ovodeposición, es decir, ese instante en que las hembras ponen los huevos fecundados por el macho durante la cópula. Estas, en masa, acuden a la costa más cercanas a los fondos marinos donde normalmente habitan para salir del agua, y depositar y enterrar bajo arena de playa una increíble cantidad de huevos, de los que nacerá la próxima generación de cangrejitos cacerola. Sí, exactamente igual que hacen las tortugas en Cabo Verde con sus huevos. Eso sí, probablemente, los cangrejos cacerola antepasados de los que ahora habitan nuestros mares ya realizaban este comportamiento cientos de millones de años atrás, muchísimo antes de la aparición, no de la primera tortuga, sino del primer reptil de la historia. Conclusión: tortugas copionas.

También ha de destacarse la especial habilidad de una de sus especies para soportar cambios en las condiciones de salinidad del agua en el que vive hasta el punto de que es capaz de pasar del agua de mar, a sobrevivir en condiciones estuarinas y de agua dulce ¿Y cuál de las cuatro cacerolas es capaz de realizar tal proeza? Pues *Carcinoscorpius rotundicauda*, el cangrejo herradura de manglar, que habita en Malasia, Tailandia y Filipinas. Este animal migra nadando río arriba desde la desembocadura de estos en el mar, a lo salmón. ¡Vaya adaptación de sus cuerpos para soportar estos brutales cambios! Pasar de un medio marino a un medio dulceacuícola, o viceversa, con presiones osmóticas acusadamente distintas, no es cosa baladí en términos fisiológicos... Si fuera fácil, todos los animales acuáticos lo harían.

El único aspecto negativo que tengo que comentar es que estos maravillosos animales están muy amenazados por las acciones humanas, que los están abocando a la extinción. La destrucción de su hábitat, su captura indiscriminada debido a usos farmacéuticos derivados de su hemolinfa, o la explotación no sostenible de su exoesqueleto y su carne, así como el cambio en las condiciones del medio que habita debido al cambio global, han puesto en jaque su existencia. Aunque volveremos a retomar este tema en el capítulo dedicado específicamente a tratar las múltiples amenazas que los artrópodos están sufriendo, he de adelantarte que, de seguir con esta tendencia, podríamos perderlos para siempre. Concretamente, y según los criterios de la UICN (Unión Internacional para la Conservación de la Naturaleza), que es la mayor red mundial de instituciones, gobiernos y expertos que se dedica a catalogar el grado de amenaza de desaparición de las especies, el cangrejo cacerola de tres espinas se encuentra «en peligro de extinción», mientras que el cangrejo cacerola americano se encuentra catalogado como «vulnerable». De las dos especies restantes ni siquiera disponemos de conocimientos suficientes sobre ella como para conocer su estado de conservación… Esperemos que no sea demasiado tarde, y estemos aún a tiempo para revertir esta triste situación. Todavía podemos ayudar a que las poblaciones de estos animales remonten y se recuperen, alejándose así del precipicio a las que las hemos empujado. Pero para ello necesitamos cambios en nuestras prácticas de explotación sobre los recursos naturales de los que disponemos.

Si somos de los que creen en que la remontada aún es posible, y con el ejemplo del cangrejo cacerola de manglar, que es capaz de nadar río arriba desde el océano, nos cargamos de positividad y optimismo. Y con las pilas de nuevo llenas, llegamos al continente y dejamos atrás el mar: es hora de visitar a los quelicerados de la tierra emergida. Y no hace falta que busquemos mucho, la verdad.

En cuanto a ubicuidad, los quelicerados más extendidos son los Acariformes y Parasitiformes, denominados vulgarmente *ácaros*. En ciudad más urbanita posible, en el lugar más prístino del mundo, en las más altas cumbres, en las más húmedas zonas tropicales, en los más áridos desiertos, en las más insondables cuevas e incluso en la inhóspita Antártida, encontrarás ácaros. Incluso en el colchón de tu casa o sobre tu piel. Este último es el caso del género *Demodex*, especialista en vivir sobre el ser humano y que se alimenta de secreciones y piel muerta de nuestro cuerpo. Incluso hay algunos quelicerados que viven debajo de ella. ¿Te suena de algo el nombre *Sarcoptes scabiei*? ¿No? Pues se trata del ácaro de la sarna.

Lo mismo ocurre con las arañas, que están en todos los sitios y para las que cualquier cosa se queda corta. Bueno, casi. Aún no se han encontrado arañas marinas ni arañas que vivan en la Antártida, aunque a veces, llegan volando. No con alas, pues como ya hemos visto, los Insectos son los únicos artrópodos voladores, pero sí con una técnica de dispersión para colonizar nuevas áreas que es única e increíble, también practicada por sus primos los ácaros: el *ballooning* —de *balloon*, 'globo' en inglés—. Esta increíble forma de viajar, sobre todo practicada por arañas de pequeño tamaño, consiste en flotar, gracias a las fuerzas electrostáticas del aire y a las corrientes, mediante la secreción de un hilillo de seda, con el que se dejan llevar a donde el viento los lleve. Existen especies que han sido capaces de recorrer miles de kilómetros gracias a este método de transporte. De esta manera, han acabado alcanzando incluso islotes subantárticos… Lo malo es que no son capaces de proliferar allí, y mueren. Pero quitando eso, puedes encontrarlas donde te dé la gana: en casa, cazando sobre el agua de un charco, buceando dentro de él, en los trópicos, en los desiertos, en los árboles, bajo tierra, flotando en el aire, en cuevas, bajo rocas, dentro de las flores, en oquedades de troncos, camufladas bajo la arena… Incluso en el mismísimo Everest, donde habita *Euophrys omnisuperstses*, una araña saltarina que habita hasta los casi 7 000 metros de altura y que de esta forma puede ser el animal depredador que a mayor altitud vive de todo el planeta. Y es que las arañas son tan increíblemente diversas que voy a tener que contenerme mucho, pues si no, robarían todo el protagonismo durante estas páginas, y el resto de los bichos quelicerados se me enfadarían.

Así que de esos justamente vamos a hablar ahora. Exactamente en el lado opuesto de los grupos de quelicerados terrestres hiperdiversos en especies y estilos de vida, encontramos otros más discretos, con un menor número de especies, más especialista en un ecosistema concreto como los diminutos Ricinuleidos —miden de cinco a diez milímetros—, unos extraños quelicerados que parecen salidos de un cruce entre una garrapata y una araña, y que con poco menos de cien especies descritas en todo el mundo, solo habitan en la capa de hojarasca o en las cuevas de zonas tropicales de América y este de África, donde se alimentan de presas minúsculas. Casi cortados por el mismo patrón, tenemos a los también minúsculos Esquizómidos —de cinco a diez milímetros—, que cuentan con alrededor de 300 especies descritas hasta la fecha. Viven sobre todo en la hojarasca de hábitats tropicales y subtropicales.

Uy, qué bichos más raros. ¡Pues anda que esos pequeñísimos bichillos llamados Palpígrados! Esos sí que son raros y pequeños. Con algo más de cien especies descritas hasta el momento, estas criaturas de verdad, de verdad, diminutas —no sobrepasan los tres milímetros y en algunos casos no llegan ni a uno— con una estructura en forma de cola finita, al final de su cuerpo, ocupan hábitats húmedos, como suelos con hojarasca o cuevas. Como los saques de ahí, nada de nada. Pero ojito, eso sí, viven por todo el mundo, nada de estar restringidos geográficamente a una pequeña parte del planeta, aunque dentro de ese único hábitat. Bueno, te he mentido un poco… Resulta que también los hay marinos. Brutal: o en tierra, solamente en zonas muy húmedas, o directamente en el mar, sin términos medios.

Algo similar ocurre con los escorpiones, unos importantísimos animales come-bichos que, con menos de 3 000 especies en el mundo, que en este caso están principalmente especializados en ecosistemas áridos, aunque existen especies propias de zonas tropicales o cuevas. Eso sí, en comparación con los bichos raros de antes, son superfamosos, pues todo el mundo los conoce. Esto es debido a muchas razones. En primer lugar, son animales que pueden alcanzar un tamaño considerable, por lo que es difícil que pasen desapercibidos. En segundo lugar, temidos y adorados al mismo tiempo, han estado fuertemente ligados a la historia de la humanidad desde sus inicios.

¿Y cómo de grande puede llegar a ser un escorpión, para considerarse quelicerados de tamaño considerable? Bastante, algunas especies pueden alcanzar tranquilamente, e incluso sobrepasar los veinte centímetros de longitud. Es decir, lo que mide un mando a distancia de los largos. Como hay puja por el primer puesto, entre el espécimen más grande que se ha encontrado, versus lo que usualmente un espécimen medio suele medir, y otras absurdas competiciones que no son interesantes en lo más mínimo, simplemente te presento a los tres aspirantes al título a la especie más crecidita. Por un lado, tenemos al escorpión emperador de África, *Pandinus imperator*. Por otro, tenemos a los *Gigantometrus* —el nombre es toda una declaración de intenciones—, un género representado por dos especies endémicas de India y Sri Lanka. También tenemos al escorpión plano de roca *Hadogenes troglodyes*, del sur de África, un pedazo de escorpión de la leche, ya que, en su caso, es más «cuerpo que cola», pues tiene un metasoma —nombre técnico para la cola, una parte de la morfología del escorpión que, a pesar de lo que creas, sigue siendo cuerpo, solo que estrechada— de aspecto bastante esmirriado y corto, pero una primera parte del cuerpo —prosoma y mesosoma, donde se encuentran los ojos o las patas— bien grandota. Curiosamente, el género *Hadogenes* también contiene especies de escorpión que se encuentran entre las más pequeñas del mundo, con poco más de dos centímetros.

Pequeños o no, suelen habitar en zonas cálidas, bajo troncos, piedras o en madrigueras subterráneas. Como animales nocturnos que son, esperan a la caída del sol para capturar pequeños artrópodos, que inmovilizan gracias a sus fuertes pinzas, y si es necesario, con las toxinas de su par de glándulas de veneno localizadas dentro de la vesícula, esa región globosa al final de la «cola» y que inyectan con en acúleo o aguijón. Como el veneno es muy costoso de producir en términos energéticos, intentan no gastarlo por todos los medios, tanto cuando están capturando presas como cuando se están defendiendo de sus depredadores, otro uso que tiene esta arma química. Si la presa no da guerra, un simple machacamiento de pinzas es más que suficiente. Si es muy peleona, inyección al canto. Por otra parte, si hay un depredador que puede hacerles daño, lo primero no es picar, es huir. Si el depredador que les ataca les hace frente y los acorrala, pero es un «mindundi», con desplegar una posición amenazante, con las pinzas bien adelante, y la cola erguida, suele ser suficiente. Si no escarmienta, o es un depredador que va en serio, inyeccioncita al canto. Pero en este caso, inyeccioncita de una composición diferente, con un perfil químico defensivo. Recientemente, se ha detectado en ciertos escorpiones de la familia *Buthidae* que estos animales producen preveneno, un veneno previo al «de verdad», de ahí el nombre. Este es menos costoso de producir metabólicamente y más fácil de regenerar, y por tanto menos preciado para el animal. Está conformado de sustancias promotoras del dolor para los vertebrados: con esos tamaños tan decentes —y suculentos— que presentan los escorpiones, los depredadores naturales de estos quelicerados no son otros que reptiles, anfibios, y pequeños mamíferos carnívoros como los zorros o los meloncillos.

En resumen, un escorpión, al igual que una araña o cualquier otro animal venenoso, va a evitar por todos los medios tener que usar un arma química que les cuesta tanto sintetizar. Todo está optimizado hasta el más mínimo detalle. Por ello, en el caso de los escorpiones, ese veneno ha de ser reservado por todos los medios posibles lo que ha evolucionado principalmente, que es cazar insectos y otros artrópodos, lo que incluye escorpiones de tu misma especie o de otra. ¿Qué te crees tú? Aquí nuestros amigos son más caníbales que cualquier tribu perdida de una película de miedo. Por norma general, son solitarios y muy territoriales, y se molestan muy fácilmente ante cualquier perturbación. Pero si la perturbación se puede comer porque es de esos animales que entra en escorpio-menú, pues se recicla.

¿Son peligrosos pues, los escorpiones, para los humanos? Permíteme decirte que, en primer lugar, dentro de este menú

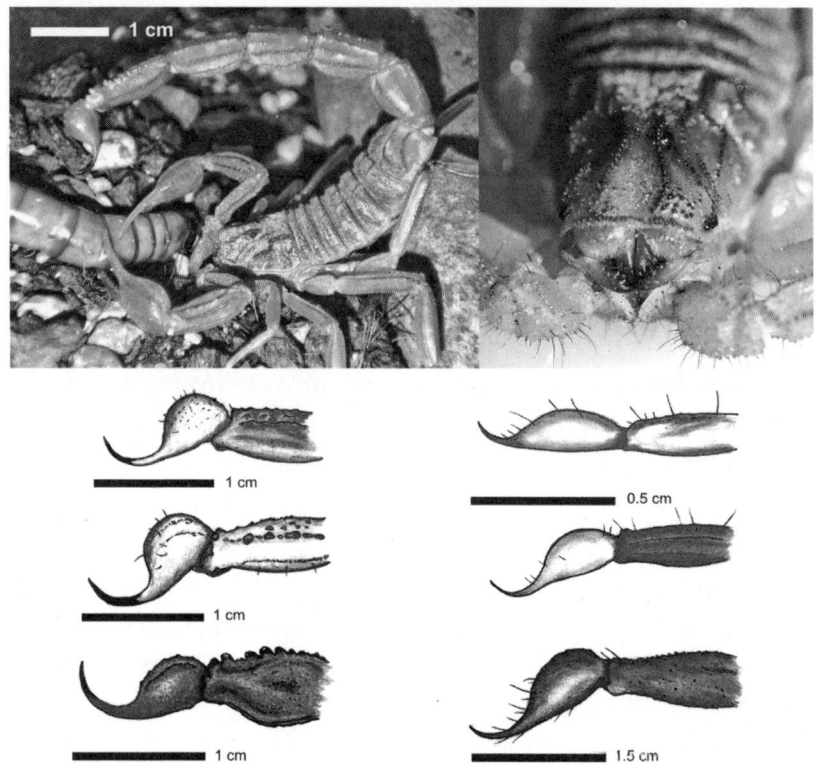

Figura 3.3. Los escorpiones son espectaculares cazadores de insectos, muy importantes sobre todo en ecosistemas áridos y semiáridos. Arriba a la izquierda, un Buthus apresa a una larva de insecto con sus pinzas y le clava el aguijón para subyugarla. Arriba a la derecha, detalle de la cara. Abajo, diferentes formas de telson (marcados con una barra de escala), segmento en que se encuentra el famoso aguijón de los escorpiones. De arriba abajo, en la primera columna: *Olivierus*, *Buthus* y *Androctonus*. En la segunda: *Euscorpius*, *Tetratrichobothrius* y *Heterometrus*.

de los escorpiones, no estamos las personas. Ni ellos ni su veneno han evolucionado para cazar humanos. No están interesados lo más mínimo en nosotros. Lo que quieren es que los dejemos en paz. Saben que somos nosotros los que podemos matarlos fácilmente a ellos, y no al revés. Así que, como norma general, los escorpiones no van por ahí picando todo lo que se mueve, y menos personas. Pero eso no quita que haya especies de importancia médica elevada.

Existen especies de escorpión consideradas potencialmente letales para el ser humano. Sin embargo, son una minoría, y además se encuentran localizadas en lugares concretos del planeta, y no por todos lados. Por ejemplo, en todo un continente como es Europa, en su sentido más occidental, no existe un riesgo elevado de envenenamiento por picadura de escorpión. Sin embargo, si nos encontramos en regiones más orientales, como en Turquía, el escenario es diferente. Concretamente, las picaduras son, sobre todo, un problema de importancia en zonas tropicales y subtropicales, en regiones áridas. Según la revisión de los autores Hauke y Herzig de 2017, la familia de escorpiones que destaca por poseer más géneros de importancia médica es *Buthidae*, donde se consideran los géneros *Androctonus*, *Buthacus*, *Buthus*, *Leiurus* y *Mesobuthus* —en el norte de África, Oriente Próximo y Oriente Medio—, *Parabuthus* —en el sur de África—, *Centruroides* —en el sur de Estados Unidos, México y América Central—, *Hottentota* —en el sur de Asia—, y *Tityus* —que habita en Sudamérica—.

¿Pican mucho o poco estas especies? ¿Cómo de grave es el asunto? Para contextualizar la información, pongamos algunos ejemplos. Hablemos, en primer lugar, de Argelia, un país de unos cuarenta y cinco millones de habitantes y que se encuentra en una zona caliente de primer nivel en cuanto a escorpiones de importancia médica. En 2012, Youcef Laïd y otros autores llevaron a cabo un estudio retrospectivo sobre casos de picadura registrados desde 1991 hasta 2010. En esa franja de casi veinte años, se contabilizaron 815 217 picaduras, de las cuales 1 870 fueron casos fatales, lo que arroja un porcentaje de letalidad anual medio del 0,24 %.

Por otra parte, en un país tan poblado como México, con casi 127 millones de habitantes, donde las picaduras de escorpión son también de alto interés médico, se tratan al año en los centros de salud unas 300 000 picaduras —unas 250 por cada 100 000 habitantes— tal y como recoge un trabajo publicado en 2020, firmado por Jean-Philippe Chippaux y otros colaboradores. Al parecer, las mayores incidencias ocurren en el centro y en el México Pacífico. Tal y como cita este estudio, antes de que hubiera una buena cobertura médica y tratamientos eficaces en el país —escenario previo a los años sesenta— se registraban unas 1 500 muertes anuales. En la actualidad, se registran menos de cincuenta.

En conclusión, se debe tener precaución, pero no miedo por vivir. Más teniendo en cuenta que, obviamente, los casos de picadura son accidentales, y derivado de situaciones en las que el animal siente amenazada su vida e intenta defenderse al verse acorralado o en peligro. Dicho de otra manera, un escorpión nunca irá corriendo detrás de ti, a perseguirte en un callejón oscuro por la noche, para picarte. Por eso, lo mejor que podemos hacer si vemos uno es dejarlo tranquilito y no exponernos, o llamar a un servicio de recogida de animales si entró en casa, para que así sea devuelto a la naturaleza, lugar en el que debe seguir haciendo su indispensable trabajo de comer bichos, pero con una distancia de seguridad con respecto a nosotros.

Sí, efectivamente, en algunos lugares, a veces el problema con los escorpiones reside en que se cuelan en las casas, con mayor o menor frecuencia dependiendo del país o región y de la ruralidad de la zona. Lo importante aquí es en primer lugar, sacudir siempre la ropa, las mantas o la cama antes de usarlas, y limpiar la casa retirando los muebles: dicho de otra forma, prevención. En segundo lugar, e igual que si nos lo encontramos por el campo, es importante no acercarse. No sabemos si el animal es de importancia médica o no, pero la precaución —no el miedo o el odio al animal, que no tiene culpa de nada— es esencial. Si vemos uno en el suelo de casa, podemos recolectarlo a distancia con un recipiente de boca ancha, con abertura boca abajo, y pasando una cartulina por debajo para devolverlo al campo, o como ya dije, llamar a un servicio de recogida, opción preferible si disponemos de ella.

Por cierto, ¿es diferente un escorpión de un alacrán? La respuesta es que no. A pesar de que muchas personas creen que son animales diferentes, las palabras *alacrán* y *escorpión* son sinónimos. La primera proviene del árabe *al-aqrab* que significa 'el escorpión'. La segunda viene del latín *scorpio*, que a su vez proviene del griego *skorpio*, y que significa 'escorpión'. Asunto zanjado, pues. O no, todavía le podemos añadir picante. A alguien —Oscar Francke en 1982— le apeteció describir y bautizar a un nuevo género de escorpiones mexicanos como *Alacran*. Un nombre muy resultón sin duda. Por otra parte, alacrán suele usarse como nombre común para ciertas especies en algunas regiones, como España, donde el género *Buthus* es denominado vulgarmente «alacrán amarillo». Total, que entre unas y otras, la gente se lía, pero no hay confusión ninguna si conocemos esta información. Por cierto, hay quienes lo pronuncian «arraclán». Da lo mismo, es una variante de la palabra *alacrán* reconocida como segunda acepción por la Real Academia Española. Aunque, realmente, la primera corresponde a un arbusto, y en el diccionario histórico de la lengua española, de 1933 a 1936 ni siquiera aparece la acepción referente al escorpión, solo la del arbusto. ¿Significa esto que se le ha robado el nombre a una planta por transferencia? No lo sé… Pero si tú lo sabes y lo sigues haciendo… ¡¿Te parecerá bonito?!

Hablando de cosas bonitas, qué pasada es ver a los escorpiones brillando bajo luz ultravioleta. ¿Qué? ¿No lo sabes? ¡Pero si esto se ha vuelto viral en internet, y cada vez hay más fotos sobre el tema pululando por ahí! Esto no es nada nuevo, se sabe desde hace más años que la tarara, concretamente desde los años cincuenta. Pero ahora, con los medios digitales y con la posibilidad de que cualquiera puede acceder a comprarse una linterna UV, aparecen fotografías recurrentemente en algún recorte de prensa, página web, blog o post de curiosidades acerca de estos animales —por cierto, no te dediques a molestar escorpiones, y cuidado con las luces UV, no son un juguete—. Y a raíz de estas noticias de curiosidades, lo siguiente que suele venir es la formulación de una pregunta. Una pregunta que nace en las mentes de todas aquellas personas que las leen. Es algo inevitable. Querer darle explicación: ¿y eso, para qué les sirve? Y mi respuesta es otra pregunta: ¿es que tiene que servir para algo?

Mucho se ha hipotetizado sobre por qué los escorpiones presentan fluorescencia en el rango del ultravioleta. En muchos otros animales, y también plantas, los patrones ultravioletas que presentan las especies pueden tener funciones de señalización, de advertencia. Pero en los alacranes, ¿qué?

Este brillo proviene de varios componentes estructurales de una de las capas que conforman el exoesqueleto, la hialina. Concretamente, se han detectado, por el momento tres compuestos responsables de esta fluorescencia: la β-carbolina, el 7-hidroxi-4-metilcoumarina y un éster de ftalato.

Se ha planteado que la fluorescencia serviría para detectar niveles de radiación para la búsqueda de mejores escondites. En algunos de ellos, se ha comprobado que tienen un efecto antimicrobiano que podría servir para proteger a los escorpiones. Sin embargo, dicho rasgo también podría ser un efecto residual aparecido durante el proceso de esclerotización cuticular sufrido por los quelicerados a lo largo de su historia. Podría ser un carácter plesiomórfico de los Quelicerados, es decir, ancestral y común a todos sus grupos, que se ha perdido en algunos, pero que en otros se ha mantenido, como en los escorpiones, pero también en cangrejos cacerola, en algunas arañas, y en otros grupos que por el momento no hemos tratado, como los Opiliones o los Solifugae que, por si no lo sabes, también se iluminan como una bola de discoteca.

Y ya que hemos sacado a los escorpiones, resulta pertinente asimismo hablar de que también hay escorpiones falsos. Pero no porque sean unos hipócritas, unos mentirosos, o unos teatreros... No, no. La historia es que, aunque lo parezcan, realmente no son escorpiones. De hecho, ni siquiera están estrechamente emparentados con ellos, por mucho que morfológicamente se les asemejen. Estamos hablando de los pseudoescorpiones —orden Pseudoscorpiones— cuyo nombre literalmente significa 'falsos escorpiones', sin rodeo alguno. A pesar de no tener metasoma o «cola» de escorpión, la hechura de su cuerpo, y sobre todo sus pedipalpos, que también tienen forma de pinzas, les hacen dar el pego. Eso sí, les hacen dar el pego si eres capaz de verlos con una lupa, porque por tamaño, me temo que no son nada parecidos. En general, son milimétricos. Tanto, que para uno que mide algo más de un centímetro, se le llama seudoescorpión gigante. Se trata de la especie *Garypus titanius*, que alcanza, a lo sumo, entre 1,2 y 1,5 centímetros, y es un bicho bien raro. En todo el mundo, únicamente habita en Boatswain Bird Island, un pequeño islote de 0,05 km^2 situado en la este de Isla Ascensión, que se encuentra en mitad del océano Atlántico, a medio camino entre el continente africano y el sudamericano.

Por cierto, creo que está bien traído contar que este pobre animal está en peligro crítico de conservación según los criterios de evaluación de la UICN. Aún queda mucho por estudiar acerca de las amenazas que sufre la especie, pero lo que queda claro es que están principalmente asociadas a dos factores. El primero de ellos tiene que ver con la introducción de especies depredadoras exóticas que los cazan, como ciempiés y ratones que no son nativos de la isla, y que provocan graves perjuicios en sus poblaciones. Por otra parte, el hábitat que esta especie ocupa está desapareciendo. Es un animal muy especialista que solo ocupa las principales áreas de anidamiento de aves en la isla, esto es, la meseta del pico de la isla, llena de guano —sustrato formado por deposiciones masivas de caca de aves marinas— y en laderas rocosas bajo el pico. Y como las zonas de anidamiento están desapareciendo debido a la introducción de gatos asilvestrados que se comen a las aves, también lo está haciendo, en cascada, el magnífico pseudoscorpión gigante, que se ve cada vez más acorralado ante la reducción de su hábitat. Estas extensiones son su hogar, pero también son fuente de alimento, pues allí es donde caza. Concretamente, parece estar especializado justamente en pequeños quelicerados parásitos de las aves, además de otros bichos carroñeros que se encuentran en la superficie del guano. Pero sin comida que llevarse a la barriga, un triste futuro también le espera en este aspecto ¿Ves lo que ocurre cuando introducimos animales en lugares en los que no deberían estar, y lo responsables que debemos ser con los animales domésticos a nuestro cargo?

Enfocándonos en la parte positiva de la situación, se están estudiando diferentes acciones a llevar a cabo para salvar de la extinción a esta increíble especie. Esperemos que surtan efecto, se revierta la situación y tengamos pseudoscorpión gigante para mucho tiempo.

Eso sí, no vayas a creerte que hace falta irte al remoto islote de Boatswain para ver pseudoscorpiones. Estos pueden habitar bajo cortezas de árboles, en las cuevas más profundas, e incluso en la hojarasca de cualquier bosque o parque urbano cerca de ti. Ahora mismo, de hecho, pueden estar escondidos en tu propia casa. Lo que ocurre es que son muy pequeños y pasan totalmente desapercibidos, menos aún si no se está acostumbrado a trabajar con ellos. Se han descrito, por el momento, unas 3 700 especies de pseudoscorpiones en todo el mundo. Muchas de sus especies son solitarias, pero otras son sociales. Tantos unas como otras se dedican a cazar pequeños artrópodos en los lugares más insospechados. En lugares donde se almacenan libros antiguos, son considerados unos auténticos héroes, pues capturan aquellos bichillos que atacan estos valiosos escritos.

Por ello, en inglés, a estos animales se les conoce comúnmente como *book scorpions*, es decir 'escorpiones de los libros'.

¿Y cómo cazan? Parecen escorpiones, pero no tienen «cola» con aguijón venenoso… Si estás pensando en sus pincitas, efectivamente, así es. Solo que hay un giro argumental que tal vez no esperes: estas estructuras son armas «dos en uno», pues aplastan como las de un escorpión, pero es que además inyectan veneno. Sí, sí, inmovilizan a las presas con técnicas mecánicas, pero también con armas químicas, con las que anulan a las presas por completo, ya que sus pedipalpos en forma de tenazas tienen glándulas y conductos de veneno en su interior. Obviamente, estos animales son totalmente inofensivos para las personas, pero pregúntale a un ácaro a ver qué piensa sobre ellos.

Hay otras tres cosas geniales que no puedo pasar por alto al hablar de pseudoscorpiones. La primera es que, a diferencia de los verdaderos escorpiones, fabrican seda, gracias a unas glándulas localizadas en los quelíceros. Estos animales usan este material para menesteres muy variado que van desde protegerse de peligros hasta incubar a las crías en las puestas.

La segunda es que usan transporte aéreo para desplazarse. Pero si ellos no tienen alas… ¿Cómo se te ocurre que lo pueden hacer? Pues tomando un vuelo. Bueno, no se suben a un avión, ni sacan su tarjeta de embarque antes de partir, pero hacen algo muy parecido. Estos animales son famosos por practicar la foresia, que consiste en desplazarse por el espacio llevados por otros animales a los que se agarran. En este caso, los pseudoscorpiones se aferran con sus pinzas a diversos artrópodos más grandes que ellos, normalmente insectos voladores, de forma que pueden recorrer largas distancias de una forma más sencilla y en muy poco tiempo. Dípteros como moscas o mosquitos, himenópteros como las abejas, escarabajos, mariposas, e incluso escorpiones son algunas de las aerolíneas en las que suelen viajar. ¡Eso sí que es estilo!

Por último, es de obligado cumplimiento contar que las madres pseudoscorpión, al igual que otros muchos quelicerados, cuidan de sus crías desde que son huevitos hasta, en muchos casos, que llegan al estado adulto. Esto sobrepasa con creces el caso de los Picnogónidos. Si te creías que solamente los humanos, los perritos y otros mamíferos en general se hacían cargo de sus crías de esta forma tan dedicada, estás en una equivocación. En la historia de la vida, el cuidado parental ya había aparecido mucho antes de que existiesen los vertebrados. ¡Y más de una vez, en grupos diferentes! Pero espera, que la cosa no acaba aquí. Los pseudoscorpiones dan de comer a sus crías, cual bebé humano en su trona. «¡¿Cómo!? ¡¿Qué?! ¡Ahhh!», debes estar vociferando, mientras lanzas el libro por los aires.

Vamos a calmarnos, por favor. Pídele perdón al libro por haberlo tirado y prosigamos. Como te empieces a sorprender tan pronto, a saber cómo te vas a poner a lo largo de los próximos párrafos. Porque las mamás pseudoscorpión no dan de comer de cualquier forma, no. Ellas «dan de amamantar» a sus crías con una especie de líquido que secretan desde sus ovarios, una suerte de leche de pseudoscorpión, que, ojito, reemplazan por insectos cuando los pequeñajos son algo más mayores. Vamos, exactamente igual que tus padres hicieron contigo, o haces tú con tus peques, cuando los bebés son lo suficientemente mayores como para pasar de tomar solo líquido a tomar comida sólida. Pero espera, porque si todo esto fuera poco, se da el caso de que, en algunas especies sociales, es decir, aquellas que viven en comunidad, los machos también participan en la crianza. ¿Cómo te has quedado?

La crianza de retoños, como he adelantado, no es exclusiva de los Pseudoscorpiones o Picnogónidos. En mayor o menor grado, estas prácticas pueden encontrarse también en otros quelicerados, como en ciertas arañas, escorpiones, telifónidos, amblipigios e incluso ácaros.

Arañas, vale. Escorpiones, también. Incluso ácaros. Pero seguro que al leer *telifónidos* y *amblipigios*, a los cuales he mencionado un par de veces, te habrás quedado con la cara blanca. Sin embargo, si eres de México, donde existen nombres comunes para estos animales, si te digo, bien *vinagrillo*, o bien *tendarapo* o *canclo*, seguro sabrás a los animales a los que me estoy refiriendo. Y si tu lengua común es el inglés, seguro que habrás escuchados alguna vez la palabra *vinegaroon* o *whip-spider*, entre otros nombres vulgares. En español de España no disponemos nombres típicos para estos animales, puesto que por norma general no los encontramos en Europa, de forma que usamos los de otras regiones donde estos habitan, que son típicamente zonas tropicales. Aunque, como siempre en la Biología, existe una rara excepción al patrón general: podemos encontrar un par de especies de amblipigio en dos islas de Grecia: Kos y Rodas.

Los vinagrillos y los tendarapos son dos grupos sorprendentes, de curiosa morfología, pero que son totalmente inofensivos para las personas. Ambos grupos carecen de glándulas de seda y de veneno, con lo cual no es posible que sus especies nos inyecten toxinas con una picadura o mordedura. A lo sumo, en el caso de los vinagrillos, recibirás una descarga de líquido defensivo si los molestas, que desprende un fuerte y penetrante olor a vinagre, por estar compuesto principalmente de ácido acético. Efectivamente, el nombre común de estas criaturas proviene de su olorcillo corporal. En cualquier caso, tranqui, este compuesto solo provoca reacciones cutáneas en personas sensibles, pero nada más. Como ves, por muchas leyendas que se cuenten, estos animales son inocuos y no representan un peligro para la vida humana. Como ya comentamos infinidad de veces, como el resto de los artrópodos depredadores, constituyen todo lo contrario, pues son muy importantes para los ecosistemas, ya que se dedican a zampar bichillos a diestro y siniestro. Ambos grupos presentan un número bastante reducido de especies descritas en todo el mundo. Para los Telifónidos, solo tenemos alrededor de 100, repartidas en diversos géneros, pero todas pertenecientes a la misma familia, Telyphonidae. Para los Amblipigios, contamos con algo más de 200, repartidas en diversos géneros de cinco familias diferentes.

Al igual que la mayor parte de los quelicerados terrestres, los Telifónidos son animales típicamente nocturnos, que habitan bajo madrigueras construidas bajo troncos o piedras y que se caracterizan por tener unas burdas tenazas dobles, nada elegantes como la de los escorpiones, pero muy efectivas, con las que agarran a sus presas. Además, presentan una especie de finísimo rabito al final del cuerpo, llamado flagelo, que desempeña funciones sensoriales. En su base se encuentran, además, las glándulas defensivas que expulsan ese espray anti-depredadores, con olor a vinagre, del que hemos hablado. Son quelicerados de tamaño grande, ya que pueden tener una longitud máxima comprendida entre los dos centímetros —más grande que cualquier araña típica— y los siete, en el caso de *Mastigoproctus giganteus*, de América del norte, que es el más grande de todos los telifónidos, y, por tanto, el rey de los vinagrillos.

En el caso de los Amblipigios, también pueden vivir bajo rocas o troncos, e incluso en cuevas. Como ya adelanté, es típico de animales cavernícolas el tener menos ojos que el resto de las especies de su grupo. He aquí un caso: hay especies con menos de ocho ojos, en incluso algunas que carecen de ellos. Estos animales sorprendentes se guían en la oscuridad con su aplastado, delgado y grácil cuerpo y sus finísimos sentidos. Cabe destacar la constitución de su primer par de patas, que se encuentra modificado en forma de finísimos apéndices que presentan una inmensa cantidad de sensores, que sirven al animal para enterarse de todo lo que se cuece alrededor. Dicho de otra forma… ¡hacen las veces de antenas de insecto! Si te preguntas con qué patas realizan entonces la captura de presas, pues, la verdad, con ninguna. Al igual que ocurre con los pseudoscorpiones, los escorpiones verdaderos, o los

0.5 cm

Figura 3.4. Macrofotografía de las extrañas y rudas pinzas de un vinagrillo, que poco o nada tienen que ver con los estilizados pedipalpos quelados de los escorpiones.

Telifónidos que acabamos de ver, son sus pedipalpos los que están preparados para la caza. Estos son largos y delgados, pero robustos, y acabados en pinchos y garfios de todo tipo para retener a sus presas. Es decir, que estos bichos tienen unas patas anteniformes intercaladas entre medias del resto de apéndices, pues los primeros, los pedipalpos, sirven para cazar, el primer par de patas para sentir, y el resto para caminar o trepar. Curioso es, cuanto menos.

Y entre curiosidad y curiosidad, llegamos a la recta final de este capítulo. Nos quedan tres grupos importantísimos que aún no hemos tratado —con permiso de las arañas, las cuales retomaremos para cerrar el capítulo—: los Solífugos, los Opiliones y los Ácaros. Creo que es hora de ponerles cara. Y en esto, al menos los Solífugos llevan ventaja, porque tienen cara de sobra.

Los Solífugos son unos ávidos depredadores con unos quelíceros gigantescos. Así, tienen una cara tremendamente grande, en la que casi todo es boca: son muy buenos depredadores, y para ello hay que tener buenas herramientas. Personalmente, no he visto quelicerados más nerviosos que los solífugos, da hasta ansiedad verlos correr de un lado a otro, sin parar un solo instante. Corren, comen, corren, comen… Así es su vida. Pero cuando digo correr, es correr con ansia. Se han registrado velocidades tremendas, dignas de atletas olímpicos, en estos animales. Podríamos haberlos llamado «correcorre» de forma común, pero no. Su nombre, hace clara alusión a otra de las características importantes de estos animales: sus hábitos nocturnos. De esta forma, *solífugo* significa literalmente 'que huye de la luz'. Son típicos de ecosistemas áridos, y a pesar de que la mayoría tienen un tamaño humilde —los más pequeños miden unos milímetros— las especies grandes pueden llegar a medir hasta diez centímetros de largo. A pesar de que en algunas regiones del mundo cuentan leyendas que versan sobre la naturaleza maligna de estos animales, son totalmente inofensivos para las personas y el ganado. Ni siquiera tienen glándulas de veneno. En México, uno de los nombres comunes que tienen los Solífugos es el de *matavenados*. ¡Qué exageración, como no los maten de la risa, no sé cómo lo harán!

Otros quelicerados que tiene un nombre común divertido son los Opiliones. Muchas veces se les confunde con arañas, por la forma de su cuerpo y sus increíblemente alargadas patas, de ahí que muchos nombres vulgares hagan alusión a este parecido, como el de «arañas patonas». Sin embargo, no me refiero a estos sino al de «segadores» en idioma español y *harvestmen* en inglés. Cualquiera que lea esto sin tener ni idea del asunto, seguramente se ponga en lo peor. ¿Segadores de qué?, ¿de vidas? ¿Nos matan con sus toxinas? ¡No! ¡Pero si ni siquiera tienen ni glándulas de veneno! La explicación es mucho más interesante, y hace referencia a la cosecha, de ahí lo de segar. Este nombre alude a la explosión demográfica que sufren las poblaciones de estos animales en otoño, en época de siega.

Es muy sencillo no confundir opiliones con arañas como, por ejemplo, los verdaderos *daddy long-legs* o arañas patas largas, que son arañas reales, de la familia Pholcidae. Digo verdaderos *daddy long-legs*, porque suele ser con ellas con las que suele haber mayores equivocaciones de identificación, al punto de que el nombre común de estas arañas se usa indistintamente para los dos grupos de animales, la familia *Pholcidae*, y el orden de los Opiliones. Sin embargo, si nos fijamos bien, mientras que los fólcidos y el resto de las arañas tienen dos regiones muy bien diferenciadas en el cuerpo, prosoma y opistosoma, con una cinturita de por medio, los opiliones tienen todo el cuerpo de una pieza, sin cinturita que valga. Además, estos animales depredadores —aunque también los hay que comen detritus— suelen ser gregarios, y no es difícil encontrar montones y montones de ellos, unos sobre otros, bajo rocas, en la oscuridad o en un garaje abandonado. Esto muy difícilmente lo verás con arañas.

Hasta el momento, se han descrito más de 6 600 especies de opiliones en el mundo. Suelen habitar en lugares bien escondidos, en cuevas, entre la hojarasca, bajo rocas, en troncos, incluso algunos andan a pleno sol, pero siempre se suelen hallar en lugares húmedos. Normalmente cazan otros artrópodos, aunque hay de todo, incluso algunos especializados en cazar caracoles, comer bichos muertos, fruta e incluso materia vegetal en descomposición. Además, cabe destacar que estos animales, como excepción a la mayoría de los quelicerados, pueden, al igual que los cangrejos cacerola, comer materia sólida y no liquidillos derivados de cosas machacadas como el resto.

No sé a ti, pero me encanta la forma que tienen de mostrar territorialidad los opiliones. En cuanto ven una amenaza, empiezan a botar arriba y abajo para intimidar a su agresor. Por si el animal que quiera comérselo va muy en serio, tienen una especial habilidad para desprenderse de sus patas, y además expulsan un líquido maloliente que, al parecer es multiusos: también sirven para que los individuos se localicen entre ellos y tiene funciones antifúngicas y antimicrobianas, que podrían venirle a aquellas especies que más se rebozan entre los detritus más cochinos.

¿Y qué hay de los ácaros? Me temía este momento, y por eso, los he dejado casi para el final. Los ácaros son una auténtica locura. Para empezar, son el segundo grupo de quelicerados que más especies contiene, con más de 50 000: están casi empatados con las arañas. Sin embargo, mientras que para estas últimas se ha estimado que quedan por conocer otras 50 000 especies, para los ácaros se cree que aún podrían existir hasta un millón sin describir por la ciencia, por lo que actualmente no conoceríamos más que un mísero 5 % de la diversidad total de estos animalillos. Así, y con muchísima ventaja con respecto al resto, se convertirían en el grupo de quelicerados con más especies. Pero claro, ¿qué es un ácaro? Uf…

Ciertamente, los ácaros han sufrido muchas modificaciones en su clasificación, porque es un grupo locamente complicado. De hecho, según estudios recientes, este grupo ni siquiera parece ser monofilético y por tanto no sería válido: sus integrantes, por mucho que tengan una pinta parecida, no provendrían de un mismo abuelito ácaro, de un mismo ancestro común. Dicho de otra manera, hay animales que antes clasificábamos como ácaros que realmente están más emparentados con otros quelicerados que con otros que también considerábamos ácaros. Es lo que tiene usar exclusivamente el parecido para determinar parentesco entre dos grupos: a veces va bien, pero otras muchas podemos estar cometiendo grandes gazapos, por lo que siempre viene bien realizar pruebas genéticas para verificar que nuestras hipótesis de agrupación se cumplen. Así las cosas, ahora mismo, si dejamos a un lado el uso de Acari o «grupo Ácaros», tenemos dos subgrupos supuestamente monofiléticos y por tanto válidos hoy en día y que son el grupo Acariformes, y el grupo Parasitiformes. En cualquier caso, tal vez te importe poco como se clasifiquen los ácaros, porque cuando se habla de estas criaturas, la única pregunta que vendrá a la cabeza es la misma pregunta de siempre: ¿por qué tienen que existir estos bichos tan conocidos y odiados? Al pensar en ellos, estoy seguro de que te vendrán a la mente traumáticos *flashes* relacionados con miles de millones de bichos que habitan en el polvo, en el colchón, la alergia que estos ocasionan, las garrapatas que se te suben encima cuando vas al campo a sacar al perro, e incluso, esos seres malignos que atacan las plantas de tu jardín hasta dejarlas bien tiesas.

Tienes razón. No te lo voy a negar. Están por todos lados, a miles. Por ponerte un ejemplo, tan solo en los diez primeros centímetros de profundidad de un metro cuadrado de suelo, pueden encontrarse hasta 250 000 ácaros. Bueno, tan cerca que, como ya he comentado, sobre ti mismo, hay un mogollón de acariformes en tu piel, acompañándote en la lectura de este libro de zoología y ecología de bichos —que espero que a la luz de los datos que te suelto, no te esté provocando un síncope—. Otro porrón te los encontrarás dándote las buenas noches cuando te vayas a dormir. ¿Tal vez decenas de miles? De los conocidos como «ácaros del polvo», en su defensa, he de decir que lo que da alergia no son los ácaros del polvo en sí, sino una glucoproteína, *Der p 1*… que se encuentra en sus cacas. Bueno, es verdad, la historia no ha mejorado mucho. Al menos puedo decirte que estos animales no están en este mundo para provocarte reacciones alérgicas en la piel, rinitis o fuertes ataques de asma, sino para comer desechos que producen los animales grandes. Entenderás así que estos animales tienen una función imprescindible en el mundo sin la cual no podemos vivir. La porquería nos comería vivos. El problema está en cuando se reproducen de forma descontrolada en nuestros hogares, los cuales no son su hábitat natural y en los que se convierten en una plaga que deriva en problemas serios para muchas personas. Por eso, hay que ser muy, muy limpios en casa, de lo contrario, estaremos provocando muchos residuos que atraerán a diversos animales cuyo trabajo es quitar esa basura. Es lo que tiene, los seres humanos somos bastante «cochinetes».

Cosa parecida ocurre con los *Demodex* de la piel. En función del estado de salud del organismo huésped, en este caso las personas, pueden ser parásitos, simples comensales o mutualistas simbióticos. Si el huésped humano tiene patologías cutáneas como la rosácea, los *Demodex* hacen daño en su piel y le provocan perjuicios. De hecho, se ha observado que en la piel de pacientes con rosácea de tipo papulopustulosa se da el ambiente idóneo para que las poblaciones de estos animales se descontrolen de una forma exagerada. Por el contrario, si el huésped humano no tiene ningún tipo de patología, y lleva un estilo de vida normal, estos ácaros no nos provocan ningún daño. En este contexto, se sugieren dos escenarios posibles. El primero es que estos ácaros pueden simplemente alimentarse de secreciones sebáceas sin beneficio o perjuicio para la persona. Sin embargo, parece que, en este proceso, los *Demodex* puede ingerir bacterias y otros seres vivos que se meten en el conducto de los folículos pilosos. En este segundo escenario, estos bichos nos reportarían claros beneficios.

Tú no te preocupes, que hay especies de acariformes incontestablemente parásitas, y también las hay en el superorden Parasitiformes, que, ya con ese nombre, poco dejan a la imaginación. En el primer grupo, encontramos por ejemplo a los Trombicúlidos, una familia de acariformes diminutos que se alimentan mordiendo y consumiendo piel viva de animales grandes, incluidas personas, y que generan así un intenso picor. En el segundo, encontramos entre muchos ejemplos, a los famosos piojillos de las aves, que como ves, para nada son piojos… Malditos nombres comunes, una vez más. Estos parasitiformes son hematófagos especializados en aves, es decir, se alimentan succionando la sangre de estos animales. Son comunes en aves de ciudad o de corral y probablemente te hayas cruzado con más de uno, aunque no lo sepas. Igualmente, dentro de los parasitiformes encontramos a los chupasangres más famosos del mundo junto a los mosquitos: las garrapatas, que pertenecen a la familia Ixodidae. Se dedican a consumir sangre de mamíferos y debido a esta actividad, son vectores de transmisión de diversas enfermedades, algunas de ellas endémicas, como la fiebre de Crimea-Congo, propia de zonas tropicales y subtropicales del viejo mundo, cuyo vector principal son las garrapatas del género *Hyalomma,* que suelen encontrarse en el ganado. Sin embargo, debido a diversos factores, como el flujo de pasajeros, este virus está exportándose, garrapata mediante, a otros lugares nuevos y convirtiéndose en una enfermedad emergente a nivel global. Por si fuera poco, parece que las poblaciones de estos animales están creciendo de forma importante, probablemente a causa del cambio climático, que las favorece. Desde diversos campos de conocimiento como la medicina o la biología sanitaria, los profesionales están trabajando muy duro para controlar este problema y dar con soluciones que permitan salvar muchas vidas humanas. La incidencia de esta enfermedad es especialmente importante en regiones y países que no disponen de una atención sanitaria adecuada o que son económicamente vulnerables o desfavorecidos.

Otro famosísimo parasitiforme es aquel cuyo nombre, de partida, ya impone más que el de Atila el Huno: *Varroa destructor*, que está especializado en parasitar a la abeja melífera asiática, con las que se halla en equilibrio. Sin embargo, debido a las actividades humanas, este animal ha saltado a cualquier punto del planeta que puedas imaginar, y se ha dedicado a atacar a un huésped para el que no está hecho, la abeja melífera. En concreto, se alimenta principalmente de su cuerpo graso, análogo al hígado de los humanos. De esta forma, los

Varroa dejan a las abejas con un sistema inmunitario decaído y la incapacidad de desintoxicar al organismo de sustancias pesticidas. Las abejas melíferas no se acicalan tanto como los huéspedes originales con los que parecen haber evolucionado de forma pareja, de ahí que para unas este parásito sea una seria molestia, pero nada más, y para las segundas constituya una hecatombe apocalíptica. Por si fuera poco, los *Varroa* son vectores de diversos virus debilitantes de abejas. Como las abejas domésticas son tan proclives a ser atacadas, pero se han exportado desde Europa y África —lugares donde la especie es nativa— a todas las partes del mundo para la producción de miel, pues allá que viaja el parásito, con los consiguientes impactos negativos en la industria de la apicultura.

Llegados a este punto podríamos llegar a pensar por qué hay animales parásitos y si estos tienen algún tipo de función ecosistémica importante. Podría ser sencillo desear la extinción de todos ellos. Pero no cometamos de nuevo el mismo error, que es provocar más desequilibrios en los ecosistemas. Hemos visto que la introducción involuntaria de animales exóticos o el cambio climático, problemas creados por el ser humano, están magnificando el problema de una forma aterradora. Por tanto, lo que deberíamos hacer es apostar por la ciencia, por el desarrollo de nuevas tecnologías que nos permitan un futuro más sostenible, mejores medicamentos y vacunas, o nuevos avances en campos más teóricos, como la ecología. Este tipo de disciplinas, hacen un trabajo crucial, pues de forma indirecta y tal vez menos evidente, generan constantemente nueva información, indispensable, que nos hacen comprender cada vez mejor el funcionamiento de los ecosistemas. De esta forma, nos acercan a vivir de una forma cada vez más equilibrada y en harmonía con el medio que nos rodea. Porque la solución fácil suele ser siempre la peor. Porque si todos los Acariformes y Parasitiformes del mundo se extinguiesen, nos hallaríamos de nuevo ante un problema tremendo que una vez más pondría en jaque nuestra propia existencia. Queramos o no, formamos parte de un complicado rompecabezas, en el que la solución no consiste en eliminar piezas. Estos parásitos, en primer lugar, constituyen el alimento de multitud de especies de animales más grandes que dependen de ellos, como aves, reptiles o mamíferos. En segundo lugar, y más importante aún, hacen el trabajo sucio de regular poblaciones de animales para que no se descontrolen y el ecosistema colapse, de la misma forma que los leones hacen con las cebras, solo que de una forma menos vistosa y más desagradable a nuestros ojos.

Así que sí, como ves, hay acariformes y parasitiformes parásitos. Sin embargo, no todos se dedican a este noble oficio. La diversidad de estilos de vida del mal llamado grupo de los «Ácaros» es aplastante. Los hay marinos, los hay terrestres, los hay especializados en vivir en lugares húmedos y otros que gustan de habitar regiones desérticas. Los hay lampiños y feíllos, pero también los hay tan «peluditos» y adorables que dan ganas de abrazar… Aunque mejor mantener las distancias y que cada uno vaya por su camino. Por haber, hay hasta grupos, tanto dentro de los Acariformes como de los Parasitiformes, cuyas hembras pueden tener crías ellas solas, de forma sexual, pero con su propio material genético y con sus propios óvulos, y sin necesidad de ser fecundadas. Esta increíble y poco frecuente forma de reproducción en animales llamada partenogénesis, es sin embargo común en estos bichejos. Para serte sincero, también se han detectado algunas especies de arañas y escorpiones que son partenogenéticas —como por ejemplo *Theotima minutissimus* y *Tityus serrulatus*, respectivamente— pero se consideran excepciones a la norma. Sin embargo, en los ácaros, esto es bastante normal. Calienta la muñeca, coge papel y boli, que te voy dictando géneros: *Areolaspis, Bryobia, Eonychus, Geholaspis, Hoilostaspella, Macrocheles, Oligonychus, Schyzotetranychus…*

Ya hablaremos con más detalle de este proceso cuando llegue el turno de los Himenópteros.

¡Vaya con estos bichos, pero si hacen de todo! Tanto que incluso existen ácaros depredadores que cazan a la emboscada, escondidos entre las gélidas rocas que constituyen el suelo de la inhóspita Antártida. Que sí, que lo sé, que allí no es capaz de vivir nadie, excepto animales muy preparados para el frío, con grasa y pelos por todos lados como los pingüinos y focas... Pero también viven ácaros, porque sí, porque ellos son más chulos que nadie. Allí, se alimentan de colémbolos, unos hexápodos que se dedican a comer materia orgánica, en este caso, de los suelos antárticos. Con sus patas acabadas en pinchos afilados como ganzúas, se acercan sigilosamente a estos pequeños habitantes del mundo helado, y los apresan de forma que no tienen escapatoria posible: son auténticos felinos cazadores del polo sur.

Figura 3.5. En los gélidos parajes antárticos, un ácaro cazador captura a un colémbolo, que no tiene escapatoria. Fotografía tomada por el autor a partir de muestras conservadas del proyecto ANTECO CGL2017-89820-P financiado por el Ministerio de Ciencia e Innovación del Gobierno de España.

Así las cosas, llegamos a la recta final de este capítulo. Un capítulo que no podría cerrarse de otra forma que no fuese hablando de los Quelicerados cazadores por excelencia: las Arañas. Cualquier cosa que cuente aquí no les hará justicia, pues son el grupo de depredadores más diverso, imprescindible y maravilloso del planeta. Ya vimos impactantes datos sobre ellas al inicio de este capítulo. Arañas: unos animales odiados como los que más, y comprendidos como los que menos.

Para hacer una primera toma de contacto, te diré que es imposible que todas las arañas te caigan mal. Hay tantas que seguro que alguna te causará admiración cuando leas sobre ella. Es más. Prácticamente, cualquier araña que imagines, existirá: las hay arborícolas —*Poecilotheria*—; que cazan bajo el agua —*Argyroneta*— o que caminan sobre ella —*Pirata*—; que capturan a la presa en telas —*Tetragnatha*— o corriendo a la emboscada —*Phoneutria*—. Hay muchísimas arañas que miden menos de un milímetro, pero otras son tan grandes como la pantalla de un ordenador de doce pulgadas. Es el caso de las gigantescas *Theraphosa* de Sudamérica. Las hay que imitan flores —*Epicadus*—, hojas —*Poltys*—, e incluso cacas de pájaro para camuflarse de los depredadores —*Cyrtarachne*—. Sí, tal como lo lees.

Por otra parte, aunque mayoría de arañas son solitarias, también hay especies gregarias, e incluso que viven en sociedad. Por si esto fuera poco, algunas tienen relaciones mutualistas con otros organismos, incluso con anfibios. Es, por ejemplo, el caso de las *Eupalaestrus*: se ha observado que los individuos de algunas de sus especies forman pareja con una rana, de forma que ambas partes del equipo salen beneficiadas: la tarántula tiene su casa limpia de bichos y la rana obtiene comida y protección frente a los depredadores. Y por si acaso te ha sabido a poco toda esta muestra de diversidad arácnida que te he mostrado hasta el momento, he de decirte que, aunque la mayoría de las arañas son nocturnas, ¡también las hay diurnas!

De hecho, algunas de ellas, como las arañas saltarinas Saltici-
dae, poseen una vista excepcional casi idéntica a la humana.

Sin embargo, pese a su diversidad, hay algo que todas tiene
en común. Y no, no es envenenar ni comer personas: todas
comen bichos, especialmente insectos. Aunque es común que
algunas arañas complementen su dieta comiendo polen, como
la extendida araña de jardín *Araneus diadematus*, o haya arañas
cuya dieta tenga un alto porcentaje de alimento de origen vegetal, como es el caso de *Bagheera kiplingi*, una araña saltarina
cuya distribución se desarrolla desde el sureste de México al
noroeste de Costa Rica, todas ellas cazan artrópodos. Es para
lo que han evolucionado, y es lo que mejor saben hacer, gracias
a sus finísimos sentidos. Con su tacto, son capaces de detectar
cualquier vibración. Tienen una capacidad de recepción de
químicos excepcional, gracias a sensores repartidos por todo
su cuerpo. Y, sobre todo, disponen de dos herramientas imprescindibles para su éxito: la tela, un compuesto orgánico de
propiedades sorprendentes, y al veneno, un cóctel que anula a
sus presas, generalmente atacando el sistema nervioso. Tal vez
el veneno de las arañas sea el más complejo de todos los que
existen. En el veneno de una sola especie, se han llegado a detectar más de 400 compuestos diferentes. De hecho, con toda
la diversidad de arañas —y, por tanto, de toxinas que debe
haber— en el planeta, se estima que han de existir unos cuatro
millones de químicos en total, entre todos los venenos de todas
las especies.

Quitémonos un peso de encima: las Arañas, en general, no
son peligrosas para los humanos. Digan lo que digan. Su veneno, muy costoso de producir, y optimizado a través de la
evolución para matar insectos y defenderse de depredadores
especializados en comer arañas —entre los que no nos incluimos— es demasiado valioso como para estar perdiéndolo en
morder animales que no son su objetivo. Es importante que
sepas que el 99 % de las especies de araña de todo el mundo

Figura 3.6. Un ejemplar de tarántula brasileña *Theraphosa*, el género de arañas más grande del mundo, haciendo lo que mejor saben hacer las arañas: comer insectos. Fotografía cortesía de Michael Kleinsasser.

son totalmente inofensivas para las personas, y que los accidentes producidos por ese 1 % restante no son nada frecuentes, y todavía menos aún que sean mortales. Fallece muchísima más gente por cualquier otro motivo evitable, como, por ejemplo, beber productos de limpieza, tropezarse en casa o comer salchichas, que a causa de las mordeduras de arañas. Y sí, estoy incluyendo a la viuda negra, a la araña de embudo australiana, y a la violinista, y a todas las que hayas visto en los típicos vídeos sobre las arañas «más mortales» del mundo. La araña de embudo australiana, *Atrax robustus*, es considerada ampliamente como la especie más venenosa del mundo para los humanos. Pues bien, solo un trece de cada cien mordeduras son graves, y lleva sin morir nadie desde la década de los ochenta. Tampoco es que haya mordeduras de esa especie a diario… Para que lleguemos a cien mordeduras tiene que pasar tiempo, oye. ¿Sabes lo más gracioso de todo? Que el veneno de esta araña nos siente tan mal a los humanos es fruto de una desafortunada casualidad evolutiva, azar puro, pues en Australia no había simios hasta que llegamos nosotros, así que las toxinas de este arácnido no pudieron evolucionar para hacernos daños, porque esa presión selectiva no existía.

Sí, es cierto, el 1 % de las especies son de importancia médica, y su veneno puede provocar reacciones severas en algunos casos, por lo que no debemos jugar a tocar las narices a estos animales. Pero todas las exageraciones que se cuentan sobre ellas son paparruchas de la prensa amarillista. El miedo a las arañas es totalmente injustificado. De hecho, te imploro que no las mates, porque no te estás haciendo un favor como especie, sino que estás tirando piedras contra tu propio tejado… ¡Pero si las arañas son guais! Si no, mira estos pocos datos que te voy a contar, y que seguro desconocías.

¿Sabías que todas las madres araña, en mayor o menor medida, cuidan de sus crías, a veces durante tiempos muy prolongados? Por ejemplo, en el caso de las arañas lobo, la multitudinaria prole se sube al dorso de su progenitora, que las protege, y pueden permanecer allí ¡hasta medio año! Por otra parte, ¿sabías que las arañas, sobre todo las de pequeño tamaño, son capaces de volar durante miles de kilómetros? Pues así es: te recuerdo la supertécnica del *ballooning*, gracias a la cual colonizan con facilidad nuevos ecosistemas. ¡Y seguro que tampoco sabías que hay arañas que viven durante décadas! Aunque la mayoría de las especies tienen ciclos de vida cortos, de menos de uno o dos años, también hay algunas especies tremendamente longevas. La *Gaius villosus*, la que más: en 2016, se encontró un ejemplar salvaje que tenía más de cuarentaaños de edad. ¡Y qué me dices de las extremas técnicas de caza que llevan a cabo muchas de ellas! Como ejemplo, la araña boleadora *Mastophora*, que imita el olor de las feromonas de las polillas que come para atraerlas. Así puede lanzarles una bola de tela pegajosa como una verdadera boleadora gaucha. ¡Vamos, no me digas que esto no es increíble, que las arañas no molan, porque estarías mintiendo!

A estas alturas, seguro que debes de estar echando vinagrillos, ácaros, arañas y solífugos hasta por las orejas, de tanto hablar de ellos. Creo que, tristemente, llega la hora de decirles adiós. Sí, lo sé, finalmente te han caído bien estos bichos. Ciertamente, son maravillosos y duros de pelar. Desde los mares, pasando por campos, desiertos, cuevas y selvas, hasta la misma Antártida e incluso tu propia piel, están allá donde alcance tu vista. Seguro que, hasta hace un rato, no pensabas que estas criaturas estaban hasta en la sopa, llevando a cabo las proezas increíbles que ni siquiera imaginabas posibles y haciendo que el planeta funcione, pero ¡así es!

Y con el final de este capítulo, se acabaron los quelíceros para lo que queda de libro. Ahora toca pasar a la «bicho-competencia» en lo que refiere a formas de procesar el alimento, una competencia que, si tuviese un lema, diría lo siguiente: ¡chas, chas, chas! ¡Mandíbulas al poder!

4

PONME UNA DE MANDIBULADOS, Y CON EXTRA DE PATAS

A ver cómo te digo esto de una forma suave: llegó la hora de la verdad. En el último capítulo hemos estado caminando entre quelicerados, esos artrópodos cuyo aparato bucal consta de un par de quelíceros para procesar la comida, lo que les da nombre. Hemos visitado a cada uno de sus extraños pero maravillosos grupos, y los sorprendentes hábitos y ecología que caracterizan a cada uno de ellos. Sé que te han gustado muchísimo y que finalmente has aprendido a apreciarlos. Pero ha llegado el momento de pasarnos al otro equipo, al otro gran linaje que hace cientos de millones de años se separó del ancestro común que los unía con los quelicerados, y cuyos descendientes, si lo vemos desde un punto de vista humano, sin duda alguna harían alcanzar la gloria de forma definitiva a los Artrópodos, pues experimentaron una diversificación que ningún grupo animal jamás alcanzó. Ha llegado la hora de visitar el mundo de los Mandibulados. Un grupo que incluye la friolera de casi un millón cien mil especies, que engloban desde los pequeños ostrácodos, pasando por los camarones pistola —que sí, que se llaman así, no me estoy quedando contigo, y además usan una pistola de verdad— o el cangrejo gigante, hasta las escolopendras, los colémbolos o la más espectacular de las libélulas. Conquistaron todo lo conquistable: los mares, los suelos, el aire… y hasta la industria alimentaria del mundo de los humanos. Su característica principal es, como ya sabemos, que poseen unas estructuras en la boca llamadas mandíbulas, que se llaman así por analogía con las nuestras, pues a pesar de tener orígenes evolutivos diferentes, funcionan de forma parecida. Básicamente, trabajan haciendo cizalla, machacando el alimento, a diferencia de los quelíceros que presentan los integrantes de su grupo hermano, el de los Quelicerados. Y para calentar motores, y empezar este capítulo, también vale la pena recordar, que, como ya vimos en el capítulo segundo, sobre la evolución de los Artrópodos, esta historia, como es lógico, también comienza en los océanos.

Actualmente, no te miento si te digo que hay Mandibulados para todos los gustos —son la mayoría dentro del filo de los Artrópodos— pero por alguno debemos de comenzar. A grandes rasgos, por una parte, encontramos la rama de los Pancrustáceos, que engloba desde los primeros mandibulados marinos, los Oligostracos, pasando por el marisco que te comes durante las navidades, hasta los Insectos, los mandibulados más recientes. Que sí, que lo asumas ya, que te estás comiendo cucarachas marinas. Por otra parte, y como hermano de los Pancrustáceos, tenemos al linaje de los Miriápodos, unas criaturas en un principio marinas pero actualmente terrestres, llenitas de patas, donde se encuentran ciempiés y compañía, y a los que la gente suele tenerles mucho asquito, de forma totalmente injustificada. Así, a lo largo de este capítulo, visitaremos a los Oligostracos, y a los Miriápodos, el grupo hermano de los Pancrustáceos.

Como he comentado, parece que el grupo vivo más antiguo de Mandibulados es el de los Oligostracos. ¡Vaya nombre! Tal vez estarás pensando que ni por asomo lo has oído en la vida. Pero ¿y si te dijera que estos animales se incluían antiguamente dentro de un conocido grupo que seguro te suena muchísimo, como es el de los Crustáceos? Sí, por desgracia para ti, te han complicado la historia. Recientes estudios desarrollados en las dos últimas décadas han demostrado que este grupo de los Crustáceos realmente no es válido. Para que fuese válido —monofilético— este debería incluir a todos los descendientes de un mismo ancestro común. Y esto no se cumple en los Crustáceos, porque estábamos dejando a gente fuera de la familia. Agárrate fuerte: después de muchos estudios en detalle, se probó que el tatara, tatara, tatara —y así muchas veces—, tatarabuelo de los actuales cangrejos, gambas y camarones, era el mismo que el de los hexápodos, es decir, los insectos y sus parientes. ¡Qué sorpresa, qué giro argumental, vaya culebrón, eh!

Así que, al igual que pasó con los Beatles, el grupo de los Crustáceos se disolvió: ya no tenía sentido científico hablar de Crustáceos por un lado y de Hexápodos por otro. Así, nació el nuevo grupo de los Pancrustáceos, propuesto para englobar correctamente a todos estos animales emparentados. A raíz de este descubrimiento, y a escala más pequeña, las cosas tampoco cuadraban: también hubo que reordenar a los animales que tradicionalmente se incluían en los antiguos Crustáceos, para que cada oveja estuviera con su pareja, y se realizaron nuevas subdivisiones que explicaban mejor la evolución que habían sufrido estos animales y su clasificación. Una de ellas fue la de los Oligostracos.

Reconócelo. No te caían bien cuando leíste su nombre por primera vez, pero nada, no has podido deshacerte de ellos. Te he colado a los Oligostracos, pero ya verás que cuando les pongas cara, te van a parecer igual de sorprendentes que cualquiera de los otros grupos que hemos visitado antes. Porque,

¿y si te dijera, que aquí podemos encontrar bichos minúsculos con pinta de almeja, pero que tienen antenas y apéndices en forma de pata con las que pueden caminar? ¿Extrañas criaturas submarinas que se asemejan a mariquitas, y que son los Nosferatu del mar, atacando las branquias de los peces? ¿Seres que parecen salidos de una loca combinación entre un pincel para pintar y una gamba? Pues sí, esos son los bichos con los que nos vamos a ver ahora.

Los Oligostracos son animales acuáticos —y que por tanto respiran por branquias, como en el caso de los quelicerados marinos— que se dividen en cuatro grandes grupos: los Ostrácodos, los Branquiuros, los Mistacocáridos y los Pentastómidos. ¡No veas con los nombrecitos científicos! Sin embargo, todos ellos describen peculiaridades de los animales que nombran, y si los traducimos, comprenderemos mejor qué caracteriza a cada uno de ellos, cómo viven, y a qué se dedican. En primer lugar, la palabra *oligostraco* significa 'poca concha' en griego. Ya sabes que, para poner nombres científicos, se usa el latín o el griego como lenguas comunes para toda la comunidad científica, por razones históricas. Pero bueno, seguro que te sonará la palabra *oligoelemento*, que hace referencia a elementos esenciales para el organismo pero que se encuentran en muy baja concentración, o directamente *ostra*, que proviene, no directamente, pero sí de forma original, de la palabra *concha* en griego. Mira, tú hablando griego y no lo sabías. Así que todos los integrantes tienen en común un desarrollo no muy fuerte de su armadura medieval. Y una vez presentados, lo que tenemos que hacer es sumergirnos, nunca mejor dicho, en el mundo de cada uno de estos bichos.

Seguro que has tenido por delante centenares de veces a un montón de ostrácodos nadando o posados en la arena que está alrededor de ti cuando te vas a dar un chapuzón, bien en la playa, o bien en agua dulce, eso poco importa. Otra cosa es que no los hayas visto, claro. Pero raritos, de tener que buscarlos en un lugar remoto, pues no son. La palabra *ostrácodo* proviene del griego y viene a significar 'los que se parecen a conchas', pues hace referencia a la semejanza que tienen estas criaturas, al menos en un primer vistazo, a los moluscos bivalvos. Lo único que ocurre es que suelen ser muy pequeños, al punto de que algunos solo pueden ser observados al microscopio. Existen algunas excepciones, como el ostrácodo gigante *Gigantocypris*, de poco más de tres centímetros, pero por lo general, no suelen sobrepasar los dos milímetros, y eso ya podría considerarse grande. Pero si te enseñara una muestra normal, para verlos bien, habría que hacerlo bajo un microscopio o una lupa binocular, en el laboratorio. Y una vez allí, si no te dijera qué son, y te enseñase una muestra bajo la luz de este aparato, con las pintas que tienen, seguro que pensarías que se trata de individuos de alguna especie de almeja de tamaño diminuto, con una concha tan poco desarrollada que es translúcida, o tal vez crías de berberecho, chirla o algún animal similar, que luego crecerán hasta alcanzar el tamaño que normalmente vemos. Pero claro, si nos fijamos bien, observamos algo que ningún molusco tendría: apéndices articulados. Para que te hagas una idea, aunque muy burda, es como si a una gamba microscópica le pusiéramos una almeja vacía transparente como capa que le tapase hasta la cabeza, y solo quedando fuera apéndices como las antenas, los palpos mandibulares —una especie de patas manita para procesar el alimento y obtener información del entorno— y algunos otros que hacen la función de patas o aletas, según sea el caso. Eso sí, todos estos apéndices están llenos de setas —estructuras parecidas a pelos— que les dan el aspecto de filamentos plumosos. Al final de cuerpo de estos animales, se encuentra un par de apéndices a los que llamamos *furca*, con fines locomotores. Y si crees que por tener una concha-capa, estos bichos no tienen ojos, te equivocas: aunque escondidos, ahí que los tienen.

Internamente, estos animales han visto reducido su número de segmentos corporales a través de su evolución, así que si los diseccionásemos y le quitáramos esa cobertura de tipo concha, que cierran con un músculo aductor especial, no seríamos capaces de ver claramente cabeza, tórax y abdomen. Son bichillos muy raros, tan sorprendentes como para frotarse los ojos, como ves. Pero déjame decirte dos cosas. La primera es que la vida siempre nos guarda más sorpresas, pues posteriormente a la aparición de los Oligostracos, en la historia evolutiva de los Artrópodos estos raros disfraces de gamba-concha aparecerían de nuevo en otros linajes, como veremos en capítulos posteriores. Por otra parte, a pesar de su extraña apariencia —repito— no se debe creer que son criaturas complejas de encontrar, propias de lugares recónditos, porque en cuanto a diversidad y abundancia, son todo lo contrario a raros. Anteriormente, hemos tratado grupos con tan solo un centenar de especies descritas. Pero en este caso, no hay tres especies mal contadas, ni ahora, ni en el pasado. De hecho, por lo que parece, los ostrácodos gozaron de buenos tiempos pretéritos. Actualmente conocemos alrededor de 13 000 especies vivas, pero, se han descrito casi cinco veces más especies ya extintas. Este número es similar en magnitud a la cifra de vertebrados descrita hasta el momento, es decir, y por si no ha quedado claro ¡la cifra que suman todas las especies de reptiles, anfibios, peces, aves y mamíferos conocidos hasta el momento juntas! Debido a que hay tantas especies extintas, y que la morfología de estos animales está fuertemente asociada a las características de los cuerpos de agua que habitaron en el momento en que vivieron, son organismos muy importantes en paleontología para investigar los cambios que los hábitats acuáticos han sufrido en el pasado. Los Ostrácodos eran realmente diversos, pero ojo, aunque en menor medida, hoy día aún lo son.

¡Madre mía! 13 000 especies son muchas. Te da por pensar en qué echan el rato estas criaturitas. Pues con tantas especies,

132

Figura 4.1. Algunos de los artrópodos que se tratarán a lo largo de este capítulo. De izquierda a derecha: Branquiuros (*Argulus japonicus*, fotografía del U.S. Geological Survey) y Miriápodos Diplópodos y Quilópodos (*Pachyiulus flavipes* y *Scolopendra cingulata*, fotografías del autor).

podemos encontrar ostrácodos para cada ocasión, tanto en el mar como en el agua dulce. Incluso algunos son capaces de vivir en la franja litoral emergida, o ecosistemas húmedos terrestres, como los que se encuentran en esos micro mundos que existen entre las hojas de los musgos. Algunos son comensales de otros animales, otros incluso son parásitos. Sin embargo, de forma general, se puede decir que la mayoría de ellos forman parte del plancton, y se dedican a alimentarse de materia orgánica que se encuentra en suspensión en la columna de agua. Los ostrácodos planctónicos, además, hacen algo sorprendente. Tienen un súper poder que aún no habíamos visto en ninguno de los artrópodos visitados hasta el momento en este libro, y eso que a estas alturas hemos visto habilidades muy sorprendentes, entre ellas, volar miles de kilómetros a merced del viento con un hilillo de seda, como hacen las arañas, o tener el extremo del cuerpo modificado en forma de cola con aguijón venenoso para cazar presas, como en los escorpiones. En este caso, y tal vez, lo más sorprendente de los ostrácodos planctónicos, es que algunos son capaces de producir luz: son bioluminiscentes, hasta el punto de que estos son comúnmente apodados «luciérnagas marinas». Por el momento, se conocen alrededor de 300 especies que emiten luz, todas pertenecientes a una familia de ostrácodos llamada *Cypridinidae*. Y aunque esta característica no es exclusiva de los Ostrácodos —hay insectos luminiscentes, y medusas luminiscentes, entre otros ejemplos— pocos seres la exhiben en un espectáculo de la naturaleza de tal magnitud como el que despliegan estos pequeños «artrópodos almejosos». ¿Pero qué hacen exactamente para brillar de esa forma? Y lo más importante: ¿cómo lo hacen y para qué? Esto debe consumir mucha energía, pero esta nunca se gasta en balde.

En la naturaleza, diversos grupos animales poseen un tipo de compuestos, que siempre van en parejas, llamados luciferinas y luciferasas. Cada grupo animal tiene una luciferina y una luciferasa específica para sus integrantes. La luciferina y la luciferasa de un ostrácodo, por ejemplo, no es idéntica a la de una luciérnaga. Sin embargo, el mecanismo en todas ellas es el siguiente: la luciferasa es una enzima que provoca que la luciferina reaccione con el oxígeno, es decir, se produzca una oxidación, como esa que ocurre con los metales. Sin embargo, en este caso, cuando la reacción de oxidación ocurre, se libera luz. En el caso de los Ostrácodos, no son sus cuerpos los que brillan, como ocurre en otros animales. Estos expulsan al medio un batido de luciferina, luciferasa y moco, que, mezclados en el agua de mar, producen un espectáculo de luces submarinas de primera. La bioluminiscencia en los ostrácodos tiene dos funciones principales conocidas. La primera de ellas es actuar como mecanismo de defensa para ahuyentar a los depredadores, en plan: «Toma luz, mira qué chungo soy». Este uso de la bioluminiscencia se da en especies que habitan desde la superficie del mar hasta aquellas que son propias de grandes profundidades, hasta los 4000 metros, desde las aguas polares hasta las tropicales.

La segunda función, que solo se da en unas cuantas especies de ostrácodos bioluminiscentes que habitan únicamente en el mar Caribe, consiste en usar esta luz para ejecutar un maravilloso pero complejo cortejo nupcial. Concretamente, son los machos los que llevan a cabo. Este espectáculo ocurre cada noche en los arrecifes de coral y fondos marinos caribeños, después de la puesta de sol —o de la luna, lo que ocurra más tarde— justo a partir del momento en el que se traspasa la barrera de lo que podemos considerar «oscuridad». Entonces, los mensajes de amor, en forma de pulsos de haces de luz azulados que expulsan los machos, tiñen el mar como si de una constelación se tratase. ¡Oh, qué bonito, qué cuqui, qué precioso! Ñoñerías aparte, lo más curioso es que se hipotetiza que este uso de la bioluminiscencia es derivado del primero, el «anti-depredadores», un uso más primitivo, que, en algunas especies, se convirtió de forma secundaria en una herramienta para pelar la pava en idioma ostrácodo caribeño.

Hablando de cosas primitivas, creo que es hora de pasar a nuestro siguiente grupo de Oligostracos, constituido por unos misteriosos animales que conservan rasgos ancestrales de los crustáceos más primigenios que existieron en los orígenes de este grupo. ¡Tan misteriosos, que solamente se conocen trece especies en todo el mundo, que pertenecen únicamente a dos géneros, *Derocheilocaris* y *Ctenocheilocaris*! No podría tratarse de otros seres que de los Mistacocáridos, los cuales tienen pinta de gambita pero que, con tanto pelillo en la primera mitad del cuerpo, parecen más bien gambas-brocha. Que yo sepa, no pintan cuadros, pero sí que las llaman gambas pincel por este motivo. De hecho, su nombre en griego podría significar algo así como 'gambas con bigotes'. Y si los Ostrácodos te parecieron diminutos, estos animales te van a parecer atómicos. A ver, no tanto, pero pequeños, pequeñísimos, son. De entre medio milímetro y un milímetro, concretamente. Son tan pequeños, que viven en el agua que queda entre los granos de arena de las playas, comiendo la capa de materia orgánica que se deposita en estos. Ojo, estos animales viven también cubiertos de agua, pues recordemos que no solo es arena de playa esa que pisamos en la orilla. Para que te hagas una idea más precisa, las gambas pincel serían como esos bichos marinos que se alimentan de la materia en descomposición que se va hundiendo hasta depositarse en el fondo del océano ¡pero a nivel de grano de arena! Estos limpian a nivel de píxel, vaya. Son alargados, no tienen ojos, y todos los apéndices cerca de su cabeza tienen «pelos» por todos lados, de ahí su mote. Estos pelillos o sedas tienen funciones sensoriales, e informan al animal de lo que se cuece en su entorno. Al final de su cuerpo, encontramos una *furca* muy desarrollada y ancha, tanto que su abdomen parece acabar como el de un insecto tijereta, con una pinza. Vaya bichos más extraños, ¿verdad? Pues a pesar de su halo de misticismo, y las pocas especies que se han descrito, podemos encontrarlos en América, tanto del norte, en Estados Unidos —primer país en que se descubrió la existencia de estos animales en los años cuarenta— como del sur, en Chile, así como en África o Europa, tanto en la zona atlántica como en la zona mediterránea, y no precisamente escondidos. Tal y como lo lees. En las turísticas playas mediterráneas de El Saler (Valencia), Sitges (Cataluña) o El Dolç (Islas Baleares) se encuentra citada la especie *Derocheilocaris remanei.*

Sí, sí, mucha playa, mucha alegría, pero ahora llega el turno de cambiar de tercio. Hablemos de animales cuya función es también indispensable en los ecosistemas, pero que a nosotros… pues nos da repelús. Los próximos dos grupos de oligostracos, que veremos juntos —pues tienen un número muy reducido de especies conocidas y se dedican a lo mismo, el parasitismo— pueden considerarse los Nosferatu de entre los Oligostracos, pues se dedican exclusivamente a succionar fluidos de sus huéspedes. Se trata de los Branquiuros, con poco más de 200 especies conocidas, y de los Pentastómidos, con poco más del centenar. Comencemos por los primeros.

Los Branquiuros se llaman así, debido a que el creador del término en 1864, el aracnólogo sueco al que también le gustaban los artrópodos marinos, Tord Tamerlan Teodor Tho-rell —el nombre casi necesita comas entre medio para no as-fixiarse uno al leerlo— entendió mal la anatomía de estos animales. Creía que el abdomen de estos animales era una cola con funciones respiratorias —branquias—. Ya que el nombre está basado en un error, usémoslo al menos para crear un truco nemotécnico. La palabra *branquiuro* recuerda a branquia, un órgano típico de animales acuáticos como los peces. Si, además, te estoy diciendo que son unos Nosferatu, ya te imaginas cómo se ganan la vida: aferrándose a los peces en lugares de su cuerpo en los que existen pocas turbulencias, como en el opérculo branquial o tras las aletas, para succionar su sangre. Aunque puedes encontrar a algunos de estos animales de aspecto redondeado como el de una mariquita en aguas marinas o salobres, la mayoría habita principalmente en ecosistemas dulceacuícolas. Aunque usualmente sus huéspedes son peces, también se han encontrado branquiuros enganchados a anfibios e incluso a animales no vertebrados. Y digo que se parecen a mariquitas porque estos animales usualmente milimétricos —aunque hay alguno que llega a los tres centímetros de longitud— poseen un caparazón ovalado que cubre todo su cuerpo, el cual es segmentado y con varios pares de apéndices preparados para nadar cuando no están enganchados. Por supuesto, están provistos de ojos.

Los Pentastómidos, por su parte, en su forma adulta, son unos seres paliduchos con una esclerotización del exoesqueleto tremendamente baja, al punto de que su cuerpo no es quitinoso, es muy poroso, y está lleno de secciones transversales. Así, parecen tener un aspecto de sanguijuela-lombriz gordita y aplastada bastante particular. De hecho, uno de los nombres que a veces se les da a estos seres es el de «gusanos lengua», y la verdad, les va bastante al pelo. A pesar del bajo número de especies, en cuanto a tamaño, hay gusanos lengua para todos los gustos, pues pueden variar de entre dos a trece centímetros.

Estos no son ni de agua dulce ni de agua salada. Sus cuerpos jamás pretenden tocar otro entorno que no sea el interior de un animal, en ninguna de las fases de su ciclo vital, pues habitan dentro de las vías respiratorias, incluso los pulmones, de diversos animales vertebrados tetrápodos —vertebrados de cuatro patas— como, por ejemplo, mamíferos o reptiles. Su anatomía es una total declaración de intenciones. A través de su proceso evolutivo han sido optimizados para gastar lo mínimo posible en otra cosa que no sea parasitar. No tienen ojos, ni órganos circulatorios, ni excretores, ni tampoco un sistema de intercambio de gases. Eso sí, poseen dos pares apéndices retráctiles de tipo garfio cerca de la boca, la cual presenta una faringe que funciona a modo de chupona para succionar la sangre. Tan increíble es la vista de la zona bucal de estos animales, con todas sus pinzas-pincho, y su chupona, que cuando los describieron, dijeron, ¡madre del amor hermoso, pero si este animal parece tener, no una, sino cinco bocas! —de ahí el nombre *pentastómido*, que proviene del griego—. Vaya, parece que hemos viajado a una película de terror. Pero te digo yo que esto no es ficción, sino que es totalmente real. A estos animales les ha ido bien perpetuando este estilo de vida desde hace millones de años, y así lo seguirán haciendo mientras la evolución no vaya por otro camino diferente. Fíjate si llevan haciendo tanto tiempo este trabajo, que en un principio ni siquiera existían vertebrados. Se cree que originalmente parasitaban a unos parientes marinos suyos, que eran cordados —tenían cuerda dorsal— pero sin vértebras aún, allá por el Cámbrico.

Vaya con los Branquiuros y los Pentastómidos, ¡cómo se las gastan! A pesar del parecido estilo de vida que llevan, y su estrecho parentesco, podemos ver, sin embargo, que su «política de empresa» es totalmente diferente. Y para ilustrarlo, compararemos sus ciclos vitales, o al menos, lo que sabemos por el momento sobre ellos, pues son seres tan extraños que no existe precisamente muchísima información al respecto.

En el caso de los Branquiuros, donde usaremos como ejemplo al género *Argulus*, tal vez, el mejor conocido, todo comienza con una madre con huevos agarrada a la branquia de su pez huésped, al que está chupando como si de un envase de zumo se tratase, para sacar su rica sangre. El pez ha sido bien usado, pues previamente hasta ha servido de soporte para que macho y hembra llevaran a cabo sus *affaires* amorosos. Llegado el momento de expulsar su multitudinaria puesta de huevos, esta se suelta del huésped y se dedica a hacer la puesta. Como la hembra lleva el esperma dentro desde el momento en que se apareó con el macho, esta fertiliza los huevos con el mismo conforme van saliendo de ella. Los pega al sustrato, en varias ristras, con una sustancia que actúa como cemento, y se pira. En algunas especies, la madre muere tras dejar a la puesta, y en otras, aguanta algún tiempo más sin huésped. Como cualquier otro artrópodo, la cría de *Argulus*, una vez nacida, realiza sucesivas mudas hasta alcanzar el estado adulto, pero es a partir de la segunda etapa cuando inicia un estilo de vida parásito. Sin embargo, no desarrolla las típicas ventosas chupadoras de sangre que exhibe en su forma adulta hasta aproximadamente la segunda mitad de su ciclo vital. Con estas potentes máquinas de bombeo, succiona la sangre de sus huéspedes. Por si fuera poco, en algunos integrantes del grupo, se conoce la existencia de enzimas que actúan como agentes tóxicos que atacan la piel del huésped. De esta forma, el trabajo mecánico de rajar al huésped con los apéndices se ve facilitado químicamente.

Bueno, si solo fueran esas sus herramientas de trabajo, pues los Branquiuros sería unos bichos «chupasangre» al uso. Muchos otros disponen de cosas parecidas. Pero es que la cosa no acaba aquí. En estado adulto, los Branquiuros son auténticas máquinas de parasitar: sus antenas tienen forma de espinas para agarrarse, y sus mandíbulas, cuyos bordes son cortantes, están reducidas a la mínima expresión, y se hallan escondidas dentro de una especie de trompa. Sus diversos apéndices bucales, según el género, pueden tener forma de poderosos aparatos de succión como en el caso del *Argulus*, pero también pueden tener forma de garfios puntiagudos y afilados. ¡Así chupar sangre da gusto! Bueno, si en el proceso de rajar al bicho huésped cae algún cachito de tejido, tampoco le hacen ascos. Vamos, que aprovechan bien, pero que muy bien al pez que trincan. De hecho, se dan casos en los que muchos branquiuros coinciden en el mismo, el cual puede acabar fiambre como esté muy débil.

Por otra parte, los Pentastómidos también son top en lo suyo. Como ya has visto, a ellos no les va eso de ser parásitos externos como a los Branquiuros, sino internos a más no poder. Yo creo que, si soñaran en plan humano, su única preocupación sería elegir qué huésped les gustaría asaltar más: si un anfibio, o un ave, o un reptil, grupo al que suelen parasitar la mayoría de las veces. Su ciclo vital es relativamente fácil, pero curioso a más no poder. En función de la especie, presentan un ciclo sencillo o más complejo. En el caso sencillo, el pentastómido cierra su ciclo en el mismo animal al que infectó la primera vez. En la mayoría de los casos, necesita dos huéspedes a los que parasitar, y ocurre de la siguiente forma.

Mamá pentastómido pone una ingente cantidad de huevos dentro de su huésped, concretamente en el pulmón o en la parte superior de la garganta por detrás de la nariz —nasofaringe—. Los huevos viajan a través del cuerpo del animal hospedador hasta llegar al esófago, y tras pasar por el tracto digestivo, finalmente acaban en sus cacas. También se puede dar el caso de que sean expulsados mediante toses o estornudos. Estos huevos ya tienen capacidad de infectar a un organismo que entre en contacto con ellos. Imaginemos que un pequeño conejo entra en contacto con un huevo al consumir hierba manchada de heces contaminadas, o una cucaracha especializada en comer heces directamente se tira de cabeza en una montaña de caca contaminada —no pongas cara de asco, alguien debe reciclar esta caca, ¿no?—. Gracias a ello, los huevos entran dentro del organismo de estos animales, y con el paso de los días, eclosionan y se desarrollan dentro de ellos. Conejo y cucaracha estarían actuando como el primer hospedador u hospedador intermediario, el cual solo sirve, efectivamente, de mero intermediario. Este puede ser un tetrápodo como en el caso de los adultos, pero también un pez e incluso, como hemos visto, un insecto, como la cucaracha. El huésped intermediario simplemente va a servirle de alimento y de lugar de crecimiento a la larva, pues el joven pentastómido recién nacido no cerrará su ciclo en él. Deberá pasar a un segundo huésped para terminarlo. No me digas que un pentastómido no es lo más parecido a un xenomorfo de la saga *Alien*, una especie extraterrestre cuyas habilidades sin embargo se quedan cortas ante esta criatura del mundo real.

La larva de pentastómido es más semejante a una cría de gamba que a un gusano aplastado extraño, como su madre o su padre, pero también es parásita. Está toda llena de espinas con las que se abre paso por los tejidos de su anfitrión intermediario. Se alimenta de este viajando libremente por dentro de su cuerpo a través de sus estructuras, o también puede hacerlo alojada en algún lugar específico de este. En cualquier caso, tiene la capacidad de meterse prácticamente donde le venga en gana. Mientras va haciéndose mayor, se acerca el momento de cambiar de huésped. Una vez aquí, el pentastómido no ha de hacer nada. Tan solo debe esperar a que hagan el trabajo por él: pongamos que un animal más grande, como por ejemplo un perro, o un zorro, se come al conejo del ejemplo, o que un reptil de tipo geco hace lo propio con la cucaracha infectada. Ahora, el pentastómido ha llegado a su huésped final. Sale del tracto digestivo de este a la altura del intestino cuando está digiriendo a su presa, y sin saberlo, el depredador también se convierte en una. La larva comienza a viajar libre de nuevo por el cuerpo del huésped final, y llega al tracto respiratorio de este. Una vez maduros, allí un macho y un hembra se conocen y «surge el amor». Un amor de tipo reproducción sexual con fecundación interna, que desemboca en una nueva generación de miles de huevos listos para salir en masa por «Paqueterías Caca Express». ¡Qué maravilla!

Tanto los branquiuros como los pentastómidos están distribuidos por todo el mundo, aunque en el caso de los primeros, existen regiones especialmente ricas en especies, como son las zonas neotropical y afrotropical. Por otra parte, los pentastómidos pueden estar en cualquier lugar, incluso se han reportado en las zonas polares del hemisferio norte. Aunque parasitan reptiles en la mayor parte de los casos, también existen especies que usualmente infectan perros, zorros o gatos, como *Linguatula serrata*, la cual puede llegar a parasitar incluso humanos. Esto suele ocurrir en lugares económicamente deprimidos o en los que se suelen comer animales crudos o poco cocinados y sin control veterinario —especialmente reptiles, claro—. Al parecer, nuestra especie no lleva excesivamente mal eso de ser infectada por pentastómidos. Eso sí, si la infestación es masiva en un animal, le puede acarrear serios problemas que incluso llegan a desembocar en la muerte en los casos más graves.

Llegados a este punto, podrías pensar que los Pentastómidos, o nuestros amigos los Branquiuros son, en definitiva, un tremendo asco: chupan sangre, se clavan con pinchos en los tejidos, y cosas todavía más tremendas. Sin embargo, son esenciales en la regulación poblacional de las especies a las que parasitan. Es decir, estos artrópodos de divertidos hábitos, junto a muchos otros grupos de animales depredadores o también parásitos, contribuyen a mantener el equilibrio de los ecosistemas de todo el mundo al alimentarse de otros animales. Las poblaciones de cualquier especie han de tener una regulación y no crecer sin control o límite alguno, pues de esta forma los sistemas colapsarían por falta de recursos. Al igual que los leones, las águilas o las arañas, parásitos como los

Pentastómidos o los Branquiuros están realizando el mismo trabajo, pero de otra manera. En vez de depredar directamente a un animal, le consumen un poquito, y luego a otro, otro poquito, de forma que los más débiles finalmente acaban sucumbiendo. Esta tarea es esencial, pero es poco reconocida: se trata de un trabajo sucio, de esos que nadie querría hacer, pero del que todos y todas nos beneficiamos al tener unos ecosistemas más sanos.

¡Vaya! Sin darnos cuenta, hemos realizado una visita a todos y cada uno de los integrantes que conforman a los Oligostracos. Ahora que hemos terminado, y los conocemos mejor, se les va a echar de menos, con todas esas formas y modos de vida raros, ¿verdad? Bueno, siempre podrías volver a leerte este capítulo desde el principio. Pero, claro, eso te impediría terminarlo. Porque la fiesta aún no ha terminado. Tras la aparición de los Mandibulados, se abría un mundo nuevo de posibilidades, pues ahora, sus configuraciones corporales permitían hacer cosas muchas que antes no se podían hacer. Dicho de otra forma, estos animales radiaron, y se diversificaron para ocupar nuevos nichos, como hicieran los primeros artrópodos millones de años atrás. Así diversos linajes fueron trazando su camino, de los cuales conocemos algunos, y seguramente otros han sido borrados por el paso del tiempo. Lo que sí conocemos es que, de ese punto de partida que es el nodo basal de los mandibulados, surgieron al menos dos linajes diferentes. Uno de ellos es del que provienen los Oligostracos, y del que también, en última instancia, derivarían los Insectos, los mandibulados más recientes. Pero, por otro lado, casi al mismo tiempo que este linaje, allá por los albores del mundo, también surgirían unos seres que eran la antítesis total de los Oligostracos, tanto que acabarían conquistando el medio terrestre y serían los primeros en hacerlo. Como ya vimos en el capítulo anterior, los primeros artrópodos que vivieron en tierra firme no fueron insectos, ni arañas, ni escorpiones, sino los increíbles Miriápodos, cuyas formas más primitivas

143

eran muy parecidas a las actuales, pero con la diferencia de que habitaban en el océano. Hoy día, encontramos entre los miriápodos diversas celebridades «bichiles» como los milpiés o las escolopendras. El nombre *miriápodos* —castellanización de la palabra de origen griego *myriapoda*— significa, sin rodeo alguno, 'mil patas', y hace alusión a la gran cantidad de apéndices marchadores que estos animales tienen en su cuerpo. Y es que su plan corporal es sencillo: solo hay dos regiones, la cabeza, con sus antenas y sus estructuras bucales, y el cuerpo, con montones de segmentos prácticamente idénticos, cada uno con sus patas correspondientes. Estos animales además tienen una particularidad: son Mandibulados que no disponen de ojos compuestos, sino conjuntos de ocelos agrupados a modo de estos. Curioso, ¿verdad?

¿Y por qué digo que estos animales son unas celebridades entre los bichos? Porque son, sin duda, uno de los animales considerados más bichos de todos. Muy frecuentemente se les usa como ejemplo de seres venenosos que pueden picarte, que son repugnantes, espeluznantes, oscuros y asquerosos, que salen de sitios abyectos —como por ejemplo del interior de los cadáveres— o que viven arrastrándose entre las lápidas de sórdidos cementerios abandonados. Su fama legendaria los ha convertido en una de las estrellas indiscutibles de las decoraciones y artículos de Halloween, junto a los murciélagos, las cucarachas, los escorpiones, y por supuesto, las arañas y sus telas. ¿Quién no se ha comido una gominola con forma de ciempiés? ¿Qué aficionado al cine de terror no ha visto el alargado y serpenteante cuerpo de una escolopendra saliendo del ojo de un cráneo humano durante el transcurso de alguna película de miedo? ¿Qué persona no ha oído alguna vez ese efecto de sonido, de tipo «tacatacatacataca» con cierto eco viscoso, que añaden en las pelis cuando uno de estos animales entra en escena, caminando veloz y moviendo esa ingente cantidad de patas de las que disponen?

Justo por esta fuerte presencia en la cultura popular y en los medios, la gente cree conocerlos. Derivado de una información sensacionalista y muy alejada de la realidad, imaginan sus terribles y repugnantes hábitos, a saber, meterse dentro de las botas de la gente para picarte al día siguiente o salir de noche de estas para meterse por tu oreja o tu boca ─como si no tuvieran otra cosa mejor que hacer─, comer carne podrida y habitar cuerpos humanos en descomposición, o peor aún, trepar por tu piernas en hordas para cubrirte hasta la cabeza, mientras sientes miles de sus afiladas patas enganchándose sobre tu piel, una y otra vez, cada vez más, y más cerca de tu cara, todo ello fundamentado en esos casos en los que algún pobre ciempiés que huye despavorido al ver una persona, y en que su intento desesperado por escapar, acaba finalmente subiéndose por error en un zapato o pantalón, bien por dentro o bien por fuera. Cosa, que como todos sabemos, nos pasa a todos y todas tan frecuentemente que nos ocurre cada semana de nuestra vida ─nótese la ironía─. La mayor parte de las veces, las personas les prestan tan poca atención a estos seres que ni siquiera saben que una escolopendra y un ciempiés son el mismo animal. Bueno, más bien, la escolopendra es un género de ciempiés.

Claro, para seguir manteniendo esa atmósfera tétrica en las pelis, no interesa decir cosas positivas sobre ellos, como que muchas de sus especies son imprescindibles para reciclar y fertilizar los suelos de todo el mundo ─excepto los de la Antártida, donde no habitan estos animales─ o que otras son depredadores imprescindibles en los ecosistemas, y que específicamente regulan la ingente cantidad de artrópodos especializados en vivir bajo las rocas. Su existencia impide que otras criaturas proliferen a lo loco y sin freno, que se descontrolen sus poblaciones, y que, por efecto dominó, también lo haga todo cuanto te rodea. Y por supuesto, para qué hablar de las increíbles proezas que llevan a cabo, y mostrarlos como animales interesantes y no como monstruos. ¿O acaso sabías que hay milpiés que respiran aire de la atmósfera como tú y yo, pero que se podrían considerar subacuáticos pues son capaces de resistir «aguantando la respiración» bajo el agua durante larguísimos periodos de tiempo? ¿Por qué nadie habla de los ciempiés playeros, los cuales están tan adaptados a vivir en la costa, que únicamente les falta estar ataviados con una sombrilla y una toalla para confundirse con el resto de los turistas? Y lo más importante, ¿si los ciempiés usaran bañador, hasta qué altura se lo pondrían? Bueno, vale, esta último no, pero el resto sí que son preguntas que merece la pena contestar. Y para ello, hemos de saber más sobre la verdadera historia natural de los milpiés y su ecología. Así que comencemos sin más dilación la segunda parte de este capítulo acerca de los descendientes vivos de los primeros linajes mandibulados. Sus ancestros fueron bichos marinos de poca concha —Oligostracos—, y ahora, los descendientes son bichos terrestres de muchas patas, aunque algún ciempiés —género *Hydroschendyla*— como adelanté, puede quedarse sumergido frecuentemente por la marea, pues realiza su ciclo biológico en la zona intermareal.

El subfilo *Myriapoda* contiene actualmente más de 16 000 especies descritas. Lo primero que debes saber sobre ellos es que, desafortunadamente, la palabra de origen griego que da nombre a este grupo es una exageración que tan solo quiere hacer referencia a la innumerable cantidad de pies que estos animales presentan. Lo mismo ocurre con la palabra «milpiés», un grupo dentro de los Miriápodos, pues ninguno tiene mil pies realmente, ni se acerca… Bueno, eso se creía hasta el año 2020, cuando en Australia, a sesenta metros bajo el suelo en una excavación, se descubrió una diminuta especie que no solo alcanzaba esta loca cifra de extremidades locomotoras, sino que incluso la traspasaba. Así, el récord de patas no solo para un milpiés, sino para todos los miriápodos conocidos lo ostenta *Eumillipes persephone*, con nada más y nada menos que 653 pares de patas. Así, se convierte en el único milpiés que literalmente es un milpiés ¡Qué locura! ¡1 306 pies por bicho!

Pero, récords y curiosidades aparte, lo importante que hay que saber sobre estos animales es que hay cuatro grandes grupos de miriápodos, que, a pesar de ser parecidos, no deben confundirse entre ellos. Por un lado, tenemos a los Diplópodos o milpiés. Como indica su nombre, no les da el sueldo para calcetines. Suelen comer materia orgánica en descomposición, como, por ejemplo, la de hojas muertas, y tener un cuerpo cilíndrico, protegido por un exoesqueleto de piezas redondeadas que los blindan de una forma muy efectiva, pues solo queda sin cubrir la parte ventral. En cierta manera, recuerda al exoesqueleto de las cochinillas de la humedad, solo que, claro, en estos animales, por lo general, el cuerpo es mucho más largo. Por otra parte, tenemos a los famosos Quilópodos o ciempiés, que poseen aparatos inoculadores de veneno, que parecen colmillos… ¡pero realmente son patas con garfios! Tienen menos patas que los milpiés, un cuerpo aplastado dorsoventralmente y un exoesqueleto no tan desarrollado como los milpiés. Los ciempiés son los miriápodos por antonomasia, y uno de los más famosos bichos, con su máximo exponente como ejemplo: la escolopendra, un depredador nocturno que vive bajo las piedras y que se alimenta de invertebrados de todo tipo. Los miriápodos que más frecuentemente ves son de estos dos grupos, que suelen ser de tamaño grandote, y muy numerosos en campos y bosques, pero también en zonas verdes de las ciudades. Además, son los más diversos, y acumulan la mayor parte de las especies conocidas de miriápodos —más de 12 000 para los milpiés y más de 3 000 para los ciempiés—. Suelen ser confundidos con frecuencia por el público no experto, pero hay un par de sencillas reglas para no identificarlos incorrectamente cuando estemos haciendo nuestros quehaceres de decoración de exteriores, moviendo macetas de acá para allá y poniendo algún que otro gnomo de jardín. Imaginemos que estamos limpiando el jardín de la entrada de casa y comenzamos a mover piedras decorativas. Bajo esas estructuras, muchos animales encuentran cobijo, por lo que no será raro encontrarnos algún miriápodo. Aquí va el primer truco. Si, tras la perturbación, bajo la piedra que movimos, vemos a un animal que adoptó una postura defensiva en forma de rosquilla, se trata sin duda un milpiés. Si sale corriendo despavorido, o intenta hundirse nervioso en la tierra, muy probablemente sea un ciempiés, así que, si es grande, es mejor alejarse, darle espacio al animal y que se vaya él solo, sin azuzarle, pues si es molestado, puede defenderse con su «mordedura» tóxica: no es cuestión de miedo, es simplemente un protocolo de respeto y precaución. Por si te lo preguntas, entrecomillo la palabra *mordedura* porque realmente eso que usan para cazar a las presas no son colmillos, sino patas. Sí, patas, que a lo largo de la historia evolutiva de estos animales se han modificado para acabar actuando como aparatos inoculadores de veneno. Así que, bueno, las escolopendras no muerden, más bien abrazan con sus bracitos garfios-colmillo.

Por otra parte, aquí viene el segundo truco para diferenciar a estos animales y que no falla nunca. Resulta que los milpiés tienen en cada segmento de su cuerpo dos pares de patas y por el contrario, los ciempiés, como las Escolopendras o los Litobiomorfos, tiene un solo par de patas por segmento. Por tanto, si ves a un animal con muchos pies, todos muy pegados, casi como si aquello fuera un cepillo de patas, estás viendo a un milpiés. Si, por el contrario, el animal tiene muchas patas, sí, pero algo más espaciadas entre sí, pues solo tienen un par por segmento, eso es un ciempiés.

Por cierto, antes de continuar, creo que este es el momento perfecto para aclarar una cosa. Como habrás visto, hemos dicho «escolopendras» y no «escalopendras», con «a», un error tremendamente frecuente y extendido en el español hablado. Las escolopendras no tienen nada que ver con los escalopes de

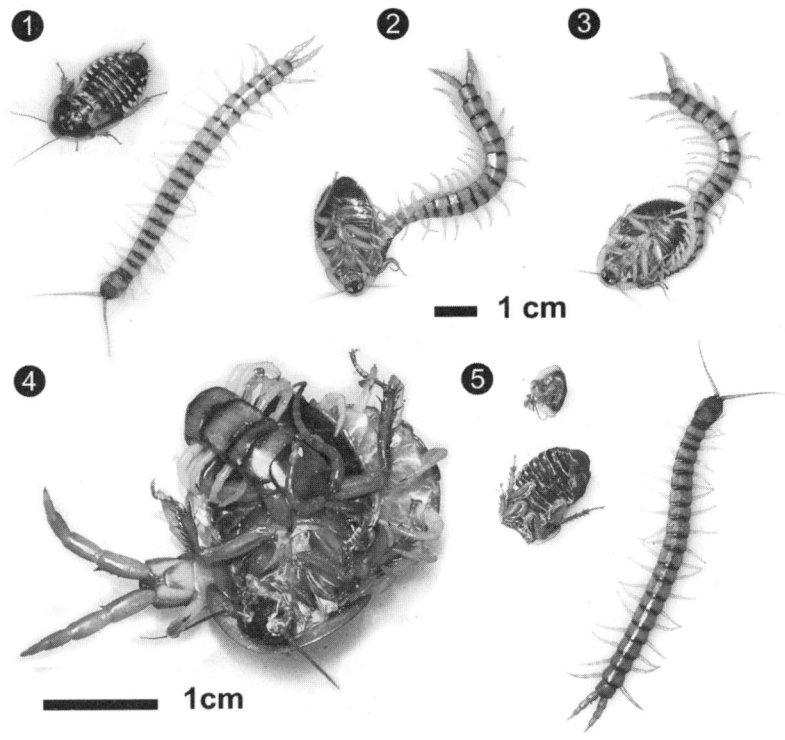

Figura 4.2. Secuencia de caza de una escolopendra (*Scolopendra cingulata*) subyugando sin esfuerzo a una cucaracha de gran tamaño (*Blaptica dubia*) gracias a la fuerza de sus múltiples pares de patas y sus toxinas.

pollo o de ternera, sino que el nombre, de origen griego, probablemente esté relacionado con la «mordedura», o más bien el «abracito» de estos animales. ¿Recuerdas las patas colmillo con las que inoculan veneno a sus presas? Bien, pues, aunque no se tiene claro cuál es la etimología real de la palabra, los expertos han hipotetizado que «escolopendra» puede significar 'lombriz que muerde' debido, por un lado, al parecido de su cuerpo con el de las larguiruchas lombrices de tierra, y por otro, a las habilidades inoculadoras de toxinas de estos bichos.

Además de los milpiés y ciempiés, dentro de los miriápodos tenemos a otros dos pequeños grupos, nada conocidos por el público general, y no lo suficiente por los especialistas: los diminutos Paurópodos y Sínfilos, que suelen habitar suelos húmedos en los que principalmente comen materia orgánica en descomposición. Mientras que los Sínfilos parecen ciempiés en miniatura, pero sin aparatos inoculadores de veneno, los Paurópodos parecen milpiés mini, aunque, como indica su nombre —del latín 'pobres en pies'— no tienen tantas patas como sus parientes.

Cabe recordar que los Miriápodos son uno de los grupos de mandibulados más antiguos, que surgieron en el mar, pero que posteriormente se adaptaron a vivir en tierra firme. Recordemos, una vez más, el increíble dato de que fueron, probablemente, no solo los primeros mandibulados o artrópodos en vivir en tierra firme, sino los primeros de entre todos los animales en hacerlo. Como ya sabes, mediante un sistema de tubos llamados tráqueas, que atraviesan su cuerpo por completo, aprovechan, como nosotros, el oxígeno del aire atmosférico, que entra en sus cuerpos a través del extremo inicialde estas tráqueas, unas aperturas llamadas espiráculos.

Por lo general, encontrarás miriápodos en zonas húmedas y carentes de luz directa en el suelo de los bosques, selvas y prados o en cuevas, aunque algunas especies están adaptadas a habitar ecosistemas áridos, como ciertas escolopendras. Especialmente, los pequeños Paurópodos y los Sínfilos que están estrechamente emparentados entre sí, los milpiés son buenos amigos de los suelos húmedos. Entre la tierra, se alimentan de materia orgánica de origen vegetal o fúngico. ¿Y qué podemos contar de ellos? ¡Comencemos con los menos conocidos!

Los Paurópodos son unas criaturas tan diminutas que se mueven dentro del suelo a través de los huecos que quedan entre los trozos de tierra, ni siquiera les hace falta removerla como hacen otros miriápodos más grandes. Son bichos reducidos a la mínima expresión: son de color paliducho, no tienen ojos

—se valen del tacto de sus preciadas antenas— y poseen por lo general una boca poco desarrollada y debilucha, con la que se alimentan de líquido de las hifas de los hongos y las vellosidades que tienen las raíces de las plantas. Aun así, esta generalización está más bien basada en hipótesis. Sabemos sobre su anatomía, externa e interna, y sobre otras muchas cosas, pero no conocemos adecuadamente los hábitos alimenticios de estos animales tan complejos de estudiar. Conocemos que hay especies capaces de resistir las temperaturas terroríficamente bajas de la tundra siberiana, que son fotófobos, es decir, huyen de la luz, y que, como otros animales del suelo, realizan migraciones en función de las condiciones del ambiente. No migran como las ballenas o los delfines, sino que lo hacen a través de la profundidad del suelo, a veces más cerca de la superficie, a veces a profundidades de más de tres metros. Piénsalo: si eres tan pequeño que el suelo donde vives es tan grande como un país para ti, en función de lo que necesites, puedes viajar a lo largo del año a través de los diferentes microclimas que se dan en diferentes lugares del suelo. Estaciones, época de reproducción y otros asuntos son los que hacen que estos animalillos se vayan de una profundidad a otra. Si el suelo está muy húmedo hasta su superficie, pues cerca de ella no se está mal. Si conforme aprietan las condiciones, llega una época donde para estar húmedo y refugiado de la luz, hay que irse más hondo en la tierra, pues maleta y nos vamos.

Los Sínfilos son algo más grandes que los Paurópodos, pero tampoco nos pasemos. Los más grandes miden menos de diez milímetros de largo. Aunque parecen escolopendras en miniatura, están más emparentados con los Paurópodos. Tampoco tienen ojos, pero al menos tienen una boca decente, a diferencia de los Paurópodos, con la que comen raíces, hifas de hongos, pero cuidado, también pequeños bichillos del suelo, como los prolíficos ácaros. Hemos de pensar que habitan en lugares en la que los ojos de poco sirven, con lo cual, estamos en lo mismo de siempre: a través de la evolución se pierden órganos que van a producir más gasto enérgico que beneficio al mantenerlos, por ello que la selección beneficia a aquellos individuos que están más optimizados. Y aquí los ojos, pues de poco valen. Estos miriápodos, que suelen presentar tonalidades pálidas, son tremendamente bonitos, pero también muy desconocidos en cuanto a su biología y ecología. Queda mucho, mucho por conocer sobre ellos. Lo poco que se sabe en grupos de este tipo siempre suele estar relacionado con temas que afectan directa y negativamente al ser humano, como si mayoritariamente no hicieran «chorrocientas» cosas que nos afectan positivamente, aunque no nos enteremos. Se conoce que algunas especies de milpiés, paurópodos y sínfilos dañan cultivos. ¿Pero qué hay de lo relacionado con su desempeño en los ecosistemas? Pues todavía no lo sabemos…

Los milpiés, miriápodos bien conocidos por el público general, tiene un cuerpo cilíndrico y alargado inconfundible. Suelen alimentarse de raíces podridas, hojas o madera en degradación, que encuentran al cavar bajo en suelo o al vivir directamente sobre la capa más basal de este, en función de la especie. Así, son imprescindibles en la generación de humus. Te parecerá sorprendente pero este trabajo que realizan llega hasta tal punto que en lugares tropicales donde en el suelo son más abundantes los milpiés que las lombrices—los animales número uno en contribuir a la producción y fertilización de los suelos—son estos miriápodos los que casi en solitario se encargan de generar todo el suelo que hay en esos lugares.

Muy cercanos en parentesco a los milpiés, encontramos a los increíbles pero temidos, a los sorprendentes, pero injustamente odiados ciempiés, los más célebres de entre los de su estirpe. En contraste al resto de parientes, los ciempiés son animales de acción, y se dedican a cazar artrópodos, y en ciertas ocasiones, pequeños vertebrados como lagartijas jovencitas. Tienen patas robustas, acabadas en afiladas garras. Como ya adelanté, poseen unas estructuras llamadas forcípulas, que parecen colmillos de Drácula, pero que, sin embargo, en términos evolutivos, provienen de un par de patas modificadas para inyectar toxinas en sus presas o en aquellos depredadores que se los quieran comer. Suelen habitar en madrigueras cavadas en la tierra bajo las rocas, desde donde salen a cazar. Por lo general, y aunque no lo creas, las toxinas que poseen estos animales no son consideradas peligrosas para las personas, y se estima que tan solo el 0,43 % de las especies son, potencialmente, de importancia médica para los humanos. Muy poco, poquísimo: al fin y al cabo, los ciempiés han evolucionado para cazar insectos y otros artrópodos, para los cuales está optimizado su veneno. Menos odio hacia los ciempiés, pues los necesitamos fervientemente. Es así, si hay mucho bicho, necesitamos muchos bichos que coman bichos. Si conseguimos mentalizarnos acerca de esto, incluso podremos disfrutarlos y sorprendernos con sus espectaculares ciclos de vida.

Aunque no de la misma forma, los apacibles milpiés también tienen sus armas, muy diferentes, claro está, pues las usan para defenderse y no para cazar. Por ejemplo, muchos de ellos se enroscan como si de cochinillas de la humedad se tratasen. Sin embargo, lo más interesante de su arsenal, un arma disuasoria que suelen presentar todos ellos y que complementa a la rosquilla, son unas glándulas llamadas ozoporos, que expulsan sustancias tóxicas apestosas, malolientes, y de sabor repugnante, para disgustar profundamente a aquellos depredadores que se los quieran comer, que usualmente pueden ser otros artrópodos depredadores pero también puede ser vertebrados como los pájaros insectívoros —entiéndanse pájaros insectívoros como una generalización para pájaros que comen artrópodos, recuerda que los Miriápodos no son insectos—. ¿Te suena de algo esta técnica disuasoria? ¡Pues claro, son unas mofetas de la vida! Aunque si tenemos en cuenta la antigüedad de los actuales milpiés, más bien sería al revés, pues probablemente ya usaban esta técnica antes ni siquiera de que los mamíferos apareciesen. Así que, ¡las mofetas son unas milpiés! ¡Serán milpiés estas mofetas!

A pesar de que podemos encontrar una gran variedad de compuestos químicos usados como armas defensivas en las diferentes especies de milpiés, como los fenoles, las benzoquinonas, o el cianuro de hidrógeno, ninguna de estas especies es peligrosas para las personas, cosa que parece que debemos recordar cada vez que estamos hablando de un pobre artrópodo, como si en vez de presunción de inocencia, tuvieran presunción de culpabilidad. Tan solo unas pocas especies tropicales son capaces de producir ampollas en la piel de los humanos con estas sustancias.

Además de las toxinas o posturas corporales que son toda una declaración de intenciones —la rosquilla apestosa de los milpiés o la exhibición de bracitos-colmillo de los ciempiés—, en los miriápodos podemos encontrar una gran variedad de tácticas disuasorias. Por ejemplo, los ciempiés geofilomorfos, unas criaturas muy alargadas y tremendamente delgadas que viven entre la tierra del suelo tienen un truco excepcional. Cuando son molestados por un depredador, segregan, a través de unas glándulas, una especie de moco tóxico que pringa todo su cuerpo y a todo el que le toque, y que contiene compuestos que liberan cianuro.

Otra forma de disuasión relativamente común entre los miriápodos grandes es la presencia de patrones aposemáticos, esas combinaciones de colores de advertencia que presentan muchos animales. En nuestros amigos de muchas patas, es típico ver diversas especies de escolopendra que presentan tonalidades de color naranja y negro, amarillo y negro, o rojo, verde y negro en sus exoesqueletos, o coloraciones alternas negras y rojas, negras y blancas, negras, blancas y rojas, o rojas, amarillas y negras, en el caso de los milpiés. A decir verdad, estos colores se repiten mucho, en multitud de artrópodos u otros animales terrestres. No es que todos los bichos sean unos copiotas, sino que estas tonalidades son muy efectivas en el medio terrestre. Se basan en colores complementarios que se alternan con colores negro o blanco, según el caso, por lo que casi siempre van a repetirse las mismas combinaciones en todos los grupos animales que las presentan, sean ranas dardo, serpientes, avispas, mariposas, arañas o salamandras. Si nos fuéramos al medio marino, la cosa cambiaría drásticamente. Es común que los animales que viven en el fondo del mar, en zonas en las que la profundidad es grande, como algunas especies de moluscos nudibranquios —recordemos, esas babosas marinas de moda entre los buceadores y en internet por su colorida belleza— o pulpos, basen sus patrones aposemáticos en el amarillo, el azul, y combinaciones de estos colores con el negro y el blanco. Esto tiene una razón. La longitud de onda del color rojo no es capaz de penetrar más allá de diez metros desde la superficie ¿Para qué tener un color de advertencia que nadie puede ver correctamente? Sin embargo, en tierra, los colores rojos son brillantes, poderosamente llamativos, y lo más importante, fuertemente contrastados con las tonalidades del entorno. El color rojo en tierra firme es una tonalidad universal de advertencia, incluso para nosotros los humanos: semáforos rojos, señales de prohibición en rojo, o baterías que se agotan, que parpadean en rojo.

Señales de advertencia y armas defensivas aparte, en cualquier caso, estos animales son muy esquivos y huidizos, por lo que raramente lograrás verlos más que durante un instante. Aunque, eso sí, siempre estén ahí. No son animales infrecuentes sino más bien lo contrario, y solo ves unos pocos de todos los que habitan en el lugar en el que estés. Lo que ocurre es que viven muy escondidos, y además siempre se enteran de todo, por lo que toman medidas antes de que nadie los detecte. Esto es posible gracias a que los miriápodos son capaces de percibir cualquier estímulo del entorno, por muy delicado que este sea. Para empezar, tienen unas antenas increíblemente sensibles, que les permiten detectar sustancias químicas y movimientos a su alrededor con asombrosa precisión. Además, les sirven de miembros palpadores, con los que toquetean el entorno para saber dónde se hallan. En definitiva, estos órganos hacen las veces de sentido del tacto, del olfato, y casi de la vista, pues, aunque no poseen receptores de la luz, complementan a los ojos compuestos de una forma sorprendente, hasta el punto de saber ubicar cuerpos en el espacio que les rodea gracias a la información que les está llegando. Esto les viene genial, porque en muchos casos algunos miriápodos no tienen una vista muy buena, y el «súper sentido» de las antenas les ayuda sobremanera.

Y eso por no decir que muchos de estos animales tienen aún más estructuras sensoriales extra para volverse más hipersensibles: son como unos Daredevil de los cómics de Marvel, pero de la vida real, y con muchas patas. Debemos recordar que los miriápodos son criaturas de la noche, donde el silencio es muy importante para que no te descubran, y donde hacer cualquier movimiento en falso puede significar un encuentro con la Parca. Un solo ruido, o una vibración descuidada... y puedes durar menos que un terraplanista dando una conferencia en el Congreso Internacional de Geodesia. Además, hemos de recordar que como animales que son, no solo son abnegados recicladores o sigilosos depredadores, sino que sus vidas son mucho más complejas y van mucho más allá de alimentarse. También necesitan reproducirse con el mejor partido que encuentren, también son madres que protegen a sus crías u orgullosos propietarios de hogares que han cavado con sus propias garras, y de los que no están dispuestos a deshacerse a la primera de cambio.

Concretamente en los ciempiés, además de las antenas, las estructuras auxiliares extra por antonomasia son el último par de patas de su cuerpo. Este está modificado para cumplir infinidad de funciones, que excepto caminar, pueden consistir en servir de herramientas sensoriales, actuar como estructuras defensivas o de caza con las que pinzan a sus oponentes o atrapan a sus presas —de ahí que muchas personas confundan la cabeza de una escolopendra con el final de su cuerpo— ayudar en el cortejo, e incluso en la cópula, donde el contacto de las antenas con estas patas, o de las patas con el cuerpo de la pareja, van indicando el ritmo del vals. ¿Unos pies especiales con fines románticos? Curioso, ¿verdad? Vamos a profundizar indiscretamente en este último aspecto.

Aunque existen especies de miriápodos capaces de reproducirse sin necesidad de pareja —fenómeno conocido como *partenogénesis*, en el que la hembra puede tener descendencia con su propio material genético, sin ser fecundada—, lo usual es que se reproduzcan, como es norma en el mundo animal, de forma sexual. Así, macho y hembra deben toparse el uno con el otro, elegirse y llevar a término su encuentro. En función de la especie, todo este proceso es diferente, y en muchos casos no se conoce adecuadamente aún. Sin embargo, puedes imaginarte a grandes rasgos y de forma generalizada un desarrollo de acontecimientos que comienza con una fase de reconocimiento mediante el uso de órganos sensoriales, y posteriormente una especie de abracito-monta de variada forma. Finalmente, el macho le dona a la hembra un espermatóforo, un saco de esperma, para que la hembra se fecunde con él. En el caso de las escolopendras, que son solitarias, y muy territoriales —caníbales, si se da el caso— primero suele haber una fase de desconfianza, de tipo «Ey, como te pases un pelo, te achucho». Luego, tocan con sus antenas el último par de patas de su pareja durante un tiempo y cuando macho y hembra dan su visto bueno mutuo, si es que lo hay, ambos individuos se vuelven receptivos, en vez de liarse a hostias.

Posteriormente a esta parte, la historia varía según el grupo: algunos pasan de su descendencia y otros no. Lo que sabemos por el momento es que los ciempiés por lo general cuidan de los huevos y sus crías. Concretamente, son las madres las encargadas de hacerlo. Una vez acabada la puesta, estas protegen, con un abrazo en forma de anillo de seguridad de su alargado cuerpo a sus preciados huevos, pero también a las crías recién nacidas: «¡A mis niños, ni tocarlos!». Incluso se conocen diversos casos de especies que tras la puesta aplican sustancias químicas fungicidas a sus huevos para que no se estropeen. Es el caso, por ejemplo, de *Scutigera coleoptrata*, un ciempiés común en Europa, fácil de identificar por su cuerpo rayado y alargadas patas, que usa para correr a unos sorprendentes cuarenta centímetros por segundo.

¿Qué hay de los milpiés? Pues existen algunos que también cuidan a su prole. En este caso, encontramos especies en las que es el padre quien se encarga de proteger las puestas de huevos, y otras en las que es la madre quien lo hace. Entre algunos ejemplos de cuidado parental paterno, encontramos a los extraños milpiés asiáticos especializados en comer hongos *Brachycybe lecontii* y *Yamasinaium noduligerum*. Por si no fueran suficientemente raros, estos animales tienen otra peculiaridad, pues son casi sociales —técnicamente, les llamamos subsociales—. No son verdaderamente sociales como lo son las hormigas o las termitas, pero en ciertos momentos de su ciclo donde la unión hace la fuerza, como en la época de cría, se juntan para estar más seguros ante los peligros. En el caso de milpiés que presentan cuidado maternal, tenemos a *Polyzonium germanicum* o a *Dimorphodesmus peculiaris*. ¿Hay algo en que estos bichos no sean sorprendentes?

Ciertamente, en todo, incluso en tamaño. Aunque ninguna de las especies actuales de Miriápodos llega, ni por asomo, a ser tan grandes como su pariente extinto *Arthropleura* —cuya longitud, recordemos, era mayor que la altura de cualquiera del *top* seis de jugadores más altos que ha habido en la NBA— algunas de ellas se encuentran entre los mayores artrópodos vivos del mundo. Hoy en día puedes encontrarte alguna especie de milpiés y de ciempiés que ocupa lo que mide tu antebrazo, pues sobrepasan tranquilamente los veinte e incluso los treinta centímetros de longitud corporal. Los mayores miriápodos vivos conocidos por el momento son el diplópodo *Archispirostreptus gigas*, de África, y el quilópodo sudamericano *Scolopendra gigantea*.

Sinceramente, podría llevarme días contando aspectos increíbles sobre estos animales. Sin embargo, muy a mi pesar, creo va siendo hora de despedirnos de ellos, así como de los Oligostracos: toca cerrar capítulo, porque llega el turno de… ¡los majestuosos Multicrustáceos! Tal vez, al oír su nombre, pienses en marisco, pero estos parientes de los Oligostracos son muchísimo más que eso… Carroñeros forzudos, camarones con pistola y mantis submarinas son algunas de las sorprendentes criaturas de las que hablaremos a continuación. Abróchense los cinturones, han llegado los reyes del mar.

5

ESTOS NOS CAEN MEJOR… EN EL ESTÓMAGO

Ay, el mar, ¡qué bonito es! Escenario de tórridos amores de verano, de niños y niñas jugando a pasarse la pelota de playa entre las olas, pero también de bañistas chillando porque se les ha metido protector solar en los ojos al mojarse la cara, y de personas a las que parece que les han pasado un soplete por la espalda, y que intenta aliviar el dolor de sus quemaduras solares sumergiéndose en el agua. Sí, un peculiar lugar el mar, con su arena, su agua, sus barquitos en el horizonte… y sus bichos. Muchos, muchos bichos bajo el agua.

¿Te corroe la inquietud? ¿Te domina el pánico? ¿Ya no ves con los mismos ojos eso de meter tu pie en el agua sin ver lo que hay en el fondo? ¿Has desbloqueado un nuevo miedo y ahora el roce de un alga, que a muchas personas les da grima, se ha quedado a la altura del betún en comparación con que se te meta una cucaracha marina por entre medio de los dedos de los pies? Pues justamente debería ocurrir todo lo contrario. Porque es gracias a esos bichos que la productividad de los océanos es tan elevada. Esto, en último término, se traduce para ti en que puedas bañarte en aguas tremendamente limpias y descontaminadas, que te maravilles con las ballenas, o que puedas comerte ese pescado rico en omega-3 que tanto te recomienda tu médica de cabecera... O también a esas cucarachas marinas que tanto asco te han dado, y que se llaman gambas.

Los Multicrustáceos son los reyes del mundo acuático —ya sea en el mar como en el agua dulce— tanto como lo son los Insectos de la tierra firme. Su diversidad en estilos de vida no solo rivaliza con la de estos, sino que con creces la supera, a pesar de tener un mucho menor número de especies —algo más de setenta mil frente a más de un millón—. En cualquier caso, son tremendamente abundantes, tanto que se encuentran entre los animales más numerosos y esenciales del planeta. ¿Sabes lo que es el *krill*? Sí, esos pequeños bichillos parecidos a gambitas que forman parte del plancton, de los que se alimentan las ballenas. Bueno, pues hay alrededor de cien especies diferentes de krill, y tan solo los individuos de una sola de ellas, la *Euphausia superba*, registran una masa equivalente a todos los humanos de la Tierra, y superior a la de cualquier otra especie de animal marino que exista en el mundo. ¡Es una auténtica burrada! Intenta imaginar esta cifra por un instante, y lo que significa tener a esos animales en tal cantidad en términos ecosistémicos... O más bien, lo que significaría no tenerlos.

Los Multicrustáceos constituyen un complejísimo grupo en términos de clasificación científica, que está formado principalmente por tres linajes: el de los Copépodos —con alrededor de trece mil especies de por lo general, microscópico tamaño, que inspiraron a Plankton, el villano de *Bob Esponja*, pero no a sus motivaciones malignas—; el de los Tecostracos —de menos de mil quinientas especies, donde encontramos, por ejemplo, a los percebes, que aunque no lo creas, son artrópodos—; y el de los

Malacostráceos —donde se encuentra la mayoría de especies de esas setenta mil especies, y entre las que se encuentran los cangrejos, las cigalas, los anfípodos o el krill—. Estos tres linajes provienen de un mismo ancestro común que habitó la Tierra hace más de 500 millones de años. ¡Bien amortizado que está, pues anda que no hay especies de multicrustáceos hoy día!

Sin embargo —tiene guasa la cosa—, entre el público general, de los Multicrustáceos parecen ser conocidas únicamente las propiedades culinarias de las diez o quince especies de elevadísimo interés comercial que se consideran marisco. Sí, esas, que una vez cocidas, son protagonistas de opulentos banquetes navideños y mariscadas. Entre ellas, se encuentran los bogavantes, las nécoras, los camarones, las cigalas, las galeras, las quisquillas o los centollos. Pero, y ojo al juego de palabras... ¿alguien sabe algo de estos animales que no sea a qué saben? ¿A que no? Pues para eso está este capítulo, para que estos animales no nos caigan solo bien en el estómago.

Los Multicrustáceos se encuentran en todos los continentes y masas de agua, tanto en mares como cuerpos de agua dulce, bien sea en la misma superficie, en la columna de agua como parte del plancton, o en la más honda de los abismos marinos conocidos en la Tierra. En el abismo de Challenger, el punto más profundo de la fosa de las Marianas, a casi 11 000 metros de profundidad, con unas condiciones inhóspitas para la vida, hay multicrustáceos. De hecho, en medio de las fuentes hidrotermales submarinas, típicas de las grandes profundidades, y por donde sale agua de mar a altísimas temperaturas, en forma de gigantescas nubes de humo llenas de sustancias químicas del interior de la tierra —como los sulfuros metálicos— hay multicrustáceos, como cangrejos especializados en soportar esas condiciones extremas. En las aguas subterráneas, los seres vivos más comunes también son los Multicrustáceos. ¡Si hasta los tenemos en tierra firme! Buena prueba de ello son las cochinillas, que para nada son insectos, sino primas de los cangrejos que se adaptaron a vivir fuera del agua. Hay, por otra parte, multicrustáceos hasta a 6000 metros de altura, en las cordilleras de Chile. Parecidos a gambas, habitan en los lagos que se forman en montañas que casi rayan el cielo. Pero ¿de qué pasta están hechos estos seres? No lo sé, pero los hay de todo tipo, forma y color, adaptados a casi cualquier condición imaginable, eso seguro. Pero ¿si tuviésemos que destacar de alguna forma los aspectos ecológicos más relevantes de estos animales, ¿cuáles serían?

Pues, para empezar, y al igual que el resto de los Artrópodos, todos estos animales forman parte indispensable de la

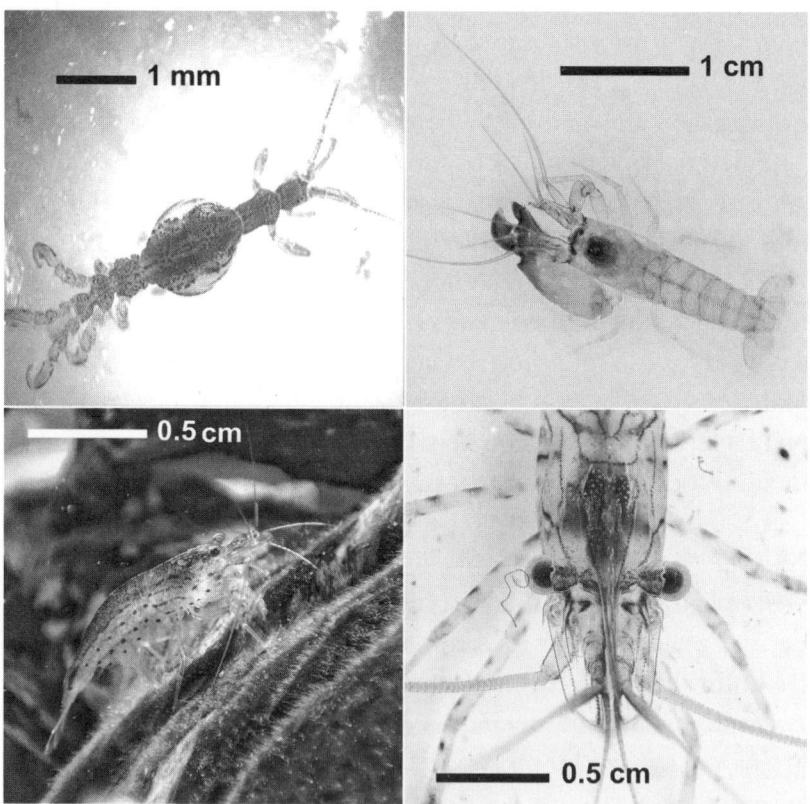

Figura 5.1. Algunos ejemplos de artrópodos multicrustáceos. De izquierda a derecha y de abajo a arriba: anfípodo caprélido, camarón pistola, cochinilla común, pulga de agua, camarón de agua dulce, camarón (todos ellos Malacostráceos), cirrípedos

dieta de un incontable número de especies de animales acuáticos. La mayoría de ellos sufre brutales metamorfosis que los llevan de ser pequeñas larvas nadadoras que forman parte del plancton, a convertirse en Multicrustáceos adultos bentónicos, es decir, que viven el fondo del mar. Así, cuando los individuos se encuentran en fases tempranas de su ciclo vital, representan la vida en los océanos, los ríos y los lagos, pues son alimento de cientos de miles de especies de alevines de peces y otras criaturas marinas que viven en la columna de agua, nadando sin parar. En cambio, cuando son adultos, sirven de alimento para

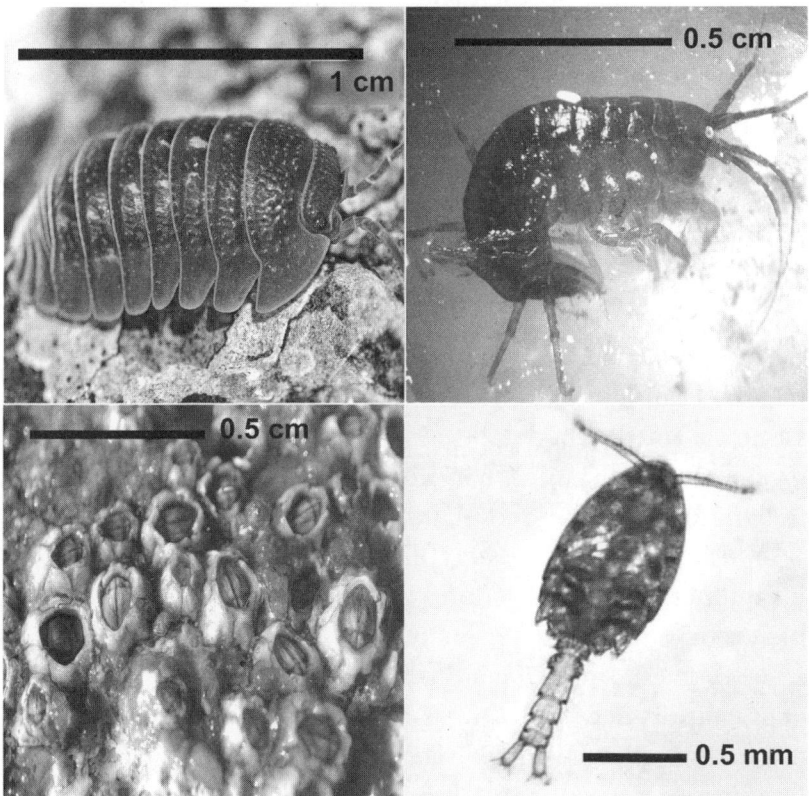

balanos (Tecostracos), y un sifonostomatoido (Copépodos). Fotografías del autor a excepción del copépodo (Museo Nacional de Historia Natural del Instituto Smithsoniano, en Washington D.C., Estados Unidos).

animales grandes que cazan en el fondo. Por ejemplo, a los delfines les gusta mucho rastrear el fondo marino en busca de cangrejos de los que alimentarse. En cualquier caso, sirva esta frase de *disclaimer*, esto no es más que una burda generalización del asunto, pues hay muchos estilos de vida que escapan a esta norma, como, por ejemplo, Multicrustáceos que siempre viven formando parte del plancton, sean adultos o no, y otros que nunca viven en el agua. ¡Qué complicados, diversos y maravillosos son estos bichos!

Por otra parte, las más importantes especializaciones ecológicas de entre la enorme diversidad que encontramos en estos animales serían sin duda las relacionadas con el filtrado del agua, el reciclado de la materia en descomposición y el control poblacional de otras especies mediante la depredación; o el parasitismo, un estilo de vida muy extendido entre los Multicrustáceos. Así, nuestros colegas soportan gran parte del peso del funcionamiento de todos los ecosistemas acuáticos del mundo, en especial, los marinos. Pero ¿cómo lo hacen? ¿Es que tal vez son jarras filtradoras de agua del grifo, o disponen de varios contenedores donde separan orgánicos, plásticos y papel? Tranquilidad en las masas de agua, pues es a lo que vamos: a tratar con detalle cada una de estas funciones ecológicas más importantes, con interesantes ejemplos que seguro te dejarán los ojos como platos.

Y de dejar los ojos como platos, los que más entienden son los multicrustáceos filtradores. Algunos de ellos están entre los bichos más increíbles que encontrarás en este libro, cuyas proezas son de esas que en cuanto acabes de leer hoy, vas a querer contar al primero que tengas al lado. Estas criaturas se dedican a alimentarse principalmente de plancton, ese conjunto de organismos de pequeño tamaño que flotan en la columna de agua —constituido por larvas de peces, artrópodos, microorganismos o microalgas, entre otros seres vivos— y de diminutos trocitos de materia orgánica que se encuentran suspendidos en el océano. Las estructuras con las que retienen estas partículas o pequeños organismos, así con la localización dentro de la anatomía varían de un bicho filtrador a otro, pero en general, estas tienen forma de plumeros atrapapolvo, que permiten pasar el agua a través de ellos, pero que retienen pequeños cuerpos sólidos. De igual manera, los multicrustáceos filtradores difieren también en su estilo de vida. Por una parte, existen algunos que viven fijados a un sustrato duro, del que nunca se mueven, y es desde ahí donde cuelan el agua para encontrar su sustento. Mientras tanto, otros van nadando por ahí gracias a sus extremidades remadoras, y que gracias justamente a estos y a otro tipo de apéndices de los que disponen, crean microcorrientes alrededor de ellos que les permiten tomar estas partículas de forma más eficiente.

Llegados a este punto, hay tres criaturas filtradoras de las que es obligado hablar debido a su colosal importancia ecológica: los Cirrípedos —que serían de los primeros, de los sésiles, de los que viven permanentemente anclados— y, por otra parte, los pequeñitos copépodos de vida libre, así como el krill —que serían de los segundos, pues viven nadando en la columna de agua durante todo su ciclo vital—. Dentro de los Multicrustáceos, cada uno de ellos pertenece a un linaje distinto: los primeros pertenecen a Tecostraca, los segundos a Copepoda, y los terceros a Malacostraca… ¡Mira qué variedad! En cualquier caso, de todos ellos los Cirrípedos, son, sin duda alguna, las criaturas más extrañas y extremas de las que podríamos hablar. Son raras hasta el punto de que es imposible, a primera vista, identificar a estos bichos como parientes de las gambas, los copépodos o cualquier otro artrópodo, como una araña o un insecto. Y es que, entre estos artrópodos marinos —con la excepción de algunas especies que pueden habitar aguas estuarinas—, encontramos a criaturas como los balanos y los famosos percebes de la especie *Pollicipes pollicipes*, que tienen gran valor comercial y gastronómico, y que, además, son protagonistas recurrentes en

167

las comidillas que tratan temas algo verdes. Seguro que no es la primera vez que lees esto, pero si es así, ríete todo lo que quieras: los percebes tienen un pito descomunal, más grande que su propio cuerpo. Pero si lo pensamos bien, esto tiene su sentido. Si eres un animal que vive pegado a una roca y tienes que alcanzar a tu pareja, que también vive pegada a una roca, a distancia, pues has de tener un pene de tipo manguera de bombero, que puedas alargar todo lo necesario para llevar el esperma a donde toca. Así de sencillo.

¿Viven pegados a una roca, no tienen patas ni ojos... y son artrópodos? Mira que te llevo avisando desde hace un tiempo de que así es, para que vaya calando la información. Pero seguro que, aun así, no te lo terminas de creer. Supongo que tendrás bastante vistos a los percebes, así que puedes estar pensando: «Pero ¿cómo estas "cosas" pueden ser multicrustáceos, al igual que los cangrejos?». Tal vez crees que te estoy tomando el pelo, o que estoy perjudicado mientras escribo este capítulo... pero no. La cosa va en serio. Por poner el asunto en contexto, muchos seres vivos que tienen formas de vida sésiles —es decir, que no se mueven— sufren de un problema similar. Es el caso de los corales, las anémonas o las esponjas de mar, que, por su morfología, suelen ser identificadas como plantas marinas, o algas. Pero no, son animales como nosotros, a pesar de que no tengan cabeza, un par de ojos o varios pares de extremidades. En lo que respecta a los Tecostracos, la historia es todavía más loca. Estos animales no tienen esa forma desde que nacen, sino que sufren una metamorfosis tan brutal en su ciclo de vida, en la que pasan de ser un animal similar a una cría de gambita a convertirse en un animal adulto que vive anclado de por vida en las rocas, y que ha perdido toda semejanza con cualquier otro artrópodo debido a las exageradas modificaciones que ha sufrido su anatomía. Si hasta hace unos siglos se creía que las larvas de mariposa y las mariposas adultas eran animales distintos, no me puedo ni imaginar la cara que pondría un antepasado nuestro al conocer que un percebe es realmente un pariente de los cangrejos. Se lo tendrían que llevar en camilla, segurísimo. Atención al asunto.

Como ocurre con muchísimos otros multicrustáceos, las larvas de estos animales marinos son pelágicas y viven suspendidas en la columna de agua. Tras varios estadios, alcanzan la fase de *larva cipris,* en la que gracias a unas pequeñas antenitas localizan una superficie en el sustrato donde se pegarán, se transformarán y se quedarán de por vida anclados como adultos. Estos animales, una vez transformados se hallan dentro de una estructura dura y calcificada, desde donde asoman sus órganos filtradores cuando se alimentan, constituidos por estructuras de tipo filamento, llamadas cirros, que las hacen parecer esas plantas con forma de plumero de la película *Avatar* que se cierran al ser tocadas. Con ellos, retienen plancton, así como partículas de materia orgánica que les resultan muy nutritivas. Estos animales pueden llegar a ser muy numerosos y concentrarse de forma multitudinaria, así que imagina la cantidad de litros de agua están «purificando» estos animales cada día en todo el mundo. Solo tienes que asomarte a tu playa más cercana. En las costas, estas criaturas llegan a tapizar por completo, centenares de miles de individuos mediante, extensas estructuras marinas de sustrato duro, como plataformas rocosas submarinas o intermareales. La próxima vez que te des una vuelta por la costa, y la marea deje al descubierto un saliente rocoso, fíjate en que, en muchas ocasiones, no estás viendo la roca desnuda, sino una cubierta totalmente formada de seres vivos, y que además son el hogar de otros muchos organismos que crecen y viven a su alrededor, como diversas algas y otros organismos microscópicos, entre ellos, incluso, larvas de otros artrópodos. Como ves, hay otros lugares donde ver cirrípedos que en el super. Por cierto, hay otro sitio en que seguro has visto a estas criaturas. En muchos casos, te habrás fijado mientras veías un documental, en que grandes animales como las ballenas, llevan incrustados en su cuerpo una gran diversidad de seres vivos que los usan como plataforma para vivir. Algunos son parásitos, pero otros no. Entre estos últimos se encuentran cirrípedos que se han adherido a la piel de los cetáceos como si de cualquier otra estructura de sustrato duro se tratase. Exactamente lo mismo ocurre con las conchas de los mejillones que se compran en el mercado y que tienen unas cosas duras adheridas encima: más cirrípedos, iguales que los de las ballenas, pero de menor tamaño.

¿Qué te han parecido los cirrípedos? Increíbles, ¿verdad? Pues ya verás cuando te hable de los pequeños copépodos filtradores y del krill. Te vas a quedar atónito. Para abrirte el apetito, solamente te diré que ambos tipos de animal se incluyen entre los más numerosos del planeta y entre los herbívoros más importantes del mundo… Empezamos fuerte, ¿verdad?

¿Te has fijado en que Plankton, el villano de *Bob Esponja*, solo tiene un ojo? Como ya te adelanté, su personaje se basa en la forma de un copépodo. Y es que estos animales, que habitan tanto cuerpos de agua dulce como marina, son los cíclopes del mundo de los Artrópodos. Sí, has leído bien: cíclopes. Estas criaturas acuáticas, de generalmente tamaño milimétrico, son cuanto menos curiosas en aspecto. Usualmente con forma de bala o alargada, poseen un único ojo de tipo simple. De hecho, existen especies que ni siquiera tienen ojos. Además de esta peculiar característica, los Copépodos suelen presentar un par de antenas muy largas y apéndices cortos, que usan para nadar o trepar, en función de la especie. Estos animales pueden llegar a ser increíblemente numerosos, y compiten con el krill por ser los número uno de entre los bichos marinos más abundantes. En algunos lugares, se pueden encontrar a miles en volúmenes muy reducidos. Es por eso por lo que, como te decía, también se encuentran entre los animales más abundantes del planeta, en términos absolutos. Da por pensar que, con tantos, algo importante harán. Y así es: muchísimas de sus especies son una parte fundamental del plancton, y tienen una doble función vital para la productividad marina. En primer lugar, se dedican a filtrar agua para consumir microalgas. Estas son muy importantes, pues retienen unas cantidades desorbitadas de dióxido de carbono y liberan muchísimo oxígeno, ¡hasta el punto de que forman uno de los más importantes pulmones verdes del mundo! Sin embargo, alguien debe controlar sus brutales explosiones poblacionales, que podrían llegar a contaminar las aguas sino encuentran límite en su crecimiento. Por otra parte, los copépodos, a su vez, son la comida principal de otros animales más grandes. Así, son clave en las redes alimentarias de los océanos y los cuerpos de agua dulce, al encontrarse entre los organismos que hacen la fotosíntesis y los carnívoros de mayor tamaño.

Otro aspecto maravilloso de los copépodos es que muchos de ellos son bioluminiscentes, es decir, brillan gracias a que su cuerpo emite una luz con la que se hipotetiza que despistan a los depredadores. Ahora hablaremos tranquilamente de esta increíble propiedad que también presenta el krill, cuando tratemos a estos animales a continuación. Por el momento, es reseñable lo curioso que resulta que copépodos y krill tienen, en muchos casos, estilos de vida, densidades, y estrategias parecidas.

Aunque bueno, el hecho de que haya muchos copépodos planctónicos no implica que no haya especies bentónicas, o especies que viven en los lechos de los cuerpos de agua, y que comen detritus —es decir, materia orgánica muy, muy descompuesta— y organismos microscópicos e incluso otros copépodos o larvas de insectos. Es que estos animales son muy diversos. Con más de 13 000 especies conocidas por el momento, generalizar va a ser siempre un error... ¡Será por cosas interesantes que contar sobre ellos! Por ejemplo, ¿sabes que los Ciclópidos, unos pequeños copépodos muy comunes en agua dulce depredan sobre larvas de mosquito, por lo que son esenciales en su control biológico? Por si fuera poco, estos bichillos también son comedores de detritus, y, por tanto, limpiadores a escala diminuta, que son muy comunes en agua dulce. En cuanto a lo que a la reproducción respecta, es muy llamativo como el sexo femenino de estos animales, en vez de liberar los huevos directamente al agua, acarrea sacos llenos de estos hasta que termina el desarrollo embrionario de la prole. Las hembras van tan cargadas que es imposible no tener sensación de gran esfuerzo nada más verlas. Y es que estos sacos llegan a ser tan enormes que tienen una longitud equivalente a la mitad del largo de la madre... ¡o más! Parecen llevar alforjas gigantes y pesadas en la parte trasera de su cuerpo.

Por si fueran pocos los estilos de vida que he citado hasta ahora, también existen copépodos especializados en habitar las aguas cavernícolas y subterráneas, copépodos simbiontes e incluso copépodos parásitos. De estos últimos hablaremos al final de este capítulo, cuando abordemos el interesante mundo del parasitismo en el mundo de los Multicrustáceos. Podrás comprobar con tus propios ojos que *Historias de la Cripta* se queda en *Teo va al Parque* comparado con lo que vas a encontrar en estas páginas...

Pero mientras tanto, hablemos de krill, ese bicho que nadie sabe qué es pero que todo el mundo asocia con las ballenas. De hecho, el krill es el nombre común, no de una especie, sino de un grupo de ellas llamadas Eufasiáceos. Así, este nombre común engloba a algo menos de cien especies de bichillos menudos, que morfológicamente se parecen a las gambas. Estas criaturitas viven en el plancton, donde comen microalgas que obtienen filtrando el agua marina. Y sí, tienen que ver con las ballenas, pero la clave del asunto no es esa, sino que resultan fundamentales como fuente de alimento para multitud de especies marinas. Una vez más, cabe destacar que los Artrópodos en general son una fuente importantísima de alimento para todos los animales grandes, por lo que, en los cuerpos de agua, claro que las langostas o las gambas, por ejemplo, son imprescindibles para los peces y otros animales marinos —¡ay, si le pudiéramos preguntar a una nutria si le gusta comer cangrejo! —. Pero es que lo del krill está en otro nivel. No hay color. Estas especies ocupan una posición clave en las redes tróficas de todos los océanos del mundo.

Al igual que los copépodos planctónicos, las especies de krill viven de forma permanente suspendidas en el plancton, desde que nacen hasta que mueren. Por tanto, son una fuente de alimento casi asegurada en el tiempo, indispensable, para muchos animales marinos. De hecho, el krill es también alimento para otros animales del propio plancton… pero también, como sabrás, para leviatanes marinos como las ballenas misticetas, es decir, aquellas que tiene barbas con las que filtran el agua para quedarse con el plancton. Esto da para hacerse muchas preguntas, entre las cuales destaca una, imposible de no plantearse: ¿cuánto krill debe haber en el mundo para formar una parte muy importante de la dieta de una infinidad de criaturas, entre ellas las larvas de muchísimos peces que el ser humano consume, o cientos de miles de ballenas? Fíjate, por ejemplo, en el caso de la más grande de todas, la ballena azul *Balaenoptera musculus*: cada individuo tiene que mantener un cuerpo serrano de más de veinte metros de largo y cien toneladas de peso, durante casi un siglo que puede llegar a vivir. Desgraciadamente, ahora se estima que quedan, como mucho, unos 12 000 ejemplares, pero antes del comienzo de la caza masiva de ballenas en el siglo XX, que casi las lleva a su extinción, había más de 300 000. Imagina esa cantidad de ballenas, con esos tamaños que las convierten en los mayores animales jamás conocidos, terrestres o marinos, extintos o no, alimentándose de plancton, constituido, paradójicamente, por organismos minúsculos para ellas, entre otros, el krill.

Para que te hagas una idea, te aporto algunos datos. Actualmente, se estima que la población de ballena de Mink (*Balaenoptera acutorostrata*) consume anualmente unas 35,5 millones de toneladas de krill de una única especie, el krill antártico *Euphasia superba*, que como su nombre indica, habita en el polo sur, y en masas de agua circundantes. ¡Guau, 35,5 millones de toneladas! Puede parecer mucho, pero, sin embargo, es una cifra humilde. En la época previa a su caza, las ballenas azules consumían anualmente unos 430 millones de toneladas de la misma especie de krill, en la actualidad, por desgracia, mucho menos, pero a todas luces, unas cifras estratosféricas. Y así, si empezásemos a evaluar y hacer un sumatorio de cuanto krill come una especie, otra, otra más, esta o aquella, nos daríamos cuenta de que esto trasciende mucho más allá de un llamativo y asombroso número propio de un libro de curiosidades. Esto es una cadena mundial de transporte de nutrientes en el océano en toda regla… Porque claro, no sé si estabas al tanto de que las ballenas realizan grandes migraciones de un lugar a otro. ¿Sabes cuánto hierro se estima que se mueve en el océano gracias a las ballenas y a su dieta? Ahora sí es cuando vas a flipar de verdad.

Se estima que hoy en día todas las especies de ballenas misticetas en su conjunto reciclan hasta 12 000 toneladas de hierro cada año. Por si lo desconocías, el hierro es imprescindible para la fertilidad y productividad en los océanos. Antes de la caza salvaje e indiscriminada de misticetos de comienzos del siglo pasado, se estima que el reciclaje de hierro ascendía hasta las 120 000 toneladas anuales. Esto quiere decir que la productividad de los océanos en relación con este metal ha disminuido hasta diez veces en el último siglo debido a causas humanas, ¡y solo con relación a los impactos asociados a la caza de ballenas! Si ya incluyésemos la acidificación oceánica, la contaminación —ya sea por productos químicos emergentes, plásticos u otros tipos de basura— o la sobrepesca, de las que hablaremos hacia el final de este libro, entran escalofríos. En lo que respecta a las ballenas, ojalá las poblaciones de estos espectaculares animales se vayan recuperando poco a poco gracias a las políticas de conservación que por fortuna se están llevando a cabo.

Creo que ha quedado clara la importancia del krill como fuente de alimento en los océanos. Pero vayamos a conocer algo más a fondo a estos pequeñitos pero grandes seres, pues a pesar de su tamaño, realizan unas proezas tremendas a diario de las que nadie ha oído hablar. Por ejemplo, estoy seguro de que casi todas las personas saben qué es la migración animal. Para los que no, explicado de forma muy grosera, la migración sería un fenómeno periódico —se repite cada cierto tiempo— donde las especies se desplazan a causa de la llegada de una estación o momento del año cuyas variables ambientales no les permiten seguir con su ciclo biológico adecuadamente —sea por disponibilidad de comida, por el clima, o porque hay que buscar pareja o criar en otro lugar— por lo que usualmente cubren largas distancias, en busca de otras áreas con condiciones que les vengan mejor para continuar dicho ciclo, vivir felices y comer perdices —u hongos o hierba, si toca—. Así, el público general sabe que las ballenas migran, que las orcas migran, o que los flamencos, los milanos, los cisnes o los abejarucos, entre otras muchas aves, también migran. También es bien conocido por cualquiera que los ñus de África lo hacen: todo el mundo recuerda las escenas anuales donde hordas de estos animales pasan por el río Mara, el cual está repleto de cocodrilos más puntuales que un reloj suizo, y a los que solo falta ponerles un delantalito.

Sin embargo, casi nadie sabe que la más espectacular y extrema migración del mundo, ocurre en los mares y lagos. Una migración que realmente podría haber contado a colación de cualquier otro artrópodo marino —de una forma u otra, casi todos participan en ella, aunque sea en su fase larvaria— pero en la que animales como los copépodos, o el krill, sobre todo en el polo sur, desarrollan un papel protagónico espectacular. Se trata de la migración vertical.

La migración vertical ocurre mucho más frecuentemente que una o dos veces al año. Concretamente, todos los días... ¡dos veces! Sin embargo, a diferencia de todos los ejemplos clásicos de migración animal, este movimiento masivo de animales tiene una particularidad: no se realiza a largas distancias horizontales, es decir, de un continente a otro, de un océano a otro, o desde latitudes septentrionales hacia latitudes meridionales o viceversa. Para nada. En este caso, el recorrido a larga distancia es vertical, desde una profundidad a otra. Todos los días, y dos veces por día, centenares de millones de toneladas de diminutas criaturas del plancton —aunque también animales más grandes como algunos peces— realizan, en tan solo unas horas, desplazamientos verticales de hasta cientos de metros en la columna de agua, algo que, sin duda para ellos, con su tamaño, debe parecerles una distancia colosal, poco o nada diferente a la que cubre cualquier ave migratoria en sus viajes. Bueno, en todo caso, en una comparación directa, las aves saldrían perdiendo, porque no tienen que realizar dos migraciones al día durante 365 días del año. ¡Qué barbaridad! Con estas cifras, no es de extrañar que se estime que este fenómeno pueda constituir el mayor movimiento diario de biomasa animal del planeta.

Pero ¿por qué los bichos hacen tal barbaridad que da cansancio de solo pensar? Pues por nada diferente a lo que motiva cualquier otra migración: comida y cobijo. Este fenómeno está desencadenado por un cambio en las condiciones de luz del ambiente, y por los propios ritmos circadianos de los animales. Así, a la hora del atardecer, la mayoría de los animales, entre ellos el krill, viajan a la superficie para explotar fuentes de alimento tranquilamente, sin amenazas a la vista. Cuando llega el amanecer, desandan lo andado —o más bien, «desnadan» lo nadado— para esconderse en las oscuras profundidades, donde son más difíciles de detectar por parte de los depredadores.

Debido a ello, la migración vertical diaria se traduce en consecuencias gigantescas para los océanos en cuanto a nutrientes se refiere, y en último término, en un impacto positivo directo en la salud planetaria. Podríamos ver a los animales que participan en migración vertical diaria como una bomba que, al alimentarse, succiona nutrientes de la superficie para llevarlos al fondo en forma de maravillosas caquitas fertilizadoras. Y no solo eso. Si muchas de las especies, entre ellas el krill, comen microalgas, que al hacer la fotosíntesis secuestran carbono del agua, el cual a su vez proviene en un porcentaje importante del dióxido de carbono del aire que se disuelve en ella... ¡Espera, estos bichos están limpiando la atmósfera y sumiéndolo en el fondo del mar! ¡Una medalla para ellos!

En este contexto, lo más «superchuli» de todo es que el krill en absoluto es aburrido o discreto en apariencia. Para empezar, de media, no son tan pequeños como se cree, pues pueden llegar a medir hasta seis centímetros, así que no son tan discretos como los copépodos u otros pequeños animales planctónicos. Por otra parte, a pesar de que sus especies suelen presentar tonalidades claras o cuerpos con transparencias, son bioluminiscentes. Esta característica, sumada a la tendencia que tiene el krill de enjambrar a lo bestia, da lugar a un espectáculo de luz imposible de igualar, ni siquiera por el mejor artificiero del mundo. Imagina dos millones de toneladas de krill antártico compactados a razón de 1 000 individuos por metro cúbico de agua, en un enjambre masivo de cien kilómetros cuadrados, superficie que equivale aproximadamente a la de la ciudad de Barcelona o la de Liverpool, o dos veces la de Manhattan. ¡Y todo esto, con luces! ¿Por qué se ponen a brillar? Aunque parezca mentira, se plantea que la bioluminiscencia ayuda a estos animales a camuflarse. De igual manera, probablemente la usen para comunicarse entre ellos. Las razones todavía no están del todo claras. Lo que sí queda claro es que nuestro planeta y sus Artrópodos son la leche.

Sin casi darnos cuenta, parece que ya hemos visto a los Cirrípedos, a los copépodos planctónicos y al krill, a esos tres ejemplos imprescindibles de artrópodos limpiadores de partículas y comedores de microalgas. Ha sido espectacular, estupendo, lo que quieras, pero seguimos sin saber una cosa importante: ¿quién limpia el grueso de la porquería que hay en el fondo de los mares? Nada de partículas, nada de cachitos pequeños... No, no, carroña de la buena, enormes pedazos apestosos.

Pues ese es sin duda, el trabajo principal de la mayoría de los malacostráceos. Aunque muchos de ellos compaginan sus gustos por comer desperdicios y bichos muertos con la caza activa de presas, no te miento si te digo que la principal motivación en la vida de muchos de estos animales es comer carne fácil o parches de detritus que haya en el sustrato, según qué especie.

Entonces, llegados a este punto, es cuando tengo que tratar un tema delicado. A ver cómo te digo esto... Mmmm... No hay manera suave de hacerlo, ¡así que hala, ahí va!: es justo en los Malacostráceos donde encontramos a casi todos los bichos que son considerados marisco. Ya sabes lo que te estás comiendo. Decápodos como los centollos, las cigalas, las langostas, los gambones, los bogavantes, las quisquillas o los camarones, pero también isópodos como las cochinillas de mar y las cochinillas terrestres de la humedad, o anfípodos como las pulgas de playa, son algunas de estas criaturas.

¿Recuerdas la escena típica de las pelis de terror, donde el personaje protagonista va caminando por un lugar estrecho y de repente, al apoyarse sobre un muro, le cae un cadáver encima, requetepodrido, y a poder ser, con un rictus de terror en su rostro seco y momificado? Vaya susto te metes. O no, lo mismo piensas «Cosas que pasan». El caso es que la cosa no acaba ahí, porque el muerto realmente está muy vivo: se encuentra repletito de gusanos, cucarachas y larvas de insectos por doquier —que por cierto estaban tranquilamente en su retiro espiritual de paz, reciclando carne muerta—. «Uy, qué asco», «Uy, qué picores», «Voy a vomitar» o simplemente «Aaag», suelen ser reacciones comunes ante estos maravillosos segundos de metraje. Sin embargo, déjame decirte que lo que se comen esos mariscos que pones por delante de ti en el plato, no hacen nada distinto bajo el mar. ¿Quién se come los ojos podridos de una cría de delfín muerta en el fondo del mar? ¿Quién devora las vísceras de un pez que lleva tieso una semana, apestando como él solo? ¿Quién se pone a engullir pellejos y carne putrefactos de cualquier ser que esté madurándose, como el más oloroso de los quesos roquefort? ¿Quién se come a un bicho muerto que ya está tan pasado, que es una masa de materia orgánica sin forma alguna pegada a la arena del fondo marino? ¿Cuántos bichos morirán en el mar al día, y sin embargo «alguien» los quita del fondo del mar, misteriosamente, motivo por el que no te vas tropezando con decenas de ellos cuando vas por la orilla? Pues eso. Unos héroes sin capa, chicos-todo de la limpieza, unos necrófagos, carroñeros. Y al mismo tiempo, una delicatesen, quién lo diría.

Tenemos dos grandes grupos de bichos recicladores «comecaca/comemuertos» —llámalos como más te guste—. Unos comen directamente el detritus de entre la arena, o el fondo del mar, una materia orgánica tan descompuesta que cuesta saber de dónde procedía originariamente. Otros no están especializados en consumir materia tan descompuesta, y prefieren bichos tiesos que apesten y que aún tengan forma de algo reconocible. Los primeros, que son los que vamos a tratar ahora, suelen liarse a bocados con lo que tengan por delante, que para eso son mandibulados. Con lo pasada que está su comida, no hay necesidad de manipularla, cortarla, o hacer nada especial con ella. Entre ellos, encontramos animales tremendamente familiares para nosotros, como los Isópodos. La mayoría de ellos son marinos, y se dedican a comer desperdicios en el fondo del mar, pero algunos son dulceacuícolas y otros se han adaptado a una vida completamente terrestre, desde que nacen hasta que mueren, sin depender del agua para nada, excepto en lo que se refiere a la humedad ambiental, la cual necesitan en elevado porcentaje para poder respirar adecuadamente. A estos animales los conocemos comúnmente como cochinillas de la humedad o bichos bola, que se alimentan de hojas podridas y detritus terrestre en los suelos de todo el mundo. Así, sea bajo el mar o sobre ella, los Isópodos están reciclando sin parar y dejando limpios todos los ecosistemas del mundo. Estos animales suelen tener tamaños humildes, pero en el caso de los marinos, hay diversas especies que... ¡Madre mía del amor hermoso! Así, cabe destacar el caso de una colosal cochinilla marina que habita en el fondo de los océanos más profundos, y que tiene el tamaño de dos perros yorkshire puesto en fila india: ¡medio metro! ¡y lo que pesa! No puedo estar hablando de otro bicho que no sea *Bathynomus giganteus,* un isópodo de la familia Cirolanidae, que como bien indica su nombre específico, es gigante. Y no está solo, cualquier otra especie de su género tampoco se le queda muy atrás. En el caso de *B. giganteus,* habita en las profundidades del océano atlántico, donde se alimenta de carroña. ¿Pero qué decís de que los artrópodos prehistóricos eran más molones?! ¡Pero si podrías mecer a este isópodo, o ir a pasearlo por el fondo del mar si te pones un traje de buzo! Bueno, a decir verdad, este bicho es muy ágil y nada bastante bien, así que lo mismo habría que mezclar deportes.

¿Y qué pasa con las cochinillas? Pues que son muchas, y muy ricas en especies. Ahora mismo, conocemos alrededor de 3 600, que se encuentran repartidas en montones de familias. Familias que, hasta hace poco, se englobaban bajo el suborden Oniscidea. Y en este momento es cuando llega la parte interesante de la historia. Una vez más, la morfología parecida nos engañó, pues nos hizo creer durante muchísimo tiempo que todas las cochinillas eran familiares y venían de un mismo ancestro común. Todo pintaba fenomenal: se parecían bastante entre ellas, vivían de forma similar, en el medio terrestre, normalmente en sitios húmedos, bajo las rocas o la hojarasca, o entre el musgo y se alimentaban de detritus. Pero los expertos en cochinillas sabían que todo esto era una ilusión. Así, los estudios recientes en biología molecular confirmaron algo que ya se llevaba sospechando un tiempo: el grupo Oniscidea es polifilético. Esto quiere decir que diferentes grupos de isópodos marinos conquistaron el medio terrestre de forma independiente, varias veces, una vez por cada uno de los grupos, en diferentes momentos de la historia de la vida. Así, muchas cochinillas terrestres están más emparentadas con otras especies marinas con las que son parientes cercanas, que con otras cochinillas terrestres. Fue esta adaptación al mundo emergido, y no su parentesco, lo que les hizo tener morfologías similares que nos hicieron creer que eran todo lo mismo. Mecachis con la morfología…

En cuanto a la ecología de estos animales, no tengo mucho más que añadir: las cochinillas son expertas en reciclar materia orgánica en forma de detritus, y lo hacen realmente bien, tanto en los bosques, en los campos, o en las cuevas, donde habitan muchas especies de cochinillas trogloditas realmente raras. Si a esta cobertura tan buena, mejor que la que cualquier red de telefonía te podría ofrecer, le sumamos que aproximadamente hay cuatro millones de toneladas de cochinillas en el mundo, pues imagínate lo bien que rinden, así que a tocarles las palmas y hacerles una estatua en su honor.

Pero si hablamos de fisiología, la cosa cambia. Porque si tuviera que destacar algo de estos animales sería su adaptación para respirar fuera del agua, de donde provienen sus ancestros. ¿Es que tienen pulmones como los nuestros, o tráqueas como los Miriápodos? Pues no, la mayoría disponen de unas estructuras derivadas de las branquias, llamados pulmones pleopodales, que son algo así como branquias que han sufrido unas modificaciones tan acusadas a lo largo de la historia evolutiva de estos seres, que ya no tienen pinta de branquias ni de nada que se le parezca. Son una especie de láminas que resisten mucho mejor la desecación. Mucho mejor, que no del todo. Estos animales viven estupendamente fuera del agua, medio que no necesitan en absoluto para vivir. Sin embargo, han de tener su cuerpo y sus estructuras respiratorias siempre húmedas, a fin de poder seguir captando oxígeno atmosférico. Es por eso por lo que estos animales habitan zonas con alta humedad, pues si no lo hiciesen, se asfixiarían.

Totalmente diferente es el caso de las *Ligia*, que son de las pocas cochinillas anfibias del mundo. Habitan en las costas europeas y africanas tanto del mar Mediterráneo como del océano Atlántico. Llevan un estilo de vida más parecido al de las primeras cochinillas que habitaron el suelo firme, entre el mar, y la tierra. Sí señor, sí señora, ha leído bien, cochinillas playeras que viven en las costas rocosas, y que soportan un chapuzón marino. Pero pese a esta diferencia con respecto a sus parientes que habitan en los campos y en los bosques, van a piñón fijo con su dieta, como todas las demás: ¡al rico detritus, oiga!

Por cierto, una cosa que suelo oír muy a menudo, y que no me gusta en absoluto, es eso de las cochinillas son feas o que dan asco. ¿Por qué? ¿Le has visto la cara a un langostino? ¡Pero si te lo metes en la boca, es casi igual que una cochinilla y encima come bichos muertos! Si comes langostinos, sigue haciéndolo y disfrutándolo, pero no me discrimines a las cochinillas. Además, eso de que son feas es relativo. Las hay de puntos que casi parecen mariquitas, las hay con patrones de colorines, las hay azules, las hay naranjas… Incluso las grisáceas, que por su color podrían parecer sosas, son increíbles. ¿Has prestado atención a ver de cerca alguna vez a una cochinilla? Si te fijas bien, son como robots futuristas con sus ojos compuestos y ese conjunto de placas tan chulo, en el que cada una de las piezas es del tamaño perfecto para que encajen todas como una armadura de armadillo, y cubran por completo la zona dorsal, de forma que estén protegidos desde arriba los órganos vitales del animal. ¿Y por qué desde arriba? Porque es de donde viene la mayoría de los ataques. Pero tranquilidad en las masas, que muchas cochinillas pueden enroscarse si se les intenta dar la vuelta, por lo que protegen también por debajo las partes más blandas que se encuentran en el vientre. Así, los depredadores ya no lo tienen tan fácil para acceder a su carne.

Otra cosa que ocurre con la palabra *cochinilla*, al menos en español, es que se usa para multitud de animales que poco o nada tienen que ver con las verdaderas cochinillas. Las cochinillas esas de las plantas no son tales sino insectos hemípteros —es decir, chinches— al igual que la cochinilla de las chumberas. La cochinilla esa por la que mucha gente, al saber que se usa como colorante alimentario —el famoso E-120— queda aterrorizada, se está aterrorizando con el animal equivocado. No se trata de cochinillas de la humedad, sino de chinches del género *Dactylopius*, que se usan desde hace siglos para obtener pigmentos de color rojizo, y que justamente son las mismas que se comen las chumberas. No te aterrorices, que no pasa nada por beberse a estos bichitos en un batido de fresa. Hasta hace poco, los colorantes que ha usado la humanidad siempre han provenido de fuentes naturales, no de un laboratorio. No creas que los neandertales pintaban bisontes con pintura sintética en aerosol.

Además de las cochinillas, también hay otros bichos muy famosos que se dedican a comer detritus: los Anfípodos. ¿Qué? ¿No los conoces? A ver, una cosa es no ponerle cara, así en frío, cuando lees el nombre de un bicho, y otra muy distinta es no conocerlo. ¿Sabes lo que es el *gammarus*, ese alimento que se da de comer a las tortugas, al que muchas veces se le llama, de forma coloquial, «gambas secas»? Bueno, pues esos bichos no son gambas, sino anfípodos gammarídeos. De hecho, el nombre común del alimento, *gammarus*, viene del género al que pertenecen estos animales, *Gammarus*, y que está conformado de muchas y muy variadas especies, que habitan desde aguas puramente dulces hasta aguas estuarinas en su sentido más estricto, y que necesitan una buena salinidad en el agua. En definitiva, todo el mundo los llama gambas, se parecen a gambas, su nombre da lugar a confusión por su parecido con la palabra *gamba* pero, definitivamente, no son gambas. Así, que no, jamás les has dado de comer gambas a tu tortuga. Si esto te ha dejado medio descolocado, voy a terminar de rematar la faena. He de comunicarte que los Gammarídeos tienen poderes especiales: algunos de ellos son capaces de generar seda con sus patas que usan para apuntalar los refugios en los que viven, que se encuentran cavados en la arena. ¡Seda en un bicho marino que parece una gamba-pulga! ¡Esto es pura fantasía!

Además de en las aguas estuarinas o dulces, puedes encontrar anfípodos en aguas subterráneas y, por supucsto, en el mar. Pueden llegar a ser muy, muy numerosos en ciertos ecosistemas, hasta ser la forma de vida predominante en cuanto a biomasa se refiere. Normalmente, tienen tamaños humildes, de unos milímetros, o de algunos centímetros. Pero luego tenemos bicharracos como el anfípodo gigante, *Allicella gigantea*, que puede llegar a medir más de treinta y cuatro centímetros de largo. Este carroñero es un habitante de los fondos marinos de gran profundidad. Allí, también es muy frecuente encontrar, por ejemplo, a *Eurythenes gryllus*, un carroñero muy extendido en todos los mares del mundo y que puede a llegar a vivir hasta a casi ocho kilómetros de profundidad—. ¿El porqué de su nombre científico? Es que tiene una cara de grillo —*gryllus*— que no puede con ella.

Otros anfípodos, sin embargo, dependen menos del agua, pues se han adaptado a vivir en lugares húmedos del mundo emergido, como en las costas, donde ejecutan sus actividades recicladoras. Es el caso de las diminutas y famosísimas pulgas de playa, entre las que *Talitrus saltator* es la especie más conocida. ¿Nunca has visto, cuando paseas por la playa, unos «puntitos» que saltan por la orilla de la playa, entre algas escupidas por la marea? Pues eso es una pulga de playa, que va brincando por la línea de costa en busca de materia orgánica en descomposición de la que alimentarse a bocado limpio, de donde deriva su nombre común, pues su forma de desplazarse recuerda a las de las verdaderas pulgas. Estos enormes y efectivos saltos que cubren distancias decenas de veces el tamaño del animal, también son usados por las pulgas de playa para huir de sus depredadores. Por cierto, por si no lo sabes, además de pulgas de playa, hay otras especies adaptadas a vivir en los suelos pertenecientes a ecosistemas húmedos lejanos a la costa, como la laurisilva, o los bosques nubosos, así que sí, también hay pulgas de bosque.

Entre otros Malacostráceos bentónicos que se dedican a comer detritus, pero que se encuentra en el extremo opuesto de las cochinillas o las pulgas de playa pues son totalmente anónimos para el público general, encontramos, por ejemplo, a los extraños Cumáceos. Estos seres eminentemente marinos y que se encuentran repartidos en todas las masas oceánicas del mundo, son raros, raros de verdad. Se trata de unos bichos enanos y cabezones con el abdomen alargado. Esta extraña constitución corporal les hace parecer una coma ortográfica, y justamente les da el nombre común de gambas coma. Y hablando de ortografía… Aunque las gambas coma son principalmente detritívoras, también atrapan pequeños bichillos y les dan punto final, todo quede dicho.

Tanto los Isópodos como los Anfípodos y los Cumáceos se engloban dentro del grupo Peracarida, que no se llaman así porque sus integrantes tengan cara de pera. No, lo siento, pero nunca podrás herir el corazoncito de un pobre peracárido con esta artimaña: la primera parte de la palabra *peracárido*, ese «pera-» que parece aludir a la fruta, realmente proviene del griego antiguo, y que significa 'bolsa'. ¡No, tampoco tienen cara de bolsa! Recuerda que, como ya vimos con el *Anomalocaris*, eso de «caris» no tiene nada que ver con la cara, sino que significa 'gamba' en griego antiguo, por lo que *peracárido* significa literalmente 'gamba bolsa'.¡Guau, gambas bolsa! Esto... ¿Y eso qué significa? Pues que son animales que, en el caso de las hembras, presentan en su parte ventral una estructura de tipo marsupio, es decir, una bolsa de canguro, en la que, de forma similar a estos, protegen a su prole, durante las fases de huevo y de larva. Solo que, claro, ellos aparecieron muchísimo antes en la historia de la vida que cualquier mamífero. Con lo cual, los primeros seres que tuvieron una cestita para crías en su cuerpo fueron ellos, y no los marsupiales como el canguro o el koala. Como referencia a esta característica, muchas de las especies de peracárido tienes nombres comunes relacionados con los marsupiales en algún idioma, entre ellos «gamba marsupial» o también «opossum shrimp». También podríamos empezar a llamar «mamíferos gambabolsa» a los marsupiales para reivindicar la bolsita de los pobrecitos peracáridos, ¿no? Además de los ejemplos más ilustrativos que hemos destacado sobre estos animales, los peracáridos son muy numerosos y variados: encontramos también clasificados en ellos a los Mísidos, a los Estigiomísidos, a los Lofogástridos, a los Espeleogrifáceos, a los Termosbenáceos, a los Mictáceos, los Tanaidáceos, o los Ingolfiélidos. También lo son en estilos de vida, pues incluyen especies comensales, carnívoras, o filtradoras. Tienen unos nombrecitos que se las traen, se quedaron a gusto, sí. Léete los nombres cuatro o cinco veces seguidas sin trabarte, a ver si puedes. De entre ellos, tengo que destacar a una criatura que se lleva embarazada casi dos años. Sí, como si nueve meses no fuera suficiente... Se trata del llamado comúnmente lofogástrido rojo gigante, y no es para menos eso de llamarlo gigante. Este animal pelágico, de nombre científico *Neognathophausia ingens*, llega a alcanzar hasta treinta y cinco centímetros de longitud. Para llegar al estado adulto, pasa por trece estadios diferentes, para que luego digan que la metamorfosis de la mariposa de seda es increíble. Vive hasta ocho años, de los cuales, el periodo de desarrollo larvario de su prole le ocupa hasta 530 días. Todo esto dentro del marsupio… Qué proceso más largo…

Dejando atrás a los peracáridos, otros comedores de detritus muy extraños, incluso para los científicos, son leptostracos, unos pequeños malacostracéos marinos que también parecen gambas con capa —te lo advertí, que había más de estos bichos— y que parecen dedicarse a filtrar el agua en la que viven para quedarse con la materia orgánica, aunque también existen indicios para pensar que presentan hábitos carroñeros. Y digo que «parece» porque estos bichos que se encuentran entre el mundo de los filtradores y de los necrófagos, son realmente unos bichos muy desconocidos, de los que apenas se dispone de datos sobre su historia natural, hasta el punto de que no se conoce a ciencia cierta su alimentación, la cual se infiere a partir de la anatomía que presentan sus especies.

¿Qué hay de las especies de Malacostráceos comedores de carroña en su sentido más estricto? Ya sabes… Un bicho con los higadillos fuera, un ojo perdido de un pez que se quedó tuerto en una pelea de arrecife, esas cosas. Por lo general, estos animales presentan antenas y anténulas largas y bien desarrolladas. De forma externa, los segmentos anteriores de su cuerpo se encuentran fusionados. Por ejemplo, la «cabeza» de una gamba realmente contiene la cabeza y el tórax, porque en esta parte del cuerpo también se encuentran las patas o las branquias para respirar bajo el agua. El resto del cuerpo, que correspondería al pleón —y que más o menos equivaldría al abdomen de un insecto— es esa parte con muchas secciones que se come, y que, antes de ser pelada, presenta, por una parte, unas patitas más pequeñas llamadas pleópodos que sirven usualmente para nadar, y, por otra parte, en el extremo, el telson y los urópodos, una cola en forma de abanico, que también tiene funciones natatorias. Sin embargo, esto es bastante variable en función de la especie. En los cangrejos verdaderos, los braquiuros, solo vemos, por así decirlo, una gran pieza que forma el cuerpo, y que realmente sería equivalente a la cabeza de la gamba, porque ahí tenemos de todo, ojos, boca, antenas, pero también branquias y otros órganos. Mientras tanto, el pleón y el telsón están reducidos a la mínima expresión y no son ni siquiera visibles fácilmente. ¿A que cuando piensas en un buey de mar, no le ves forma de gamba o bogavante por ningún lado? Podrás ahora comprobar por qué los cangrejos de río —que son astacídeos— o los cangrejos ermitaños —que son anomuros— a pesar de ser llamados así, no son cangrejos de los de verdad. Son familiares cercanos, también Malacostráceos, pero nada más.

Muchos de estos bichos tienen un exoesqueleto muy, pero que muy duro. Estos animales llevaron al extremo el símil de que, externamente, los artrópodos tienen una especie de armadura medieval. No es que tengan más quitina o artropodina en el exoesqueleto, no, no. Como el exoesqueleto otros artrópodos marinos ancestrales como los trilobites, el de estos animales sufre un proceso de biomineralización, en el que van acumulando calcio, hasta formar esa terriblemente dura coraza tan característica que presentan. Este calcio puede provenir de depósitos internos del cuerpo, pero principalmente es capturado del agua que les rodea. Además, suelen disponer de versátiles pinzas para poder procesar la comida de la que se alimentan, ya que da más guerra. Estas pinzas no son otra cosa que patas marchadoras, que se han visto modificadas a lo largo de la historia evolutiva de estos animales, y cuya función actual no es caminar, función que han perdido del todo, sino hacer todo tipo de manualidades, entre las que destacan agarrar y cortar objetos, atrapar otros bichos o arrancar trozos de comida. El estilo en que lo hagan varía en función del animal. Los hay que valdrían más para hacer microcirugías, y otros que serían algo así como los brutos del lugar.

Entre los primeros, encontramos sin duda a eucáridos decápodos como las gambas y los camarones, que, entre sus diez patas, no disponen de uno, sino de varios pares de pequeñísimas y finísimas pincitas de relojero. Gracias a ellas, pueden acceder a la comida que se encuentra en pequeñas grietas que se encuentran entre las rocas y que los bichos grandes no pueden explotar, o despegar con gran habilidad los cachitos de carne más pequeños de los cadáveres y que se hallan más pegados a los huesos, después de que los grandes carroñeros se hayan llevado la fracción grosera de los animales muertos. Y ya puedes imaginarte quienes son estos. Los brutos del lugar, los primeros que llegan a las catas de bichos tiesos. Cangrejos, bogavantes, o langostas, los cuales disponen de un solo par de pinzas, gigantescas, que en su interior albergan, en consecuencia, colosales músculos que les sirven para capturar presas escurridizas, machacar animales de concha dura, pero, sobre todo, arrancar incluso los más resistentes tejidos de los cadáveres.

Imagina a un cetáceo que muere de vejez, o un trozo abandonado del cuerpo de un atún que ha sido presa de un tiburón y que acaba hundido en el fondo del mar durante días. Por mucho asco que te dé, este trozo de pez se convierte en un ecosistema en sí mismo, donde diversos organismos se van a encargar de descomponer una parte del animal para el que están especializados. Hay bacterias, peces, y artrópodos, muchos artrópodos de muy diversa naturaleza que habitan los más profundos abismos y que en cuestión de tiempo, dejan aquello más limpio que una patena. Es, por ejemplo, el caso de los camarones, de muchos isópodos, o de anfípodos euriteneidos como *Eurythenes gryllus*, y también el caso de nuestros amigos, los decápodos forzudos, que acuden allí para a hacer el trabajo más bestia de todos: mientras que otros van a dedicarse a comer cosas blanditas y bien descompuestas, estos van a ir a arrancar cachos duros y grandes como si no hubiese un mañana. ¿Para qué tienen, si no, unos músculos colosales, y unas enormes pinzas hasta arriba de calcio y más duras que una piedra? Muchos de ellos, por cierto, son capaces de resistir fuera del agua cortos periodos de tiempo, como los cangrejos, que si mantienen sus branquias húmedas pueden seguir haciendo sus actividades con normalidad mientras no se alejen mucho de su medio natural. Cuando baja la marea, y las plataformas rocosas de la costa quedan al descubierto, no es extraño encontrarse hordas de ellos caminando entre las piedras, en busca de bichos muertos, o moribundos, cuyos cuerpos han quedado varados por la marea. Bien sea un bicho pequeñín, o bien sea un gran pez, no hay nada que se resista a un buen par de potentes pinzas.

De hecho, estas criaturas tienen tanta fuerza que podrías contratarlos como abridores de almendras, o cortadores de carne. Por ejemplo, las pinzas de los cangrejos son conocidas por producir algunas de las mayores fuerzas mecánicas jamás registradas para cualquier animal estudiado en el mundo. Para que te hagas una idea, cuando una persona mastica comida, desarrolla una fuerza de unos 150 N —newtons, la unidad de medida de fuerza en física—, mientras que la máxima fuerza registrada para una mordida humana ronda los 500 N. Sin embargo, se han registrado hasta 800 N para las pinzas de algunas especies de cangrejo. Para otros, parecen haberse medido cifras mucho mayores, pero estos estudios están aún en desarrollo. Como habrás podido comprobar por tu experiencia, cuando te das una vuelta por el súper o vas por la playa, los decápodos normalmente tienen tamaños humildes —los más chiquitines rondan el centímetro— o al menos suelen ser pequeños en comparación con nosotros, así que éstas cifras son más que admirables.

Figura 5.3. ¡Vaya pedazo de cangrejo! Sirva de prueba el señor que se ha colocado al lado. Esta fotografía historiquísima propiedad del Museo Nacional de Historia Natural del Instituto Smithsoniano, en Washington D.C., Estados Unidos, pertenece a un ejemplar de cangrejo gigante japonés *Macrocheira kaempferi,* recolectado en 1925.

Pero claro, ahí te he colado el «suelen». Porque, aunque no constituyan la norma, sí que pululan por ahí verdaderas criaturas dignas de compartir pantalla con Godzilla en una película japonesas de monstruos *kaiju.* Malacostráceos como el japonés *Macrocheira kaempferi,* de cuatro metros de envergadura con las pinzas extendidas, o el bogavante americano *Hommarus americanus*, que puede llegar a pesar como un niño de siete años, no solo son algunos de los más gigantescos malacostráceos o multicrustáceos que habitan en nuestro planeta, sino que se encuentran entre los artrópodos más grandes y pesados conocidos de la historia de la vida.

Espera, ¿hay en la actualidad, un cangrejo de cuatro metros de largo, nadando por ahí? Uno no... ¡Una multitud de ellos! Estos centollos gigantes que son todo patas —gracias a las cuales obtienen una envergadura tan colosal— habitan en el océano Pacífico, en donde se dedican a limpiar los fondos del mar. Son muy particulares por diversos aspectos, además de por su descomunal tamaño. Uno de los más interesantes comportamientos que llevan a cabo estos animales es el de adornar sus pinchudos cuerpos de centollo con diversidad de objetos del entorno para camuflarse y pasar desapercibidos. Y te preguntarás tú si un bicho de cuatro metros va a pasar desapercibido... Pues sí. Lo consiguen.

En esta categoría de carroñeros colosos, también encontramos al cangrejo de los cocoteros, *Birgus latro*. A pesar de ser llamado cangrejo como el resto de sus parientes los anomuros o cangrejos ermitaños, estos animales no son realmente cangrejos verdaderos, sino parientes cercanos de estos. Lo de llamarles ermitaños, sí que puede tener su justificación. Estos animales hacen uso de las conchas vacías de diversas especies de gasterópodos, como las caracolas, para proteger la parte trasera de su cuerpo, que es blandita y vulnerable, del ataque de los depredadores, o para esconderse en ellas por completo cuando se ven amenazados, como un ermitaño que nunca sale de su cueva. Conforme van creciendo, estos artrópodos buscan conchas más grandes en que acomodar su cuerpo. A no ser, claro, que estemos hablando del susodicho cangrejo de los cocoteros, una criatura inusual se la mire por donde se la mire.

Este cangrejo ermitaño, ni es cangrejo, ni es ermitaño, ni es marino, ni pepinillos en vinagre. En estado adulto, este bicho —o mejor dicho, bicharraco— está adaptado a vivir en terreno firme. Nada de branquias, nada de agua, ni durante un ratito del día: en tierra, tal cual. Por otra parte, mientras que otras especies de su familia, la de los Coenobítidos, son terrestres, pero usan conchas, el cangrejo de los cocoteros va en pelotillas. ¿Y por qué? Probablemente, porque en el proceso evolutivo de esta especie, se seleccionaron ejemplares cada vez más grandes, y con un abdomen endurecido, a los cuales ya no les hacía falta concha. Si lo piensas bien, llegado un punto en que una concha no es limitante, pues ya no importa que se sigan seleccionando ejemplares todavía más grandes que no encuentren caracolas de su tamaño. De hecho, en sus fases más primarias de desarrollo —sus tres o cuatro primeras semanas como larva pelágica— este animal sí que es marino. Luego, pasa a fases terrestres aún inmaduras que viven en las playas, y donde usan una concha para protegerse, pero una vez es un enorme adulto con un caparazón bien duro, se acabó la historia. Se va tierra adentro y se olvida de todo lo que tiene que ver con el mar. Allí, este bicho puede llegar a registrar hasta cuatro kilogramos de peso y una envergadura de patas de uno o dos metros, por lo que se convierte en la especie actual de artrópodo terrestre más pesada y grande conocida. Y si esto te parece poco, lo increíble de este animal no acaba aquí.

Propio de regiones situadas en los océanos Índico y el Pacífico, se alimenta de carroña —es, de hecho, muy bueno rastreándola— pero también de cocos, de ahí su nombre común. ¡Fíjate si está duro un coco, y sin embargo estos tipejos son capaces de partirlos con sus pinzas! Se ha estimado que con ellas son capaces de mover cargas equivalentes al peso medio de un niño o una niña de entre nueve y diez años. Si tu sofá pesa unos treinta kilos, tal vez este cangrejo podría ayudarte a levantarlo por un lado para que barrieses por debajo. Se ha calculado que la fuerza que pueden ejercer una pinza de un cangrejo de los cocoteros de tamaño grande es de... ¡3 300 newtons! ¡Eso significa que este bicho pinza más fuerte de lo que muerde un tigre!

El cangrejo de los cocoteros cava madrigueras subterráneas, que tapa con una de sus pinzas a fin de conseguir un ambiente húmedo en el que poder sentirse cómodo. Por ese mismo motivo, está adaptado a una vida nocturna, pues la desecación lo mataría. Imagina a una babosa, que se suele ver más de noche, o en días húmedos, nublados o lluviosos, pero en versión decápodo.

Obviamente, no puedo despedir a los cangrejos de los cocoteros sin hablar de lo más divertido sobre ellos. Por alguna razón, les encantan los objetos raros, en concreto las cosas brillantes, como ollas o piezas de cubertería, así que birlan las que se encuentran. De ahí su nombre común en otros idiomas, como el inglés *robber crab*, es decir 'cangrejo ladrón', o su nombre específico *latro*, significa 'ladrón' en latín. ¿No te parecen muy monos? Pero monos, no porque sepan trepar hasta la copa de los árboles a por cocos, que también, sino porque son muy entrañables.

Por cierto, mucho hablar de multicrustáceos carroñeros en el mar y en tierra firme, pero… ¿Qué hay del agua dulce o estuarina? Pues ocurre tres cuartos de lo mismo. También tenemos camarones de agua dulce, cangrejos de río —que tampoco son verdaderos cangrejos sino parientes de las langostas y los bogavantes—, o cangrejos verdaderos que se dedican a hacer lo mismo que sus colegas marinos, pero en cuerpos de agua con menor salinidad. Vamos, que comen bichos muertos también, vaya. Algunos de los más famosos multicrustáceos de agua dulce son los camarones asiáticos del género *Neocaridina*, el cangrejo de río americano, *Procambarus clarkii* —principalmente conocido por ser una especie invasora a nivel mundial—, las yabby o langostas dulceacuícolas australianas del género *Cherax*, o los cangrejos asiáticos del género *Geosesarma*, que son increíblemente coloridos.

¡Ah! Y quiero que quede claro, por si te lo estás preguntando, que las pinzas presentes en muchos multicrustáceos, además de herramientas indispensables para la alimentación,

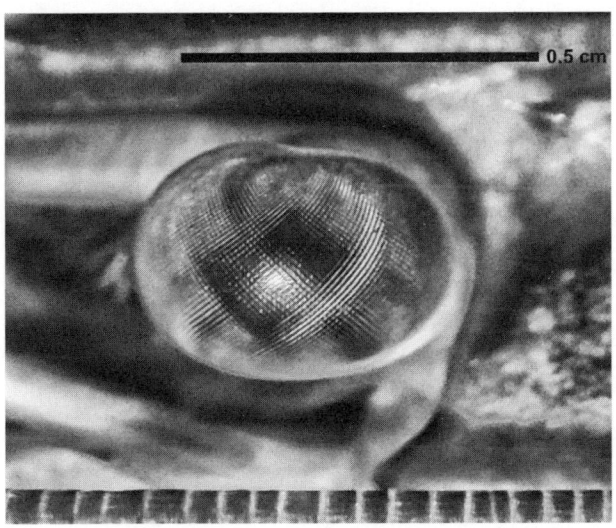

Figura 5.2. Imagen macrofotográfica del ojo compuesto de un yabby, una langosta dulceacuícola del género *Cherax*, propia de Australia y Nueva Guinea.

también tienen funciones defensivas. Así que no se te ocurra meter tu dedito en la pinza de un bogavante o cangrejo para ver qué pasa. Si el animal es grande, es probable que acabes como Frodo o como John Wick. No lo hagas. En primer lugar, porque está mal molestar a un animal. En segundo lugar, porque está feo ir perdiendo dedos. En cualquier caso, si hablamos de multicrustáceos que se defienden con sus pinzas, tengo que advertirte que no hay bichos más locos que los cangrejos del grupo Polydectinae, en donde encontramos a los cangrejos boxeadores y a los peluditos cangrejos osito de peluche. Estos no usan la fuerza para defenderse, no... Estos pequeños malacostráceos blanden con sus pinzas animales tóxicos que encuentren a mano en el fondo del mar, como nudibranquios, o anémonas urticantes, y los mueven como si fueran pompones o guantes de boxeo —de ahí su nombre común— para pegar puñetazos al aquel que se les acerque con la intención de zampárselos. Es como si tuvieran puños americanos, pero con armas químicas. No veas qué cosa más chula y estrambótica.

Sí, muy chulo, muy espectacular, pero te voy a decir una cosa, muy seriamente. Llegados a este punto, después de tantas páginas de capítulo donde hemos hablado de bichos que filtran y de bichos que comen carroña y se lo encuentran todo hecho… ¡Me están entrando ganas de un poco de acción, y por tanto de hablar de multicrustáceos con habilidades depredadoras especiales! ¡De bichos que tienen armas de alta tecnología para subyugar presas como si estuviésemos en una película futurista de extraterrestres dándose castañas unos con otros! A ver, estos también le dan a la carroña o a cualquier otro alimento si pueden, pero tienen tácticas especiales para asestar mamporros letales dadas sus tendencias especialmente cazadoras. En esta tesitura, es de obligado cumplimiento hablar de tres de los artrópodos más espectaculares que existen en el planeta Tierra: los camarones pistola —unos malacostráceos del grupo Alpheidae— las langostas mantis —malacostráceos del grupo Stomatopoda— y las gambas fantasma —malacostráceos anfípodos del grupo Caprelidira—. Con estos nombres comunes tan atractivos, te da incluso por pensar si han contratado a un asesor de imagen o algo por el estilo. ¡Guau, camarón pistola! ¡Langosta mantis! ¡Gamba fantasma! ¿Has visto como suena eso? Es que, con esos nombres, tienen que ser bichos sorprendentes a la fuerza. Ambos aluden directamente a las técnicas de caza que despliegan sus especies, y que te van a dejar atónito. Coge una silla, que te va a dar hasta mareo.

En el caso de los pequeños camarones pistola, una de las dos pinzas de las que disponen estos animales está engrosada para funcionar a modo de escopeta futurista submarina. Sí, no te tomo el pelo. Los camarones pistola dejan a las películas de ciencia ficción en la miseria. Porque, ¿qué me responderías si te digo que estos animales disparan, con su pinza-pistola, unas burbujas capaces de matar presas en el acto, pues viajan por el agua con tanta potencia, que golpean a las presas a más de noventa kilómetros por hora, a más de 4 000 grados centígrados y con un ruido de aproximadamente 200 decibelios? Por si no te haces una idea de lo que estos datos significan, te lo cuento de otra manera: las burbujas disparadas por los camarones pistola viajan por el agua a una velocidad equivalente a la de un automóvil en una autopista, a casi la temperatura de la superficie del sol, y con aproximadamente dos veces la cantidad de decibelios que registra el ruido de un avión al despegar. Tal es la que lían, que cuando hay muchos camarones pistola en algún punto bajo el mar, la perturbación que provocan produce interferencias en los sónares. Si todo esto que te acabo de contar no te parece sorprendente, no sé qué lo será. ¡Ah, sí, tengo otra!

Dentro de esta familia de multicrustáceos encontramos a los únicos animales marinos de tipo eusocial que existe en el mundo. Es decir, que viven en colmenas como las abejas, solo que debajo del mar, con sus castas, y su reina camarón. Se trata de las especies pertenecientes al género *Synalpheus*. Cuando hablemos de los Insectos, con las abejas como estandarte de la vida colonial, veremos más en detalle qué es eso de la eusocialidad, pero por el momento, puedes quedarte asombrado con el dato. Este tipo de estructura social es tremendamente rara en los animales, y muy pocos la presentan, y en el océano, Dentro de los *Synalpheus* hay varias especies que viven de este modo. Son conocidas comúnmente como camarones cavadores de esponjas, pues sus colonias viven en el cuerpo de estos animales sésiles.

¿Te han gustado los camarones pistola? Pues espérate a los depredadores que vienen ahora, porque este libro es como una montaña rusa llena de adrenalina, un no parar de bichos cada vez más locos. Ahora les toca a los sorprendentes estomatópodos, también llamadas langostas mantis o galeras. Unos malacostráceos a los que se les intuye claramente cómo se ganan la vida nada más verlos, sin lugar a duda. Estos bichos típicos de aguas poco profundas y de zonas tropicales y subtropicales, presentan un tamaño considerable —hasta casi cuarenta centímetros en algunas especies— y tienen una anatomía adaptada para cazar animales a una velocidad de vértigo y de forma furtiva: como una presa pase cerca, no le da tiempo ni a ver la vida pasar ante sus ojos antes de que se lo coman. ¡Vaya tipos!

Muy territoriales y solitarios, viven escondidos en cuevas que cavan en el sustrato o habilitan entre las rocas, desde donde acechan a sus presas. Su nombre común proviene del aspecto general de estos animales, en especial su cara, y segundo par de patas del tórax, que tienen forma de patas raptoras con sierras en su cara interna, y que son muy similares a las que presentan las mantis. Sin embargo, las de las galeras ganan por goleada. Gracias a sus patas especiales, estos multicrustáceos atrapan a sus presas a velocidades de vértigo y con golpes tan fuertes que son capaces de destrozar animales con estructuras duras, y que incluso han llegado a reventar tanques de cristal de acuarios que mantenían especímenes en cautividad. Se ha medido que estas pueden alcanzar velocidades de más de ochenta kilómetros por hora y aceleraciones de hasta 104 kilómetros por segundo al cuadrado. Para dar contexto a esta brutal cifra, un coche de carreras pasa de cero a cien kilómetros por hora en 2,8 segundos, y, por tanto, con una aceleración de 0,01 kilómetros por segundo al cuadrado, es decir, mil veces más lento. Se mueven tan rápido, que al igual que ocurre con los camarones pistola de los que hemos hablado durante este capítulo —otras criaturas que parecen sacadas de un libro de ciencia ficción— dan lugar a fenómenos de cavitación en el agua circundante, por lo que se producen burbujas de agua en estado gaseoso debido a la energía liberada. Con estos datos que se manejan, tal vez las patas raptoras de las cigalas mantis sean las estructuras cazadoras más rápidas de cualquier animal conocido en el mundo.

Por si fuera poco, las cigalas mantis, galeras o estomatópodos, como más te guste llamarlos, son lo más parecido que existe a la especie ficticia extraterrestre «Yautja», de la saga de películas *Predator*. Sí, a la que pertenece ese bicho humanoide cazador que se enfrenta a Arnold Schwarzenegger, en medio de la selva en plan guerrilla, en la peli de 1987. Si recuerdas, entre todos los dispositivos futuristas de alta tecnología que tenía el alienígena, había una máscara ultra avanzada que disponía de escáner de visión infrarroja, visión para detectar ciertas especies de presas, visión nocturna, y todas las visiones que te quieras inventar. Pues más o menos así son los ojos de los estomatópodos, que pueden ser considerados los que poseen la visión más compleja y completa del reino animal. Pueden ver luz polarizada, en algunas especies luz polarizada circular, pueden ver en el espectro ultravioleta en cuatro canales diferentes, y pueden ver a color en doce canales, mientras que los humanos solo lo hacemos en tres —rojo, verde, y azul—. Esto no les permite ver más tonalidades de colores que a nosotros, sino algo más increíble, que parece de ciencia ficción y verdaderamente extraterrestre. Mientras que nuestro cerebro interpreta que una pera es muy verde cuando la vemos porque los receptores del color verde se excitan mucho, pero los del rojo y el azul apenas lo hacen, estos animales codifican los colores de forma diferente y en vez de ver colores discriminando aquellos receptores que no se excitan, lo que hace es realizar movimientos oculares de escaneo en todos los espectros al mismo tiempo. En conclusión, los estomatópodos ven todo de una forma híper precisa, y no se les escapa ninguna presa por muy camuflada que esté o rápida que sea… pero tampoco ninguna pareja con la que ligotear.

Además de tener una vista de muerte, estos animales son tremendamente bonitos. Si recuerdas, son típicos de zonas tropicales y subtropicales, y suelen ser habituales de aguas poco profundas, donde viven un mundo a todo color en arrecifes de coral, por ejemplo. Muchas de sus especies presentan ricos patrones de colores, incluso señalización fluorescente y otras que nosotros no somos capaces de ver, tanto para mostrar señales de advertencia a posibles depredadores o a competidores de recursos —lo que incluye a conespecíficos—como para exhibirse durante el cortejo. Una de las especies más espectaculares en cuanto a colorido es *Odontodactylus scyllarius*, conocida comúnmente como langosta mantis pavo real. Entre las cosas curiosas que se podrían contar de este animal está su nombre común: se compone, ni más ni menos, del nombre de otros tres animales que no tienen nada que ver con él, más que por el parecido superficial en forma o color, que son usados para describirlo a modo de comparación. Aparte de esto, posee en su cuerpo unas coloraciones de fantasía. Aunque predominantemente verde, presenta tonalidades pardas, azules, violetas rosadas, rojizas, turquesa eléctrico, y diversas zonas de la parte anterior de su cuerpo adornadas por patrones de tipo mancha de leopardo. Los machos de esta especie realizan danzas amorosas tremendamente curiosas para encontrar pareja. Por lo general, el cortejo de los estomatópodos es complejo, y puede implicar baileteos, exhibiciones posturales diversas, señalizaciones, palpamientos con las antenas, o muchas de estas cosas a la vez. ¡Espero que les den un manual!

Se ha notificado que algunas especies de langosta mantis presentan cuidado materno. Por ejemplo, en el caso de *Gonodactylus bredini*, tras el cortejo y la cópula, macho y hembra comparten guarida hasta la puesta de huevos por parte de esta. En este periodo, la cópula se repetirá en diversas ocasiones para asegurar la fertilización. Pese a que estos animales son solitarios y muy territoriales, durante esta etapa ambos sexos de la pareja defienden su escondite de forma conjunta. Tras la puesta de huevos, esta alianza temporal comienza a resquebrajarse y vuelve la rutina: la hembra se vuelve hostil, y expulsa al macho del refugio. A partir de ese momento, la hembra se hace cargo de la puesta, y se dedica a cuidar y limpiar con detenimiento los huevos hasta su eclosión. Permanece con las crías en la guarida hasta la fase cuarta de su metamorfosis, donde las pequeñas, que hasta el momento no podían soportar la luz, salen al mundo abierto, y pasan a formar parte del plancton. En el futuro, madurarán mientras hacen complejas metamorfosis que las llevará a convertirse en letales depredadores de los fondos marinos. Letales para sus presas, claro, no para nosotros, que, de hecho, nos comemos a algunas de sus especies, bien a la plancha, bien en salsa. Es el caso de la galera *Squilla mantis*.

Si hablamos de letalidad, también hemos de mencionar brevemente a las gambas fantasma, unos pequeños bichitos que parecen ser fans de los estomatópodos, pues cazan de forma similar, ya que disponen también de un par de patas raptoras que recuerdan a las de las mantis. Eso si no son tan rápidas ni tan coloridas como ellas, sino todo lo contrario. Las gambas fantasma son denominadas así por su apariencia, a pesar de que no sean gambas. Se trata de unos anfípodos indetectables dada su apariencia pálida, larguirucha y totalmente críptica, con la que se confunden en el entorno y se vuelven tan invisibles como un fantasma —como un fantasma sin sábana puesta, claro—. Esto les da su nombre común y también muchos quebraderos de cabezas, aquellos investigadores que quieren tomar datos sobre ellas, porque entre su tamaño y su coloración críptica y transparente… ¡anda que no cuesta trabajo encontrarlas! Eso mismo deben pensar sus presas, que por mucho cuidado que tengan, seguro que se encuentran a más de uno a lo largo de su vida, acechándoles entre las algas, eso claro, si tienen suerte de poder escapar de su ataque, y de que se los coman con patatitas.

Y hablando de platos y de comida, estamos llegando a la recta final de este menú. Pero como bien es sabido, antes de terminar de comer, viene el postre, la guinda del pastel. Así que aquí viene mi sorpresa… ¿Quieres que hablemos de bichos que succionan los fluidos vitales de sus presas o que se las comen por dentro hasta hacerlas sus esclavas? ¿De bichos que mutilan el sistema reproductivo de sus huéspedes y se apoderan de su cuerpo? Mmmm, qué postre más rico, como para que no se te abra el apetito, oye. Un postre que puede resumirse de esta manera: bienvenido al maravillo mundo de los multicrustáceos parásitos —léase esta frase arrastrando las palabras, tal que un zombi comedorrrr de cereeeeebros—.

Si somos de esos ecólogos que ven el parasitismo como un caso de depredación especializada extrema, tenemos que hablar obligadamente del asunto en esta parte final del capítulo. Y más, si hablamos de Multicrustáceos. En ellos, este estilo de vida está bastante extendido. Por ejemplo, se estima que la mitad de las especies de copépodos que existen en el mundo los son. Algunos son tremendamente sofisticados, y por ejemplo tienen sus antenas modificadas para clavarse en la carne de los huéspedes de los que se alimentan. Es el caso de los copépodos conocidos como piojos de mar, que pertenecen a la familia Caligidae, como los *Caligus*, que son parásitos externos de los peces. Pero el caso más extremo de parasitismo de copépodos está por llegar. ¿Recuerdas que te dije que los copépodos son, por lo general, pequeñitos? Bueno, pues eso. Por lo general. En el caso de algunas especies, sobre todo las parásitas, se puede sobrepasar con holgura el tamaño estándar, y pueden sobrepasar el centímetro y medio. Pero espera, coge una silla, no vaya a ser que te desmayes: en algunos casos extremos, ciertas especies alcanzan incluso la loca cifra de treinta centímetros de largo, como se registra en las del género *Pennella*. Eso sí, si vieses al bicho, probablemente no lo reconocerías como un artrópodo a simple vista, pues está muy transformado con respecto a la forma basal de lo que sería un copépodo: parece una especie de sedal. Esto se debe a que su evolución ha estado marcada por una alta especialización en parasitar lo mejor posible el cuerpo de las ballenas, de las que come tejido y sangre. Es un colgajo de carne adherido a los cetáceos que solo quiere gastar energía en succionar, como el parásito más parásito de todos.

Sin embargo, la *Pennella* se queda en el segundo puesto de los tres ejemplos más brutales de parasitismo que te traigo hoy. El trofeo grande se lo llevan los Cirrípedos. Sí, sí, esos multi-crustáceos en donde se clasifican los percebes. Y es que ade-más de los bichos filtradores, también encontramos entre sus especies a unas criaturas llamadas Rizocéfalos, que se han es-pecializado en parasitar, justamente a otros multicrustáceos. Y de una forma radicalísima. De entre todos ellos, tal vez el más espectacular sea *Sacculina*, el terror de los cangrejos. Te ade-lanto que, si ya es poco intuitivo identificar al percebe como un artrópodo, lo de este pequeño monstruito es de premio. Ya te dije que los Tecostracos eran lo más extremo que ibas a encon-trar en este libro. Atención…

La historia comienza, como todas, con una pequeña cria-turita recién nacida, que se encuentra en su fase larvaria, y que no tiene nada de especial: es como cualquier otra cría de multicrustáceo. Es pequeñísima, de tipo nadadora, y si la ves en laboratorio, la reconocerías sin problema como lo que es, un artrópodo tecostraco inmaduro. Pero pronto, en su camino a la maduración, se produce un giro argumental tremendo. La larva hembra busca a un huésped cangrejo, y, tras un tiempo en el que vive cerca de él, como un felino que espera el mejor momento para atacar, se introduce en su cuerpo justo en el momento después de que este haya realizado una de sus mu-das: al no estar todavía endurecido, el nuevo exoesqueleto es mucho más vulnerable a las perforaciones. Además, *Sacculina* no intenta entrar por cualquier lugar. Para asegurarse de que

203

el proceso de invasión corporal termina con éxito, entra a través de una de las articulaciones del exoesqueleto del cangrejo, que es más fácil de atravesar.

A partir de ese momento, *Sacculina* comenzará a crecer por dentro del cangrejo, ramificándose por todo su cuerpo, apoderándose de su sistema alimenticio, de sus cavidades y de su comportamiento, que modifica conforme a sus necesidades. Esta crecerá tanto que llegará un momento en que sobresaldrá por fuera del cuerpo del huésped. Esto ocurre aproximadamente dos meses después de que la parasitación haya comenzado, y es la fase final de la invasión, la de maduración total del parásito. De esta forma, en la parte ventral de los cangrejos, por donde deberían asomar las huevas en las hembras —es decir, el saco de huevos— aparece una masa carnosa de textura uniforme y redondeada que, justamente, se parece a las huevas. Así, el huésped, totalmente bajo el control de su parásito, cuida a este sin saberlo, lo airea y le da condiciones óptimas para seguir desarrollándose, lo que le ayuda a cerrar el ciclo, y en último término, a reproducirse. ¿Cómo? Prepárate: el macho de *Sacculina* parasita a su vez el cuerpo de la hembra de su especie para poder fecundarla. Vaya tela. Por cierto, por si te lo estás preguntando, da igual que el huésped cangrejo sea macho o hembra: el parásito es el que tiene el control, y si este le dice a su huésped que es una hembra embarazada que ha de cuidar su puesta, es una hembra embarazada que ha de cuidar su puesta, y no hay más que hablar. De hecho, la acción de *Sacculina* en el huésped macho hace que este acabe teniendo el cuerpo y el comportamiento de hembra. ¿Qué te parece?¿Eh? Una historia loca, ¿verdad? Pues espera, que todavía podemos superarla, con unos bichos que se comen a su huésped por dentro, lo dejan vacío y usan el cadáver de cuna para sus bebés. *Yeah*, cómo mola.

Los *Phronima*, son unos anfípodos, parientes por tanto de los Caprelidiros, o las pulgas de playa, pero que habitan aguas muy profundas. Son animales realmente muy extraños de ver, muy extraños en apariencia —tienen pinta de gamba rara transparente y pequeña— y, por tercera vez, muy extraños en comportamiento. Las hembras de las especies de este género, como buenas peracáridas que son, cuidan a las crías en su marsupio, pero lo hacen… ¡dentro de un huésped! Este huésped suele ser un cnidario, o un tunicado pelágico, es decir, un pariente lejano nuestro que, para que te lo imagines, más que parecerse a nosotros, se asemeja más una medusa que a otra cosa. ¿Y cómo ocurre tan rocambolesca historia?

Imaginemos que nuestro parásito en cuestión se halla en busca de uno de esos tunicados raros, como las salpas, que son bichos que tiene forma de barrilete flotante transparente y gelatinoso, que se hallan por la columna de agua. Lo primero que va a ocurrir es que la hembra adulta fecundada de *Phronima*, una vez localice exitosamente al huésped, lo va a asaltar, como un pirata al abordaje. La movilidad de las salpas es muy reducida, pues se desplazan contrayéndose y poco más, así que, si la invasión es exitosa, poco puede hacer. Tras la toma de contacto inicial, llega el abordaje y el saqueo: *Phronima* perfora el cuerpo del animal con su boca y sus garfios, y lo devora por dentro. Al final del proceso, lo deja más hueco que huevo de Pascua, sin estropear, eso sí, las cámaras de flotabilidad que presenta la salpa en su cuerpo. Tras ello, y debido a que el cadáver del tunicado todavía flota, la *Phronima* lo usa como base de operaciones para poner los huevos, y cuidarlos. Se dice que este animal y su comportamiento inspiraron al director Ridley Scott para crear a la criatura alienígena conocida como xenomorfo, de la saga de películas *Alien*. Pues si esto es lo que inspiró a este bicho antagonista de la teniente Ripley de Sigourney Weaver, si hubieran conocido algunos seres que veremos en próximos capítulos… ¡Madre mía! —no adelanto más—.

Hay una cosa que debo aclarar antes de que demos cierre a este capítulo. Aunque esta historia, o cualquiera de las que hemos visto antes, pueda parecer espeluznante, te recuerdo de nuevo que el mundo animal no entiende de asquito o repelús. Además, todos estos animales hacen una labor muy importante, pues ayudan a controlar las poblaciones de peces, y de mamíferos, de artrópodos y de otras criaturas que usan como huéspedes. Así, y por mucho reparo que nos dé, hacen un trabajo de regulación tremendamente vital en los ecosistemas, al igual que hacen, entre otros depredadores, los peces carnívoros, los cocodrilos, las mantis, las avispas, o las mariquitas.

Uy, uy, uy... ¡Mantis! ¡Avispas! ¡Mariquitas! Ciertamente, con los nombres de estas criaturas, van entrando ganas de meterse de lleno a hablar de los Insectos, ¿verdad? A decir verdad, en muy breves momentos, llegará su turno. Estamos llegando al final de este viaje por el mundo de los Artrópodos, y con este a los grupos más recientes que aparecieron en este gran grupo animal, los Insectos, los más modernos. Y por eso están ya, impacientes, llamando a la puerta. No sé por cuánto más tiempo podré contenerlos sin que se enfaden, porque antes de estos nos queda otro capítulo tremendamente interesante, repleto de extrañas criaturas, previas a estos seres que elevarían el esplendor de los Artrópodos hasta la estratosfera... Unas criaturas que se encaminaban a lo que serían los Insectos, pero que se hallaban a caballo entre lo anterior y lo que vendría después. A causa de su aspecto, algunos estaban incluidos antiguamente dentro de los ya invalidados Crustáceos, pero realmente están más emparentados con los Insectos. Otros, mientras tanto son casi insectos, pero nunca llegaron a serlo del todo, ni desarrollaron la capacidad de volar... ¡Ay, qué bichos más raros! ¿Aguas turbias de la evolución hasta el nacimiento del primer insecto puro? Nada de eso, sino todo lo contrario. Su éxito no era sino la antesala de un potencial genético que estaba a punto de explotar como nunca antes en la historia de la vida.

6

¿Y TÚ DE QUIÉN ERES?

Alienígenas. Sí, alienígenas. A lo largo de este extraño capítulo, nos mezclaremos entre los últimos bichos que nos quedan por ver en este libro, y que pertenecen a los más recientes linajes que aparecieron en el grupo de los Artrópodos. Al igual que los Malacostráceos, sufren metamorfosis increíbles en su ciclo vital. Prueba de ello son los Hexápodos, entre los cuales se encuentran los Insectos, los reyes de los bichos, y el último grupo de artrópodos en aparecer en la historia de la Tierra, que veremos, a modo de *spin-off* en el próximo capítulo. Porque, mientras que llega ese momento —hexápodos no insectos aparte, que veremos al final de este capítulo—, tendremos en el transcurso de estas páginas a un elenco de lo más extraterrestre, de lo más rocambolesco… y de lo más confuso.

No sé si recordarás ese pegadizo *hit* de finales de los años ochenta y principios de los noventa, firmado por el grupo musical No Me Pises Que Llevo Chanclas, cuya letra trataba sobre una anciana que enganchaba a un transeúnte en un pueblo para hacerle el tercer grado, y saber de dónde venía, genealógicamente hablando. La canción repetía con insistencia, como un martillo pilón, en su estribillo, la pregunta «¿Y tú de quién eres?». Pues justo eso es lo que sentían los científicos hasta hace poco cuando tenían delante a estas criaturas que veremos a continuación… ¡No sabían quiénes eran sus parientes! Menos mal que diversas técnicas modernas, como las del campo de la biología molecular, llegaron para solucionarlo todo y ya supimos de quiénes eran. ¡Vaya sorpresa que nos llevamos! —y no, no eran de Marujita—.

Cuando uno está a medio camino entre una cosa y otra, se pone a pensar dónde encaja más, si aquí o allá. Así, muchas veces no nos damos cuenta de que todo ya tiene *per se* una identidad propia. Si seguimos con los símiles musicales, sería como hacerse la siguiente pregunta: ¿esta música nueva se parece más al *blues*, al *rhythm and blues*, al *folk*, al *country*, al *jazz*…? ¿O es algo nuevo, suficientemente diferente, que debería de llamar *rock and roll*? Pues lo mismo pasó con nuestros nuevos y misteriosos amigos de los cuales no se sabía hasta hace bien poco si eran más de blues, de folk o de su propio estilo: los Cefalocáridos, los Branquiópodos y los Remipedios. Si has pensado que vaya nombrecitos tienen, espera a leer acerca de su aspecto. Por una parte, se parecen físicamente —aunque tan solo de forma muy somera— a una gamba u otra criatura marina similar, motivo por el que antiguamente estaban incluidos en los antiguos y ya invalidados Crustáceos. Pero por otra, una vez se realiza un estudio concienzudo, con herramientas genéticas, se lleva uno la sorpresa: estas criaturas están más emparentadas con los Hexápodos —todos aquellos artrópodos de seis patas: Proturos Colémbolos, Dipluros, e Insectos—que con las gambas verdaderas, los cangrejos o cualquier otro malacostráceo, e incluso cualquier otro multicrustáceo. De hecho, si uno se concentra bastante, consigue ver parecidos razonables entre estos animales.

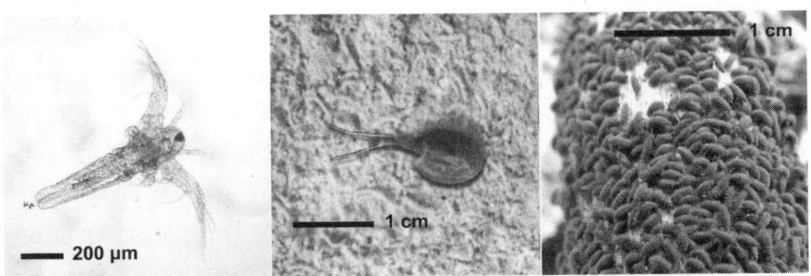

Figura 6.1. Tres animales que, a pesar de su aspecto, están más relacionados con los Insectos que con otros artrópodos cualesquiera. De izquierda a derecha: una larva en fase metanauplio del branquiópodo *Artemia salina,* un ejemplar adulto de *Triops gadensis*, un extraño branquiópodo amenazado, fotografiado en una charca temporal en Puerto Real, Cádiz, y una masificación de colémbolos forestales (Hexapoda) consumiendo materia orgánica en un bosque de la meseta central de la península ibérica.

Dicho de otro modo, resulta que tanto todos ellos como los Insectos, que son muchos millones de años más jóvenes, provienen del mismo ancestro, del mismo abuelo, mientras que todo artrópodo que tenga cara de marisco tiene un grado de parentesco algo más alejado, como si fueran sus tíos abuelos, o algo parecido, si pudiéramos hacer una comparación directa con los parentescos de una familia humana. ¿Y qué podemos contar sobre ellos para ponerles cara? Porque sí, sus nombres, una vez más, suenan a bichos raros, raros de verdad, de esos que no conoce nadie. Pero es una verdad a medias, pues los conoces más de lo que crees. Mientras que los Cefalocáridos y los Remipedios son grupos muy pequeñitos y bastante anónimos para el público general, los Branquiópodos son muy exitosos, tanto en lo que a distribución como a número de especies se refiere. Y aunque no lo sepas, también en cuanto a fama entre los niños y niñas de todo el mundo. Claro que no te suenan los Branquiópodos, ¡vaya nombre más extraño! Pero si te digo los nombres de unos productos, que variación aquí, o variación allá, depende de la marca, son llamados generalmente «monos marinos» o «crustáceos prehistóricos», seguro que la cosa cambia. Posiblemente te vengan a la cabeza spots publicitarios o fotografías de los catálogos de juguetes, o alguna que otra hermana pequeña, sobrino o hija que los quería por Navidad. En el caso de los monos, el *boom* se dio especialmente en los años sesenta y luego en los ochenta. En el caso de los crustáceos prehistóricos, algo posteriores, el boom comercial se dio en las décadas de los 2000 y 2010. En cualquier caso, por lo que sé, todavía siguen vendiéndose, aunque no con tanto éxito. No hasta que se pongan de moda de nuevo, claro. El procedimiento para usar estos productos es similar: se incluye una especie de peceras de plástico, donde se añaden unos huevos desecados que vienen en un sobrecito, y que sumergidos en agua salen de su estado catatónico para eclosionar y crecer gracias a la comida que se les echa, y que también suele venir incluida. En el caso de los monos, además hay que añadir sal al agua, pues no viven en agua dulce. Pero, probablemente, lo mejor de los monos es el envase, sobre todo el de los originales. La caja estaba decorada con una especie de dibujos caricaturescos donde se observan ciudades submarinas habitadas por una especie de monos-tritones. Obviamente, no tengo que explicar que los monos de verdad no nacen de diminutos huevos metidos en un sobre ni que no viven en agua salada y que todo esto es ficción publicitaria.

Sí, así es, lo siento: aparte de acuáticos, los monos-tritones realmente ni son monos, ni son tritones. Tampoco los «crustáceos prehistóricos» monstruosos son tal cosa: ambos seres son, ni más ni menos que branquiópodos. Concretamente, los supuestos monos son realmente artemias, esos bichillos que también se usan para alimentar a los alevines de peces, tanto a nivel industrial, como al por menor, en el mundo de la acuariofilia. Por otra parte, los crustáceos prehistóricos no son otra cosa que triops, unas criaturas que no les hace falta ser monstruos prehistóricos para lucir espectaculares. La paradoja del asunto es que, aunque la anatomía general de estos animales parece no haber cambiado mucho a lo largo de los millones de años, las especies vivas de hoy no son tan antiguas, y aparecieron hace unos cincuenta millones de años. ¡Toma giro argumental! —recomendación: huir del término «fósil viviente» todo lo que se pueda, pues lleva a pensar que algunos organismos no evolucionan, lo cual es falso—.

Te lo dije: no conocías sus nombres, pero habías oído hablar de ellos. Y no lo eso. Incluso puede que los hayas tenido en casa. ¡Y tú sin saber que habías estado dando cobijo a unos branquiópodos!

Estos animales, que cuentan actualmente con algo más de 1 000 especies descritas, por lo general suelen habitar cuerpos de agua dulce, aunque, como has podido comprobar, también algunos que viven en agua salada. Por lo general, son animales filtradores que se alimentan de detritus y plancton, que, aunque cuentan una morfología común básica —suelen contar, por ejemplo, con un caparazón que les cubre el cuerpo— la verdad es que son bastante diversos en tamaño y forma. Algunos son milimétricos, como los Notostracos o las artemias, mientras que otros pueden medir varios centímetros, como es el caso de los triops o los lepidurus, que así actúan como depredadores supremos de los charcos, al menos durante las pocas semanas que viven hasta completar su ciclo… con la salvedad de ranas o aves que se los zampan. Lo que todos ellos tienen en común son las patas con branquias con las que cuentan, patas de hecho, le dan nombre al grupo, que en su origen proviene del griego y que significa literalmente 'patas con branquias'. Tienen una peculiar forma de nadar: lo hacen boca arriba, y van por ahí, desplazándose de espaldas. Así se desenvuelven mejor, qué vamos a hacerle.

Además de ser unos excelentes filtradores de agua, lo más increíble que has de saber sobre la ecología de estos animales es que presentan unas estrategias de supervivencia que los convierte en los Bruce Willis de los Artrópodos: son duros, duros de verdad. A pesar de ser acuáticos, muchos de ellos presentan tienen unas increíbles formas de resistencia para sobrevivir a épocas muy adversas. Y cuando digo adversas, digo adversas hasta el punto de no quedar agua en el lugar en el que viven. Hasta el punto de que se forme un secarral tremendo, con el suelo ardiendo a cuarenta grados, cuando hace dos días había un enorme cuerpo de agua, como ocurre, por ejemplo, en las zonas del mundo que tienen clima mediterráneo. El ciclo vital de estos animales está acompasado con las lluvias estacionales, y muchas de las especies están adaptadas a vivir en charcas temporales. Sí, charcos que se forman con las lluvias en zonas inundables y que luego, con la estación cálida, se secan por completo. Sí, charcos que están ahí, en medio del campo, a los que nadie les hace caso. Que sí, que ningún charco que haya por ahí es estéril, sino que es un microcosmos repleto de vida adaptada a soportar cambios ambientales brutales. Si vives ahí, y cualquier momento aquello se seca y no tienes posibilidad de desplazarte, ¿qué haces? En este caso los adultos depositan en el agua unos huevos, que más bien son formas de supervivencia capaces de resistir lo que se les eche, incluso quedarse secos durante una o varias temporadas hasta que vuelva a lloverles, a hidratarlos y a eclosionar como si nada hubiese ocurrido. ¿Te das cuenta de la locura que es eso? Imagina aguantar como un grano de arena, durante meses, incluso durante años, en un suelo yermo y seco, sin ninguna pizca de agua, esperando a que un día vuelva a llover cuando lleguen las precipitaciones. Esta increíble habilidad es la que justo ha permitido que las empresas jugueteras hayan podido lanzar productos que venden huevos de branquiópodos secos, cuyo proceso de desarrollo se reactiva al entrar en contacto con el agua.

Para rematar, algunos de estos animales tienen complementado el poder de surgir de la nada con otro aún más increíble, si es que esto es posible. Pero bueno, júzgalo tú: al igual que algunos otros bichos de los que ya hemos hablado, ciertos branquiópodos son capaces de tener crías mediante un proceso de partenogénesis, sin necesidad de machos. Es el caso de la asombrosa *Artemia parthenogenetica*, cuyo nombre no deja mucho a la imaginación. Otros branquiópodos que destacan por ser tremendamente raros de ver, pues necesitan unas condiciones ambientales muy específicas para vivir, o tienen áreas de distribución muy pequeñas y tan solo habitan áreas de unos pocos kilómetros de extensión. De hecho, algunas de estas especies se encuentran evaluadas por los especialistas como amenazadas bajo los criterios de la UICN, organización de la que ya hablamos con anterioridad, y que realiza las famosas listas rojas de especies amenazadas, y donde parece, según la prensa, que solo están incluidos mamíferos amenazados como el lince o el gorila. Pero, aunque lo parezca, debido a que los bichos no venden mucho y no salen nunca en las noticias, no es así. Por desgracia, muchísimos artrópodos están el peligro real de extinguirse, como ya veremos en el terrorífico pero necesario capítulo séptimo, en el que se trata de forma específica este problema.

¿Recuerdas a los branquiópodos que estaban especializados en habitar cuerpos de agua temporales, unos hábitats ya de por sí muy duros para la vida? Pues imagina que, además de eso, sean especies algo delicadas y que el ser humano las esté perturbando debido a sus actividades sobre el medio. Es el caso que ocurre con dos especies del género *Triops*, el *Triops baeticus* y el *Triops gadensis*, localizadas en la península ibérica. Y aquí aprovecharé para contar algo que pocas veces se divulga al público general. Se habla mucho de conservar los bosques. Se habla mucho de conservar los mares. Se habla mucho de conservar las selvas. Pero para nada se habla de conservar los cuerpos de agua temporales, que son imprescindibles para los artrópodos de todo el planeta. Te pondré unos casos que he vivido de cerca y que sirven para ilustrar esta problemática.

Como ocurre en otras regiones del mundo de similar naturaleza —por ejemplo, diversas áreas del Caribe, o las riquísimas zonas de selva de Sudamerica o Asia—, la península ibérica vive constantemente dos realidades que en muchas ocasiones colisionan entre sí de forma violenta. Por una parte, es uno de los lugares con mayor biodiversidad del planeta. Pero por otra, es un destino turístico de primer nivel, y muy vulnerable a la presión urbanística. Así, se enfrenta a grandes desafíos en lo que respecta a la conservación de sus ecosistemas y el altísimo número de endemismos que en ellos habitan. Cuando hablamos de endemismos, nos referimos a especies con una distribución muy pequeña, que en todo el mundo solo viven en una región concreta dentro de un país. Muchos de ellos están amenazados. La explicación concreta acerca de por qué estos endemismos de *Triops* están en riesgo de desaparecer es sencilla: unos animales que viven en hábitats que consisten en áreas abiertas de tipo llanura, con algunas depresiones en el terreno donde se forman charcos, sin mucha vegetación de porte medio o alto, que son percibidas por la sociedad como zonas sin valor natural, tienen todas las papeletas para ser sepultados bajo asfalto en cuanto se planifique la próxima obra de ampliación de la ciudad, o de construcción de nuevas viviendas. A pesar de que las grandes extensiones de zonas inundables que existen en todo el mundo tienen un valor biológico incalculable, por lo general, no han sido muy bien tratadas por las políticas conservacionistas, y sucumben pronto ante la presión urbanística. Es cierto que los Branquiópodos han evolucionado para ser muy duros… pero todo héroe, toda heroína, tiene una némesis, una criptonita. Y los pobres Branquiópodos no pueden resistir las transformaciones que el ser humano está realizando el medio en el que habitan. Por si fuera poco, por otra parte, en medio de esta batalla por la supervivencia, otra complicación nueva apareció en escena para poner aún más cuesta arriba

214

esta situación ya de por sí harto complicada. Y venía del sitio menos inesperado: los hogares que habían comprado los juguetes educativos de los «crustáceos prehistóricos». Una vez habían visto como los bichos crecían a partir de los huevos en estado catatónico que venían en los kits, no se querían hacer cargo de ellos, por lo que los acababan soltando en la naturaleza… Y resulta que la especie que se comercializaba en Europa, y se incluía en los kits que se vendían en las jugueterías, y que también se vendía como animal para acuarios, era exótica: el triops americano *Triops longicaudatus*. Pronto, esta especie comenzó a competir con los triops autóctonos y a provocarles serios perjuicios. Finalmente, acabó convirtiéndose en una especie invasora en España, por lo que tuvo que se prohibirse su venta. Una vez más, la divulgación y la concienciación ambiental hubieran sido claves para evitar este problema de raíz.

Por poner otro ejemplo, se conocen especies que han sido detectadas únicamente en un charco en todo el mundo. No una ciudad, no una provincia, no, no… ¡un solo charco! Un charco situado en un trozo de terreno que décadas atrás pertenecía a una llanura que se inundaba con las lluvias y que estaba repleta de estos animales, que estaba concretamente especializado en hacer su trabajo de filtrado en esa zona, y con las condiciones que allí imperaban. Y que, debido al desarrollo urbanístico descontrolado, fue diezmado, y sus poblaciones, reducidas hasta el punto de la extinción casi total: es, por ejemplo, el caso de la *Linderiella baetica*, que habita en Puerto Real, al sur de España, y que está catalogada como «en peligro crítico de extinción» según los criterios de la Unión Internacional por la Conservación de la Naturaleza (UICN). ¿Qué es lo que podemos hacer para salvar a estas especies de su exterminio? Concienciar a la población de su importancia, de lo esenciales que son los hábitats donde viven, por mucho que estos lugares no tengan muchos árboles frondosos y no se parezcan en nada a la selva del Amazonas, o a la selva negra de Alemania. Que nos concienciemos todos como sociedad, también repercute en disponer de unas medidas de protección de los ecosistemas cada vez mejores y la puesta en marcha de programas de conservación específicos. Los gestores y políticos también forman parte de la sociedad en que todos vivimos, por lo que educar a las personas en estos aspectos es fundamental. Por fortuna ya se están llevando a cabo diversas medidas de conservación, en gran parte gracias a la abnegada labor de los científicos expertos en estas especies, y que pueden darles una oportunidad de sobrevivir. Pero no podemos confiarnos, debemos seguir trabajando juntos para sacar a estos animales del oscuro pozo negro en que los hemos metido.

Si continuamos con nuestra visita por el mundo de los extraterrestres, encontramos en nuestra lista de invitados para este capítulo a los Cefalocáridos y a los Remipedios. Los Cefalocáridos son unos pequeños seres marinos comedores de detritus de cuerpo segmentado y alargado, con una especie de pieza del exoesqueleto en forma de casco en la cabeza. Estos branquiópodos motoristas cuentan únicamente con diez especies descritas para la ciencia. Y aquí, no solo el nombre es raro. Los Cefalocáridos son bastante curiosos, por decirlo de forma suave. Pese a su pequeñísimo número de especies, están bien distribuidos por todos los sedimentos marinos del mundo. Sus ojos están dentro del exoesqueleto, no tienen pigmentación alguna, y, además, son hermafroditas por definición, algo llamativo entre los artrópodos, donde las especies de este tipo son excepciones dentro de los grupos en que se encuentra clasificadas. Los Remipedios, por su parte, no se quedan atrás en cuanto a singularidad se refiere. Son unos animales marinos que tienen descritas menos de veinte especies. Tienen un tamaño que varía entre uno y cuatro centímetros de longitud, y al igual que los cefalocáridos, tienen una morfología corporal alargada. Sin embargo, su cabeza consta de antenas, y todo su cuerpo segmentado presenta en cada uno de los segmentos unos apéndices bien desarrollados, lo que a primera vista les hace asemejarse a los ciempiés, solo que con un aspecto más elegante. Estos, apéndices, en vez de servir patas marchadoras, actúan a modo de remos para nadar de espaldas lenta y grácilmente a través de las aguas que surcan en busca de presas. Pero, probablemente, lo más interesante de ellos, es que disponen de un arma de caza única entre todos los mandibulados estrictamente acuáticos, tanto marinos como dulceacuícolas: disponen de veneno. A principios de la década de los 2010, cuando Crustacea aún era un taxón válido y se descubrió que los Remipedios poseen neurotoxinas que atacan al sistema nervioso de sus presas, se decía que estos animales eran los únicos crustáceos venenosos del mundo, dado que se encontraban clasificados dentro de ellos. Ya no podemos decir eso. A pesar de que los Crustáceos no son válidos, podríamos usar el grupo de los Pancrustáceos, que es exactamente igual que el de los Crustáceos, pero añadiendo a los Hexápodos dentro y a todos estos grupos raros que acabamos de ver. Y como existen muchos insectos venenosos, y los insectos son hexápodos, pues ya los Remipedios no son los únicos pancrustáceos venenosos. Pobrecillos. Al poco de darles la medallita, se la retiraron.

Y hablando de retirar, es hora de ir restando apéndices. Hasta quedarnos en seis, precisamente. Seis apéndices, que, como ya vimos anteriormente, por cosas de la evolución, fueron seleccionados por ser óptimos para caminar en tierra firme con la configuración corporal base de la que disponían estos animales: hablamos de los Hexápodos. A diferencia de los otros parientes que hemos visto hasta ahora, que eran nadadores de pura cepa, estos dieron el salto a tierra. Como ya hemos visto, los primeros artrópodos en conquistar la tierra firme fueron los mandibulados miriápodos y los quelicerados. Pero esta es la prueba de que llegar el último a un lugar no equivale a llegar peor. Si los Multicrustáceos son probablemente los animales más diversos en cuanto a estilos de vida, los que vienen ahora representan el éxito total de los artrópodos en tierra firme y el dominio absoluto sobre cualquier otra forma de vida animal en el planeta en cuanto a diversidad y abundancia se refiere. Ha llegado la hora de los hexápodos. Ha llegado la hora de vérnoslas con los Proturos, los Dipluros, los Colémbolos... y los Insectos, a los cuales veremos en un muy necesario *spin-off* de este capítulo, porque son un chupacámaras y nunca dejan sitio a los demás cada vez que les da por dejarse caer en una charla, un libro o un documental.

Así que vamos a darles un poco de visibilidad a esos tres grupos pequeños de hexápodos que ni de lejos son tan numerosos en especies como los Insectos, pero que por ello no son poco importantes para el planeta, sino todo lo contrario: los Proturos, los Dipluros y los Colémbolos son los tres grupos de hexápodos más desconocidos y de los que menos se habla. Sí, los pobres Proturos, Dipluros, y Colémbolos son más humildes que los Insectos en cuanto a número de especies, pues entre los tres, cuentan con algo más de 11 000 especies descritas. Y en los medios de comunicación, poco se cuenta sobre su valiosa labor en los suelos. Dejando aparte las especializaciones concretas de cada uno de ellos, los tres grupos tienen una función similar en los ecosistemas, que es reciclar el detritus de los suelos y los nutrientes que este contiene. Y lo más importante de todo: entre los tres, cubren todo el globo, incluso la inhóspita Antártida, en el polo sur, un reino de frío y hielo donde imperan condiciones durísimas para la vida, unas condiciones que pocos seres vivos pueden resistir. Y menos aún criaturas que no pueden controlar su temperatura corporal, como es el caso de los artrópodos. Pero nada, allí que están los colémbolos, más duros que nadie.

Los Proturos, los Colémbolos y los Dipluros son criaturas terrestres que habitan en el suelo, tanto sobre él, como dentro del mismo. Son realmente diminutos, de tamaño milimétrico, de morfología alargada, y, por lo general, de coloraciones oscuras o pálidas. Suelen ser gregarios. Mientras que los proturos no tienen antenas y poseen una cabeza con forma de cono de tráfico, los colémbolos tienen antenas, y unas estructuras en sus cuerpos llamadas furcas, que funcionan como resortes que sirven para desplazarse mediante locomoción a saltos, o bien para huir de sus depredadores. Y ya te digo que son capaces de recorrer distancias asombrosas en un solo salto, muchísimas veces superior a la longitud de su cuerpo. Y eso, desde una posición de reposo, sin carrerilla ni nada por el estilo. Gracias a estos saltos, algunas especies, como el colémbolo *Ceratophy sellasigillata*, de la familia Hypogastruridae, son capaces de cubrir hasta tres metros de longitud en una hora, lo que es mucho para criaturas que tienen el grosor del canto de tu uña. Por otra parte, los dipluros son pequeños seres paliduchos con largas y elegantes antenas, esbelto cuerpo, acabado en dos largos cercos que le dan nombre al grupo.

Como ya he comentado, estos grupos de hexápodos poseen muy poquitas especies en comparación con los Insectos. Aunque, tampoco hay dos o tres especies como en otros casos que hemos visto en capítulos anteriores. De los tres grupos, concretamente, los Proturos y los Dipluros son los más pequeños, pues tienen menos de 1 000 especies conocidas cada uno, mientras que los colémbolos tienen descritas más de 9 000. Lo que ocurre es que los Insectos son tantos, que cualquier cifra a su lado parece diminuta. Pero eso para nada significa que sean poco frecuentes ni poco importantes. Al contrario, son animales muy, muy numerosos. De hecho, los Colémbolos están considerados como integrantes del podio de los animales más numerosos del planeta. Para empezar, si son tan ubicuos, deben estar reciclando una cantidad de nutrientes tan enorme que da escalofríos pensarlo. Hace poco se ha calculado que la biomasa en peso seco de los colémbolos del mundo —es decir, su peso, sin contar el agua que contiene el organismo— es de algo menos de veinte millones de toneladas. Mucho para unos seres tan pequeños. Lo necesario para que el mundo funcione, ni más ni menos. En concreto, son especialmente importantes en los ecosistemas antárticos, dado que la mayor parte del peso del reciclado de nutrientes lo asumen ellos, al no haber otros artrópodos: prácticamente, tan solo ellos, algunas especies de ácaros y un mosquito quironómido viven allí. Especialmente, son importantísimos para el reciclado de materia orgánica en las costas antárticas, donde arriban las algas traídas por el mar, y en las pingüineras —lugares en los que se concentran las numerosísimas colonias de pingüinos — donde las deposiciones de estas aves marinas capaces de resistir el frío antártico constituyen los únicos focos importantes de nutrientes en tierra, y, por tanto, donde la vida intenta aferrarse como sea en medio de un desierto de hielo. Son unos bichos duros de pelar.

Pero para duros de pelar, los hexápodos que nos quedan, y que trataremos en el siguiente capítulo. Son los reyes indiscutibles de entre los bichos: los Insectos, los animales más ricos en cuanto a número de especies, y en cuanto a éxito en la tierra firme. Unos modeladores del paisaje imprescindibles, que han participado en dar forma a todo lo que ves cuando miras por la ventana, incluso aunque lo que veas sea una ciudad. Ellos, dada su aplastante biomasa —tal vez la mayor de entre todos los animales— y su ubicuidad, son uno de los grandes responsables de que respires y parpadees, por estar constantemente soportando gran parte del peso del funcionamiento de los ecosistemas en todo el mundo. Dentro de los Artrópodos, no cabe la menor duda de que, al menos en la tierra firme, estamos viviendo en el feudo de unas criaturas divididas claramente en tres regiones —cabeza, tórax y abdomen— y que disponen de un par de antenas, dos pares de alas, y tres pares de patas, famosos por los procesos tan fuertes de metamorfosis que sufren a lo largo de su vida, en comparación con el desarrollo de otros artrópodos. No hace falta irnos al pasado, a tiempos remotos del Carbonífero para ver el mundo dominado por criaturas voladoras de seis patas. El presente también es suyo: te doy la bienvenida al glorioso imperio de los Insectos. Hace tiempo que se superó ampliamente la cifra de un millón de especies de insectos descritas por la ciencia. Una cifra colosal, inalcanzable y difícil de imaginar, y que todavía dista mucho de ser la real, por la cantidad de organismos de este grupo que aún quedan por describir, que se estima puede tener hasta diez millones de especies. Son los amos de la diversidad animal. Con más de ciento cuarenta veces el número de especies de mamíferos, más de noventa veces el número de especies de aves, y más de treinta y tres veces el de peces, no cabe duda de que no hay quien les tosa. Excepto en la Antártida y en el medio marino —al menos de forma estricta— hay insectos por todas partes, y de forma masiva. Así debe ser para que todo ruede. No sobra ni uno solo, aunque creas que así es. Se calcula que por cada ser humano que vive en el mundo, hay más de 200 millones de insectos. Es decir, en el planeta habitan unos diez trillones de estos artrópodos, una cifra mayor a la de todos los granos de arena que se calcula que hay en las playas del mundo. Si se te acaba de desencajar la mandíbula por enésima vez debido al asombro —más incluso que cuando viste el final de *Juego de Tronos*— esta vez ni te la recoloques. A lo largo del próximo capítulo no vas a tener tiempo para parar de sorprenderte.

Estos animales juegan además con una ventaja sobre el resto de los grupos de artrópodos de este libro. Es imposible que no les pongamos cara, tamaño, o color, o que no los hayamos tenido volando a cientos a nuestro alrededor. De hecho, han sido tan cercanos al humano desde tiempos inmemoriales que la gran mayoría dispone de nombres comunes, por lo que no tenemos que ir saltando entre nombres raros e impronunciables que provocan esguinces de lengua. Así, encontramos entre otros muchos integrantes, a los escarabajos, a las libélulas, a las cucarachas, a los insectos hoja y palo, a los grillos y saltamontes, a las chinches, a las moscas y mosquitos, a las hormigas, avispas y abejas, a las mariposas… ¿Te parecen muchos? ¡Pues entonces no sabes la que nos viene encima! Por el momento, despéjate, ve al baño, tómate un descanso, hazte una tila, date una vuelta… El próximo capítulo estará dedicado íntegramente a los Insectos. La épica traca final ha llegado. Es hora de rendir pleitesía a los reyes de los bichos.

7

LOS REYES DE LOS BICHOS

Pues… ¡ya estamos aquí, con el *spin-off* de los insectos! ¡Con los artrópodos más exitosos y numerosos. ¡Con los únicos de entre ellos que pueden volar! ¡Con los únicos que…! Espera, espera, que tenemos que empezar con buen pie este capítulo. Es cierto que, para generalizar, se dice que los insectos son los únicos artrópodos voladores. Pero no todos los insectos vuelan porque las alas son estructuras que aparecieron en un momento posterior a la aparición de los primeros insectos. Dicho de otra forma: las alas no son un carácter ancestral compartido por todos los insectos. ¿Recuerdas a los pececillos de plata y bronce, cuyos linajes fueron de los primeros en aparecer de entre todos los insectos?

Estos insectos, que pertenecen al grupo de los Arqueognatos y los Zigentomos, respectivamente, son muy cercanos en forma al primer insecto que existió, del que derivan casi directamente. Están especializados en comer detritus, no suelen presentar especies mayores de dos centímetros, y carecen de alas. Son, de hecho, los dos únicos linajes de insectos sin alas que quedan en la actualidad. Sus nombres comunes provienen de la forma de su cuerpo, que recuerda a la de un pez —es fusiforme y acabado en una «colita» formada por unas estructuras de tipo cerda— así como a causa del brillo, plateado y bronceado que respectivamente presentan estos animales. Este bonito reflejo metálico se debe al recubrimiento de escamas brillantes que tienen en sus cuerpos. Concretamente, los Zigentomos, que muchas veces suelen encontrarse en las casas, en baños o cocinas, son auténticas máquinas de supervivencia, pues son capaces de degradar todo tipo de materiales, como el papel, el pegamento, o pieles. Por cierto, para nada son dañinos en los hogares, sino todo lo contrario, pues limpian la porquería de zonas a las que nosotros no podemos acceder por su pequeño tamaño. Suelen habitar en suelos con microambientes húmedos, aunque ciertas especies, especialmente de arqueognatos, son capaces de prosperar en hábitats áridos en los que se alcanzan temperaturas terriblemente altas, e incluso zonas costeras, como los *Petrobius*. Además, tienen unas habilidades que recuerdan a sus parientes lejanos, los camarones, pues como mecanismo defensivo, son capaces de retorcerse y saltar varias veces su tamaño corporal y así alcanzar alturas considerables que les permiten huir de sus depredadores. Esto lo consiguen gracias a fuertes contracciones musculares de su cuerpo. No en vano, en inglés común son conocidos como «jumping bristletails» ('saltarines de colas con cerdas'). En conclusión: claramente, estos animales son unas joyas que nos muestran el lugar que ocupaban los Insectos antes de desarrollar la capacidad de vuelo. Esto ocurrió unos millones de años después, como vimos en el capítulo segundo, cuando aparecen los insectos con alas —dos pares de ellas, concretamente—.

Llegados a este punto, seguro que estás despotricando en tu casa y gritando: «¿Cómo que ya no hay más insectos sin alas?

¡Pero si yo he visto otros muchos, además de los pececillos!».
Tal vez estés pensando, por ejemplo, en algunas cucarachas
o escarabajos ápteros o muchos bichejos que aparecen bajo
las piedras que mueves en tu parcela los fines de semana. Sin
embargo, estos animales te están engañando: provienen de
ancestros que sí tuvieron alas, y a través de la historia evolutiva particular de su linaje, las perdieron de forma secundaria.
Insectos como las pulgas o los piojos tuvieron ancestros con
alas, a pesar de que ahora no las presenten en su cuerpo. Por
otra parte, también puede ocurrir que estés viendo animales
inmaduros, pues los insectos solo tienen alas en estado adulto.
Puede ocurrir también que en función del sexo —como ocurre
con las avispas mutílidas— o la posición dentro de una colonia —como en las obreras de hormigas o termitas— algunos
individuos no dispongan de alas… Pero otros sí. En resumen,
debes confiar en mí cuando te digo que todo insecto que no sea
arqueognato o zigentomo, o bien tiene alas, o bien proviene de
antepasados con alas.

Como ya vimos en el capítulo segundo, los primeros insectos que pudieron volar tenían alas rudimentarias, las cuales no
podían plegar sobre su abdomen como hacen los insectos más
modernos. Es el caso de los Efemenópteros —efímeras— y los
Odonatos —libélulas— que han llegado hasta nuestros días
casi sin cambios con respecto a sus ancestros más antiguos. A
diferencia de una mariquita o una mosca, estos insectos paleópteros —palabra de origen griego que significa 'alas antiguas'— solo pueden recoger sus alas cuando están posadas,
pero no plegarlas, un rasgo que aparecería más tarde. Esta
circunstancia ni mucho menos hace torpes a estos animales.
De hecho, son voladores muy eficientes. De otra forma, no podrían llevar a cabo estas locas hazañas…

Por una parte, tenemos las efímeras, llamadas así porque en
su estado adulto tienen una vida realmente corta. Un suspiro en
el que deben encontrar una pareja y reproducirse. Las especies

Figura 7.1. Algunos de los órdenes que conforman el grupo de los Insectos. De izquierda a derecha, y de arriba a abajo: Ortópteros (*Lluciapomaresius stalii*), Himenópteros (*Crematogaster scutellaris*), Neurópteros (*Nemoptera bipennis*), Coleópteros (*Odontolabis* sp., de la colección del Real Instituto Belga de Ciencias Naturales©), pececillo de

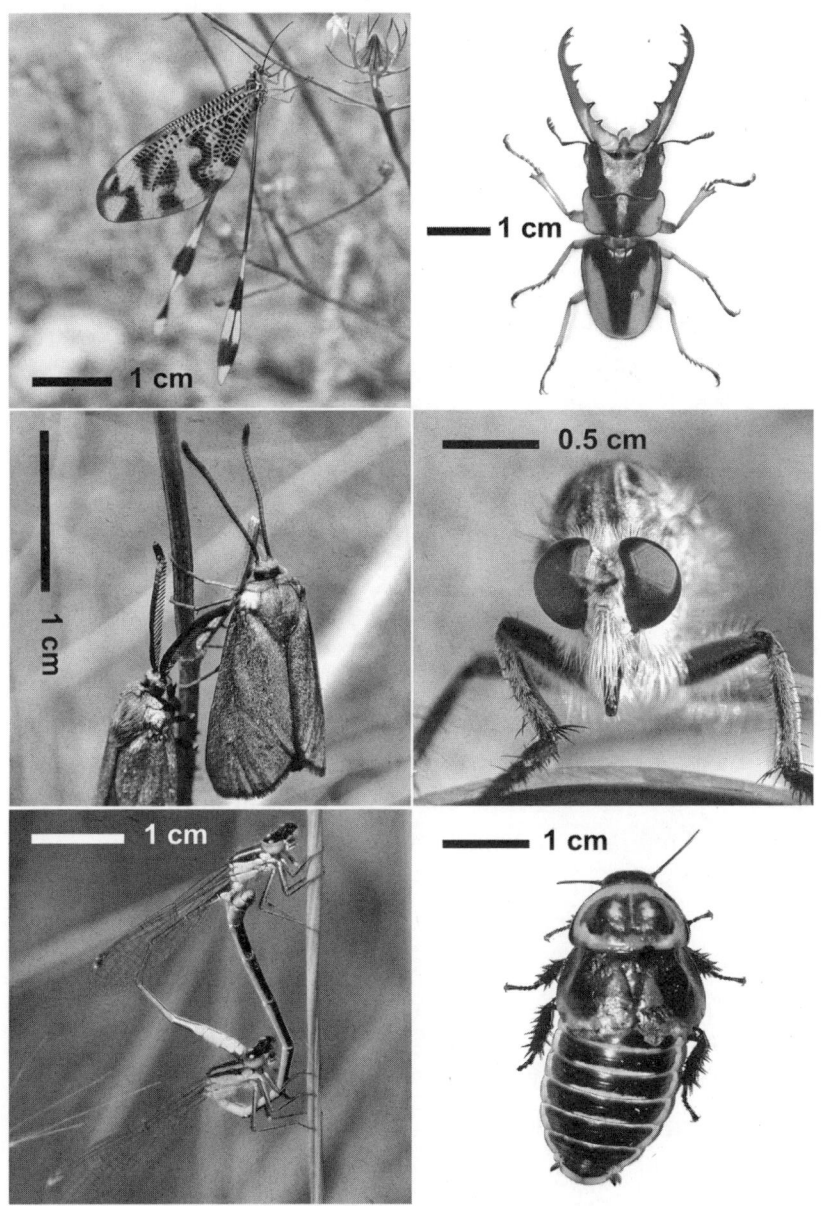

bronce (Archaegonatha), Hemípteros (*Platymeris biguttatus*), Lepidópteros (*Adscita* sp.), Dípteros (Asilidae), Blatodeos (termitas *Reticulitermes*), Fasmatodeos (*Trachyaretaon* sp.), Odonatos (*Coenagrion* sp) y Blatodeos (cucaracha *Lucihormetica verrucosa*). Fotografías del autor a excepción de Odonatos (cortesía de Irene Martín-Rodríguez).

que más tiempo sobreviven en su estado adulto duran unos pocos días. Los que menos, hacen honor al nombre de las efímeras. No duran ni un día como adultos, ni cinco horas, ¡sino treinta minutos! Es el caso de la especie *Dolania americana*, que tiene uno de los periodos de vida adulta más cortos conocidos de entre todos los animales. Mira que son dramáticas las telenovelas, sobre todo en el típico momento en el que Pablo Armando Manuel de todos los Santos descubre que la mujer con la que está es realmente Alexandra Eleonora, hermana gemela de su verdadera mujer, Anastacia Gabriella, que está secuestrada desde hace una temporada y suplantada sin que nadie lo supiese. Pero, una vez más, la realidad supera a la ficción. No me podrás discutir que lo de estas efímeras americanas no es un sobrecogedor, intenso, tórrido y efectivo romance *express*…

Por otra parte, poco hay que justificar a las libélulas, caballitos del diablo y otros parientes, famosos cazadores aéreos cuyas habilidades son bien conocidas por los científicos. Con sus seis patas equipadas con fuertes garfios, unos colosales ojos que lo ven absolutamente todo y que ocupan prácticamente toda la cabeza, y un alado cuerpo de forma aerodinámica, son unas auténticas máquinas de cazar bichos voladores. Se trata de los cazadores más eficientes conocidos de entre todos los animales. Incluso en vuelo, alcanzan 95 % eficiencia en sus capturas. Es decir, que literalmente, de cada diez veces, no fallan ni una. Esta cifra es, por supuesto, muy superior a la de cualquier otro carnívoro africano famoso de esos que sale tanto en los documentales, como la hiena —75 %—, el guepardo —hasta el 50 %— o el león y el leopardo —por debajo del 40 %—. Solamente se les acerca el mejor depredador en tierra, el licaón, con un éxito de caza de hasta el 90 %. El truco de su éxito es que cazan en grupo, no en solitario, como las libélulas. ¡Qué cazadores más excepcionales e importantes para los ecosistemas! Muchas veces suelen rondar cerca de cursos de ríos, lagos o estanques, pues es donde tanto Odonatos como Efemonópteros se reproducen. Sus larvas viven en el agua dulce en donde captan oxígeno mediante extensiones externas de las tráqueas de su cuerpo, y que actúan a modo de branquias. Es cuando metamorfosean para volverse adultos que pierden estas estructuras y se vuelven animales terrestres y alados capaces de surcar los cielos como verdaderas saetas.

Tras los Paleópteros, aparecieron insectos con alas más pulidas y modernas: los Neópteros ('alas nuevas'). No cabe duda de que eso de plegar las alas daba muchas ventajas adaptativas. Solo hay que pararse a pensar que son la gran mayoría de insectos que existen en la actualidad son neópteros. Entre los neópteros más modernos, encontramos a aquellos que hace metamorfosis complejas, en las que la larva llega al estado adulto mediante la pupación (proceso de formar un capullo para la realizar la metamorfosis que los llevará al estado adulto), como los escarabajos y las mariposas. En estos animales, cría y adulto no se parecen en nada, a diferencia de lo que ocurre con las cucarachas, las chinches, y otros insectos alados que no tiene metamorfosis completa o con pupa, y en donde el estado adulto se alcanza con un proceso de muda, como otro cualquiera realizado en fases anteriores para crecer.

Aunque tal vez no tanto como los Multicrustáceos, los Insectos son, en cualquier caso, muy diversos ecológicamente. Cualquier insecto que imagines, existirá, excepto especies estrictamente acuáticas o estrictamente marinas, pues el dominio de los Insectos se halla, indiscutiblemente, en la tierra firme y los cielos. Y digo estrictamente porque no conocemos por el momento a ningún insecto que parezca una gamba marina, pero en versión insecto, y que viva todo su ciclo completo sumergido en el fondo del mar, sin salir al mundo emergido para absolutamente nada. Y tiene sentido, pues ese hueco que pudieran tener para conquistar el medio acuático ya está muy bien cubierto por sus parientes los Multicrustáceos. Eso sí, podemos encontrar miles de especies que presentan larvas acuáticas, o que en estado adulto son capaces de sumergirse en ríos y lagos para cazar pequeños animales, como las chinches cazadoras conocidas vulgarmente como escorpiones de agua. Sin embargo, siguen necesitando aire atmosférico para respirar. Incluso una rarísima minoría de insectos que viven en la costa, en playas de la franja intermareal, así como en otros lugares con cuerpos de agua hipersalinos, como las moscas de la salmuera del género *Ephyidria* o ciertos arqueognatos de los que hablé anteriormente.

En casos aún más raros, hay especies que cierran su ciclo completo en el mar, sin vivir de forma estricta en el agua de mar toda su vida. Es el caso de los zapateros marinos, del género *Halobates*. Mientras que algunas de sus especies viven en costa, unas pocas, extremadamente raras, viven muy alejados de ella, y por ello se convierten en los únicos insectos que verdaderamente habitan en mar abierto. Mientras que las especies costeras se alimentan de bichos muertos que caen al agua, estos parecen comer zooplancton. Ponen sus huevos en estructuras que flotan a la deriva en medio del mar, como troncos de árboles, y por desgracia, últimamente en basuras flotante de tipo plástico. Más extremos aún son los dípteros *Pontomyia*, auténticos seres alienígenas en aspecto, más raros que un boleto premiado de la lotería. Estas minúsculas moscas pertenecen a la familia Chironomidae, y así, son parientes de los mal llamados «bloodworms» o «gusanos de sangre» —esos que se les da de comer a los peces de acuario, y que obviamente, no son gusanos—. Cuando los *Pontomyia* se encuentran en su estado larvario, viven alimentándose de algas bajo el agua de mar. Una vez se convierten en adultos, tienen una esperanza de vida de menos de tres horas, un valioso tiempo que deben usar para encontrar pareja, reproducirse y poner los huevos. En esta fase las hembras de la especie ni tiene alas, ni patas, ni nada que le hagan parecer moscas. Los machos, que de adultos andan por encima del agua, al menos se parecen algo más a un insecto…

Bichos raros aparte, y de vuelta al 99,9 % de los insectos que existen en este planeta, lo importante es saber que en tierra los hay por todos lados, desde la calle más asfaltada a los parques naturales más conservados, donde se encuentran en abundancia, como debería ser. Eso sí, en estos lugares, donde hay bichos a espuertas, acabaremos con dolor de cuello, pues no sabremos si lo más interesante que pueden ofrecernos estos animales está en el aire o en el suelo, en el suelo o en el aire, de forma que acabaremos intentando mirar a los dos sitios a la vez, mientras realizamos serpenteantes movimientos de cuello. Mientras que quieres hacer fotos a la infinidad de insectos descomponedores que hay en el suelo y a los depredadores que intentan cazarlos, se te escapan del objetivo un montón de hormigas arborícolas que bajan y suben por los troncos, y cuando por fin pillas posada por fin a una de esas mariposas que ha estado todo el día volando de aquí para allá en busca de néctar que libar, se te escapan diversos insectos palo que zampan hojas en las copas de los árboles porque desde que los divisaste se han vuelto a camuflar, así como un ejército de nuevos bichos que han aparecido en el suelo mientras has dejado de mirarlo y cuyas fotos no tenías… En definitiva, hay insectos para todos los gustos, colores, y formas. Es que un millón da para mucho. ¿De verdad puedes imaginar la magnitud de este número?

Bien es cierto que, dentro de esa gigantesca cifra, hay cuatro o cinco grupos, a los que llamamos órdenes en términos taxonómicos, y que acumulan la mayor parte de las especies. Se trata de los más exitosos de entre los insectos. En primer lugar, se hallan los escarabajos —Coleoptera— que cuentan con más de 400 000 especies. En segundo lugar, están las mariposas —Lepidoptera— que cuentan con más de 165 000. En tercer lugar, y muy de cerca, le siguen las abejas, avispas y hormigas —Hymenoptera— que tienen más de 150 000 especies descritas. Y, en cuarto lugar, pero no menos importante, encontramos a las chinches —Hemiptera—, un grupo que incluye a más de 100 000 especies. Estos cuatro grupos principales de insectos suman juntos más de 800 000 especies, una cifra manifiestamente astronómica. Estudiar a estos animales es tremendamente complejo, por su tamaño usualmente reducido, y complicados ciclos de vida, así que imagina todo el trabajo que hay detrás de las personas que se especializan en estos animales. Como hay tanta diversidad, normalmente, los especialistas que investigan estos grupos — llamados coleopterólogos, lepidopterólogos, himenopterólogos y hemipterólogos, respectivamente— se dedican durante toda su vida a estudiar una sola familia dentro de estos animales. Por ejemplo, dentro de los coleópteros, hay científicos que están especializados exclusivamente en mariquitas —Coccinélidos— o en ciervos volantes —Lucánidos— pues es imposible afrontar a todos los grupos en una vida humana. Ha de tenerse en cuenta que, para conocer bien a una especie, hay que investigarla durante años o décadas, dados sus complejas morfologías, fisiologías, ciclos de vida y dinámicas poblacionales. De todas formas, incluso aunque fuera posible hacerlo a ritmo de especie por día, no tendrías forma de abordar ni uno solo de estos grupos en su conjunto: solo con los coleópteros tardarías más de 1 000 años en completar la hazaña. Y eso suponiendo que estuvieras trabajando 24 horas seguidas durante esos mil años, sin dormir, tomarse libres algunos días de vacaciones, fines de semana, y por supuesto, no fallando ni dudando ni una sola vez acerca de alguna de las complicadas tareas, minuciosas, milimétricas que conlleva las más de las veces el empollarse a estos bichos. En muchos casos —y esto pasa, no solo con insectos sino con todos los artrópodos, sobre todo los de pequeño tamaño— tan solo la forma y disposición de ciertos caracteres, como la forma de la punta de las antenas, los pelillos de sus minúsculas patas o la forma del aparato genital, separan a una especie de otra prácticamente idéntica. En otros casos, las especies son

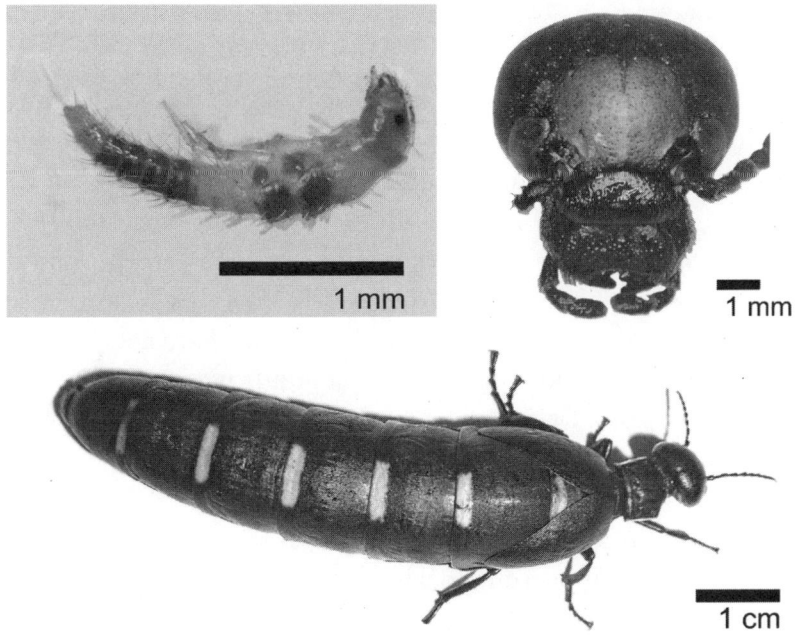

Figura 7.2. El curita payoyo, un meloido rastrero de la especie *Berberomeloe payoyo*. Arriba, larva triungulina recién nacida y detalle de la cabeza del adulto de la especie. Abajo, vista cenital de una hembra adulta.

tan parecidas que hay que hacer finísimos estudios ecológicos o genéticos para conocer y diferenciar adecuadamente a cada una de ellas. Como te equivoques, estas montando un desastre de dimensiones galácticas. Vamos, que el trabajo tiene una exigencia, una dedicación y una responsabilidad tremendas.

Por otra parte, con grupos tan monstruosos en tamaño como esos, es lógico pensar que dentro de ellos existe un abanico de formas de vida tremendas. Así, no tiene nada que ver la ecología de cualquier polilla esfinge de la familia Sphingidae con la de una mariposa cola de golondrina africana —*Papilio dardanus*— de la familia Papilionidae, o la de un escarabajo buceador del género *Hidrophilus*, familia Hidrophilidae, con la de un escarabajo espinoso de las flores de la familia

Chrysomelidae, como los del género *Dicladispa*. A causa de esta riqueza, podemos observar con claridad que no se pueden extrapolar conocimientos de un grupo a otro tan fácilmente, por muy emparentados que estén, de forma que no se puede uno poner a estudiar una familia de chinches y decir: «Ya, de camino, sabré cómo funciona las chinches de la familia de al lado de esta, porque será parecida». ¡Grave error!, porque puede que sí… ¡Pero puede que no! En la ciencia, nunca se puede dar nada por supuesto, y esto de estudiar bichos es un ejemplo claro de ello. Cuánta complejidad, ¿verdad? Tan solo hemos mencionado cuatro grupos, y ¡vaya locura! ¡Arrojemos luz sobre ellos!

Así, llega la hora de rendir pleitesía a los escarabajos, los insectos con mayor número en especies, los bichos más numerosos de entre los Hexápodos, de entre los Mandibulados y de entre todos los Artrópodos. Y por supuesto, para terminar, de entre todas las criaturas del reino de los Animales. Hay centenares de millones de toneladas de escarabajos en todo el planeta, haciendo de todo, a todas horas. Algunos están horadando la tierra o consumiendo y reciclando madera sin descanso. Otros están comiendo hierba, polen, savia, raíces, hongos o animales muertos. Otros muchos están cazando presas bajo las rocas, sobre la vegetación, bajo el agua, o tienen relaciones mutualistas con otras especies. Unos tienen alas, otros no. Unos tienes formas aplanadas, otros tienen pinchos y cabezas raras, achatadas o alargadas. Muchos son minúsculos, mientras que otros muchos son enormes. Unos tienen patas largas, otros las tienen pequeñas y robustas. Unos nadan, otros corren a toda velocidad, otros trepan con poderosos garfios que tienen en sus extremidades. Algunos tienen su cuerpo coloreado con un solo tono apagado, mientras que otros tienen colores muy llamativos, con patrones de manchas de leopardo, rayas, manchas, puntos, reflejos metalizados y demás.

Madre mía, pero entonces, ¿qué tienen en común todas estas criaturas? Provienen de un mismo ancestro común, que poseía una característica fundamental que casi todos ellos hoy día también presentan: su cuerpo está fuertemente endurecido, al igual que su primer par de alas, el externo, tanto, de hecho, que ya no sirve para volar. Sin embargo, actúa como una especie de caja fuerte protectora que blinda su abdomen, que es blando y más vulnerable a los peligros. Precisamente, la palabra *coleóptero* está formada por dos palabras de origen griego, *koleos* y *pteron*, y viene a significar 'alas en forma de caja'. Estas dos alas endurecidas encajan a la perfección, sin dejar fisura o punto débil alguno al descubierto. En la jerga científica las llamamos élitros, y son la razón por la que mucha gente cree que los escarabajos como la mariquita o el gorgojo no vuelan. Nadie se imaginaria, así, de golpe y porrazo, qué, bajo ellos, muy bien plegado y resguardado, se encuentra el segundo par de alas, que sí que es funcional en cuanto al vuelo se refiere. A no ser que, como siempre, un linaje concreto dentro de los escarabajos haya perdido ese segundo par de alas volador de forma secundaria—o reducido al vestigio más ridículo imaginable— a lo largo de su historia evolutiva. Con un primer par de alas endurecido, y un segundo inexistente, pues no pueden volar. Esto de perder la capacidad de vuelo ha ocurrido en muchos grupos dentro de los escarabajos —además de forma independiente, por lo que los escarabajos sin alas no tienen por qué estar estrechamente emparentados—. Pero siempre hemos de recordar que los tatara, tatara, tatara, tatara (millones de repeticiones omitidas), tatarabuelos de cualquier escarabajo sin alas sí que las poseían.

Entre las casi doscientas familias de escarabajos conocidas, podemos encontrar a las ilustres y varias veces mencionadas mariquitas — familia Coccinelidae— que por lo general actúan como depredadoras de insectos en todas las fases de su ciclo vital, y por ello se trata de criaturitas muy queridas entre los trabajadores del campo. Por ejemplo, les chiflan los pulgones, entre otros insectos. Son preciosas, pero sus bonitos colores no están ahí para maravillarnos, sino para actuar como señales aposemáticas que advierten a sus depredadores de los químicos defensivos que poseen, y que las hacen saber horriblemente mal. Eso quita a cualquier ave, reptil o anfibio que ande cerca suya. Otros escarabajos famosos son los gorgojos —Curculionidae— cuya región bucal está modificada en forma de una llamativa trompa elefantina. Es una de las familias de escarabajos con más especies, pues cuenta con más de 80 000 descritas. Se dedican a comer materia de origen vegetal, y en función de la especie, pueden estar especializados en consumir madera, semillas, raíces, hojas o frutos. Incluso hay especies que comen un poco de por aquí y por allá, por lo que son más generalistas. Eso sí, coman lo que coman, estos gorgojos son muy efectivos en su trabajo. Debido a ello, si se les pone a disposición un entorno artificial lleno de comida que les gusta cuando, en la naturaleza jamás la encontrarían en esas cantidades se vuelven un problema para la industria alimentaria —imaginemos un gorgojo comedor de legumbres que se cuela en un paquete de lentejas, o puestos a pedir, un camión entero que transporta sacos de estas—. Sin embargo, estos bichillos no tienen la culpa, sino que los humanos le hemos creado una piscina de bolas a medida para divertirse como críos, y ellos hacen lo que mejor saben hacer: proliferar.

En los Curculiónidos también tenemos el ejemplo más extraordinario de escarabajo que se sale de la norma de todos los demás. En 1992 se publicó un trabajo en el que se describió el increíble comportamiento de un escarabajo australiano, *Austroplatypus incompertus*, que rompía todos los moldes de lo conocido para estos insectos. Resultó que vivía en colonias, como las abejas, en una verdadera estructura eusocial, es decir, con castas diferenciadas. Por un lado, había individuos especializadas en realizar un trabajo dentro de la colonia, como buscar alimento o cuidar de las crías, y que además no se reproducían —como las hormigas obreras— y por otro, había un individuo hembra al que podríamos denominar «reina escarabajo», que sí dejaba descendencia. Sorprendente, increíble, asombroso... ¡Para echarle flores! La naturaleza siempre nos sorprende con algo que desconocíamos cada vez que damos todo por sabido. Desde entonces, hasta la fecha, se trata del único caso conocido de eusocialidad en escarabajos. Por cierto, a pesar de ser gorgojos, estos escarabajos eusociales no tienen nariz elefantina.

Los Crisomélidos constituyen otra familia de escarabajos que merece especial mención, pues, aunque no tanto como los curculiónidos, son bastante numerosos, pues cuentan con más de 30 000 especies descritas. Aunque no se usa mucho su nombre común, también son conocidos vulgarmente como escarabajos de las hojas. Estos animales se alimentan de diferentes partes de plantas durante todo su ciclo vital. La familia de los Crisomélidos puede ser tal vez uno de los grupos los escarabajos más coloridos y curiosos en formas que existen. Nada más hace falta ver a cualquier especie del género *Platypria* o *Dicladispa*, escarabajos extremadamente pinchudos... con hombreras de púas incluídas, o a los increíbles *Rhaebus*, de Asia y Oriente Medio. Poseen un encanto inigualable: bellos tonos azules y turquesas metalizados, patas traseras con los muslos más grandes que los de alguien que se dedique al culturismo profesionalmente... Pero si te encuentras entre las personas que entrena día y noche para ser el próximo Míster Olympia o la próxima Miss Olympia, a quien debes temer es al escarabajo de las hojas con patas de rana, *Sagra buqueti*. Reza para que un día no decidan admitir insectos en el concurso y se presente este escarabajo asiático. Los machos de las especies parecen estar musculados, y tienen unas patas con unos muslos que ya quisiera Schwarzenegger en sus años mozos, y unos colores de brillo metálico arcoíris con el que ningún bronceado, por muy bueno que sea, puede competir. Y es que con las patas solamente se llevan el premio sin discusión posible. Pero si esto te parece sorprendente, espérate a que te cuente lo que hacen los crisomélidos del género *Acromis*. Has oído hablar de los insectos hoja, e incluso de las mantis hoja, pero ¿escarabajos hoja? Pues sí. El cuerpo de estos escarabajos americanos es exactamente igual al de una hoja seca. No solo eso, sino que las madres cuidan de sus crías. Incluso existen crisomélidos con bellos colores que son confundidos con mariquitas, debido a sus colores de advertencia, como las *Lachnaia*.

Obviamente, si hablamos de coleópteros, no podemos pasar por alto a los Lucánidos —Lucanidae— una familia de alrededor de mil especies. Son esenciales en los bosques, pues las larvas se alimentan de madera muerta y, por tanto, contribuyen de forma muy importante al reciclado de nutrientes y la fertilidad de los suelos en estos ecosistemas. Estos escarabajos formidables se caracterizan por poseer unas mandíbulas muy desarrolladas, especialmente en el caso de los machos. Estos las usan para exhibirlas y combatir con otros machos de ser necesario, por el derecho a reproducirse con las hembras, como si fueran ciervos en la berrea. Además, deben hacerlo con determinación, pues como ocurre con otros muchos insectos, su vida adulta es muy corta en comparación con el tiempo que han pasado viviendo como inmaduros.

Por si te lo estás preguntando, sí, los Lucánidos son muy anteriores a los ciervos, así que más bien es el comportamiento de los ciervos el que se parecen a de los Lucánidos, y no al revés. En cualquier caso, es esta comparación la que les da el nombre común de ciervos volantes, solo que en vez de con las astas, estos escarabajos pelean con la boca. Algunas de sus especies alcanzan tamaños formidables. Entre estos gigantes, se encuentra el ciervo volante europeo, *Lucanus cervus*, el más famoso de todos ellos y el escarabajo más grande de

Europa: en su fase de larva, puede alcanzar hasta nueve centímetros de largo, y en su fase adulta, no se queda muy atrás. Aunque, eso sí, su tamaño es muy variable, y usualmente se encuentran ciervos más pequeñines. Otros tienen mandíbulas tan superlativas que su longitud es de alrededor de la mitad de lo que mide todo su cuerpo. Es el caso del ciervo volante jirafa, *Prosocopoilus giraffa*, de Asia, que además es probablemente el ciervo volante más grande del mundo, con casi doce centímetros de longitud totales. Suelen tener tonalidades oscuras, pero algunos son todo lo contrario a discretos: el ciervo volante rey, de Australia, *Phalacrognathus muelleri*, tiene unas tonalidades verdosas iridiscentes metalizadas increíbles, mientras que otros, como los bellísimo *Odontolabis*, presentan vivos colores, en este caso, anaranjados. Al igual que ocurre con los crisomélidos, este asunto de ser tan bonitos por desgracia los hace objetivos muy vulnerables de la caza furtiva con fines de coleccionismo, un negocio muy lucrativo donde los ejemplares capturados pueden alcanzar precios exhorbitantes. No cabe duda alguna de que el furtivismo, constituye un problema crítico para la conservación de estos animales tan cruciales para el planeta, más si tenemos en cuenta que los escarabajos saproxílicos, en general, están muy amenazados, pues de forma tradicional los bosques sufrían retiradas masivas de troncos muertos. Sin embargo, hoy día sabemos que está más que comprobado que la madera muerta no contribuye a la aparición de los incendios, por su baja inflamabilidad. Y lo que es peor, sabemos a ciencia cierta que nadie recicla mejor los nutrientes de la madera muerta que estos animales, que junto con otros artrópodos —entre ellos los también famosos escarabajos longicornios de la familia Cerambycidae— así como una infinidad de especies de hongos y microorganismos, forman el conjunto de los llamados organismos saproxílicos. Si no dejamos que ellos hagan su trabajo, y retiramos la madera, estamos empobreciendo cada vez más al ecosistema y haciéndole mucho daño, y, en consecuencia, a nosotros mismos. La madera muerta es vida y sinónimo de biodiversidad.

En cualquier caso, si quieres conocer escarabajos raros, raros de verdad, prepárate. Como entradilla, te diré que es cuanto menos curioso que haya bichos que se parezcan mucho más a la criatura extraterrestre conocida como xenomorfo de la película *Alien, el Octavo Pasajero* que el que supuestamente inspiró al personaje originalmente —un anfípodo del género *Phronima*, como vimos en el capítulo dedicado a los Multicrustáceos—. Ya vimos a los pentastómidos y su habilidad para atravesar tejidos por dentro del cuerpo de su huésped. Pero, al menos personalmente, no me cabe duda de que los que más cerca están de ser xenomorfos en la vida real son los que constituyen la familia de escarabajos de los que te hablaré a continuación: los Meloidae, una familia de alrededor de 3 000 especies, conocidas vulgarmente como aceiteras, carralejas, botijos, escarabajos ampolla —del inglés *blister beetles*—, curitas, curatos y otros muchos nombres comunes. La gran variedad de nombres, en comparación a otros artrópodos, puede explicarse debido a que, como ya hemos visto, estos animales han sido usados desde tiempos inmemoriales en la medicina tradicional, y han estado muy arraigados a la cultura popular de los pueblos. Así, en cada región se les dio un nombre, e incluso una aplicación, diferentes.

Para empezar a hablar de lo raras que son estas criaturas, he de decir que son uno de los grupos de animales más complejos que existen, característica que los convierte directamente en extraterrestres, pues sus modos de vida son tan difíciles de estudiar que en la mayoría de los casos no sabemos más que lo superficial sobre sus ciclos o su ecología. En algunos casos, sus ciclos pueden tardar en completarse hasta alrededor de dos décadas, y conllevan una cantidad de fases o estadios para cerrar su ciclo vital que dejan a la altura del betún a la metamorfosis de la mariposa de seda que nos enseñaban en el cole. Como sabrás, esta especie de mariposa, de nombre científico *Bombyx mori*, una vez nace del huevo, tiene forma de oruga, y tras alimentarse de hojas de morera como si no hubiese un mañana, pupa para convertirse en una mariposa adulta. Pues, permíteme decirte, que a pesar de que esto es espectacular y muy bonito como la metamorfosis de cualquier insecto, lo de los meloidos o meloideos es para leerlo y no creerlo: no pasan, ni por uno, ni por dos ni por tres, ni por cuatro, ni siquiera por cinco estadios a loa largo de su vida, sino que atraviesan un total de ocho. ¡Ocho! ¡Se transforman más que un Pokémon, tanto en forma como en estilos de vida! Déjame que te lo ilustre brevemente:

Todo comienza, como siempre, con una mamá meloido que deposita su multitudinaria puesta de huevos. La coloca, convenientemente, bien cerca de nidos de abejas solitarias que viven en el suelo, o cerca de una puesta de huevos de saltamontes, en función de la especie. Tras la eclosión las larvas son parasitoides: consumen los huevos de los saltamontes, o a las crías de los himenópteros, y la comida que estas tienen almacenadas. ¿Cómo llegan al lugar donde estos animales guardan tan preciados tesoros? Depende de la especie. En algunas, como ocurre con los *Meloe*, un género de meloidos rastreros bastante extendido en el mundo, mamá meloido deja la puesta en un agujero practicado en el suelo, muy cerca de las flores que la especie de abeja que parasita suele frecuentar. Una vez eclosionada la puesta, las larvas trepan cerca de las flores, para agarrarse a la pata de una abeja adulta y dejarse llevar hasta el nido, sin el menor esfuerzo. Básicamente, convierten a uno de los padres en un caballo de Troya para su propia descendencia. En otras especies, como las del género *Nemognatha*, unos bellos meloidos voladores, hay una pequeña variante de la historia: la madre pone directamente la puesta cerca de la flor para que sus niños ni pierdan el tiempo en escalar hasta allí.

La otra gran estrategia, que ocurre por ejemplo en los *Mylabris*, especializados en saltamontes, o con los escarabajos iberomagrebíes *Berberomeloe*, especializados en abejas, es que una vez nacidas, las larvas buscan activamente por el suelo el nido que quieren asaltar, y que está cerca de donde su madre les dejó convenientemente cuando eran huevos. Después de eso, sus vidas consisten en comer y mutar, con algunas fases de descanso entre medias, en las que pueden entrar en estado de resistencia durante años, y años, y años, hasta que finalmente se hacen adultas y herbívoras. En este estadio, el que la gente suele ver en el campo normalmente, viven muy poco tiempo, lo justo para comer como bestias y estar en forma para reproducirse. Eso no quita que el bicho adulto que estás viendo en el campo no sea un Matusalén, pues tal vez tenga quince años o más. En cualquier caso, su corta vida adulta no quita que esta etapa sea tal vez la más interesante de su ciclo. Para empezar, su hemolinfa, liquido transportador análogo a la sangre humana, de consistencia aceitosa, es muy tóxica, hasta el punto de que, si es ingerida en grandes cantidades, puede ser mortal. Contiene un producto químico llamado cantaridina, que ataca a los riñones, y que, como efecto secundario del envenenamiento, produce priapismo, es decir, erecciones involuntarias en los hombres. Debido a ello, esta sustancia ha sido usada desde tiempos inmemoriales como viagra. Una viagra asesina, claro está. De hecho, durante siglos, se sospechó que Fernando el Católico, ya viudo de Isabel, y desposado con la joven Germana de Foix, murió por el consumo de brebajes afrodisiacos que contenían zumo de escarabajos meloidos. Con más de cincuenta años, el hombre ya no se veía con facultades para engendrar hijos, y hacía uso de estos productos de herbolario de la época. Nuevas investigaciones parecen haber desmontado esta hipótesis. Sin embargo, en cualquier caso, por los registros que tenemos queda claro que muchos personajes poderosos de antaño hicieron uso de esta sustancia con «fines lúdicos» y también con muchos otros, porque la cantaridina era una suerte de sustancia comodín a la que la gente acudía para todo. Seguro que más de uno ingirió una dosis que se lo llevó al otro barrio. Es por ejemplo lo que se sospecha que ocurrió con Simón Bolívar, el libertador y político colombiano del siglo XIX, mal aconsejado por un médico al que consultó de sus males. A ver, técnicamente, lo que tenía le dejó de doler, lo malo es que se murió. A día de hoy, de hecho, en algunos países donde la cultura tradicional sigue muy arraigada, todavía siguen registrándose de vez en cuando algunos casos de muerte por ingesta de cantaridina. Otros de los usos de esta sustancia en siglos pasados era el de usarse para matar a la gente, al más puro estilo ninja, por lo bajo, sin levantar sospechas, dando productos que contenían la toxina como ingrediente. A saber a cuántos aristócratas se han cargado así... ¡Escarabajos cambiando el curso de la historia, quién lo diría! Pero la historia no acaba aquí: la cantaridina, además de ser nefrotóxica, tiene efectos vesicantes e irritantes en la piel con su solo contacto. Dicho de otra manera, podemos decir que este animal tiene sangre corrosiva —motivo por el que también se ha usado en medicina y veterinaria tradicionales—. Como puedes comprobar, estos animales están, muy pero que muy bien defendidos. Es por ello por lo que en muchos casos los Meloidos poseen patrones presumiblemente aposemáticos que advierten de esta alta toxicidad. Así, apenas tienen depredadores naturales. Por otra parte, en su última etapa de vida, en algunos casos, también adquieren unas formas realmente estrafalarias. Mientras que algunas especies son gráciles visitadores de flores que vuelan de forma elegante —como los géneros *Epicauta, Lagorina, Lytta, Mylabris* o *Pyrota*— otros han perdido la capacidad de volar, son masivos en constitución y presentan un tamaño enorme. Sus abdómenes están hipertrofiados y ocupan la mayor parte de su cuerpo, hasta casi parecer botijos con patas. Es el caso de los ya citados *Berberomeloe*, que están entre los escarabajos más grandes de Europa, con hasta ocho centímetros. También, entre estos escarabajos gordotes y de vida rastrera, tenemos a los ya mencionados *Meloe*, a los *Megetra* norteamericanos, o al endemismo ibérico *Physomeloe*, entre muchos otros.

Tampoco es posible terminar de hablar de los coleópteros sin dedicarle un espacio a los Escarabeidos —Scarabeidae— pues es también una de las familias de coleópteros más destacadas e incluye a los escarabajos más escarabajos en apariencia de todos los coleópteros. Su nombre así lo dice. Con más de 35 000 especies descritas, son tremendamente diversos en cuanto a estilos de vida. Cabe destacar a los escarabajos comedores de caca, como los peloteros del género *Scarabaeus*, que hacen bolas de estiércol para poner los huevos dentro y que sus larvas tengan comida. Aprovecho para decirte que, a pesar de que en los documentales se observa asiduamente a estos escarabajos haciendo bolas con los excrementos de los elefantes, en sus orígenes, parece ser que hacían este mismo trabajo, pero con cacas de dinosaurio. También existen muchísimas especies de escarabeidos saproxílicos, como en el escarabajo rinoceronte del género *Oryctes*, muy extendido en el mundo, y cuya larva come madera, muerta. Justo cortado casi por el mismo patrón, encontrados también a un famoso pariente suyo, mucho más gigantesco: el sudamericano escarabajo hércules, *Dynastes hercules*, considerado uno de los escarabajos más grandes del mundo —empatado con el cerambícido gigante *Titanus giganteus*—. Su extraordinaria fuerza es bien conocida. Es capaz de levantar hasta 850 veces su propio peso. Con su tamaño de casi veinte centímetros, y sus dos cuernos gigantes, uno situado en el tórax y otro en la cabeza, tiene un aspecto inconfundible y maravilloso.

¿Y qué decir de los increíbles Carábidos? La mayoría de sus especies son carnívoras y además muy buenas cazadoras en estado adulto, por lo que disponen de fuertes y desarrolladas mandíbulas con las que pueden reducir animales incluso más grandes que ellos. Debido a ello, estos escarabajos suelen ser mal identificados como ciervos volantes, con los que, en realidad, no tienen mucho parecido ni un parentesco cercano, más allá, claro, de ser escarabajos. Sin embargo, las especies de carábidos también pueden usar sus mandíbulas para luchar por el derecho a reproducirse con las hembras, a veces, de formas muy extremas, como es el caso de los *Scarites*, género muy extendido en el mundo, y que habitan en zonas costeras, en los cordones dunares, donde realizan sus madrigueras.

Hay también escarabajos nadadores, con estrategias diferentes y de diferentes grupos no emparentados cercanamente entre sí. Para que veas cómo es la evolución. Por un lado, están los girinos, y por otra, los hipéridos. ¡Pero espera! También están los sorprendentes Cetónidos de las flores, los Tenebriónidos detritívoros, súper importantes en el reciclaje de materia orgánica, los Mordélidos de las flores, los Monotómidos… y también hay… espera, y también hay… —¡pónganme un esparadrapo en la boca, por favor, por mi bien y por el tuyo!—. ¡Con los escarabajos no acabaríamos nunca, nunca jamás! Estos insectos tienen material para llenar cientos y cientos de libros. E incluso así, no dejarse información fuera sería, a todas luces, imposible. Al menos, con este espacio extragrande que les hemos dedicado dentro del capítulo, hemos establecido una visión general de estos animales tan extraordinariamente diversos.

Tras los coleópteros, el grupo más numeroso en especies, tanto de insectos, como de animales en general, es el de los Himenópteros. A pesar de que, a primera vista el nombre derivado del griego Hymenoptera parece significar literalmente 'alas membranosas', no está muy claro si efectivamente esta palabra proviene de esta característica que tienen estos insectos, o es una casualidad, y realmente hace referencia a historias mitológicas. Sea como fuere, podemos usar el nombre para acordarnos de que estos animales tiene dos pares de alas transparentes, unidos con una especie de estructuras de tipo velcro, llamadas *hamuli*. Es por eso por lo que muchas personas creen que las abejas tienen un solo par de alas, pero, nanay. Dentro de este grupo podemos encontrar, entre otros integrantes, a los Panfilioideos, a las avispas de la madera, a las avispas cuco, a las abejas, a los abejorros, a las avispas verdaderas, y a las hormigas, entre otros insectos. Y cuando tenemos que puntualizar eso de «verdaderas», mal asunto. El uso común de la palabra avispa, abeja o abejorro se ha usado indistintamente para unos animales u otros, independientemente de su parentesco real, sino más bien por su aspecto. Los Himenópteros presentan especies que principalmente encajan en los estilos de vida que veremos a continuación.

Algunos grupos principalmente están especializados en alimentarse de plantas, como los Tentredinoideos, que se encuentran entre los himenópteros más primitivos. Otras comen madera como los Siricoideos o los Xifídridos, que tienen aspecto de avispa, pero, en realidad, no son avispas de verdad como las que ves en la fuente del parque. Muchas otras especies son parasitoides, y la estructura que usan para depositar sus huevos, llamada ovopositor, tiene forma de aguja hipodérmica, para, literalmente, inyectar huevos dentro del cuerpo de los huéspedes. Así, al nacer, se la coman desde dentro —¡más *aliens*!—como por ejemplo los Orussoidea, o muchísimas familias de himenópteros apócritos que antiguamente se clasificaban en el grupo artificial Parasitica, y que como indica su nombre, incluía himenópteros de lo más dispares que están especializados en parasitar a todo artrópodo, e incluso planta habida y por haber. Así, cabría destacar a los Cinípidos, famosos porque algunas de sus especies crean agallas en los árboles —por ejemplo, en las hojas— que parasitan al dejar sus larvas. La agalla, al fin y al cabo, es una estructura que crea el árbol para defenderse de la infección que ha provocado la avispa, y estas al final disponen de un búnker de seguridad donde guarecerse hasta que emergen como adultas, perforando el búnker desde dentro. Y aquí surge la misma duda de siempre. ¿Son malas estas avispas? No. Pero si se encuentran con un lugar propicio, preparado por el humano para que se diviertan como si estuviesen en un parque infantil, pues tal vez, los dueños de estas plantaciones no estén muy contentos. Es lógico, pero no debemos odiar a estas criaturas que han evolucionado para hacer sus funciones mucho antes de que nosotros apareciésemos en el planeta.

Otros increíbles himenópteros parásitos de los que no podemos olvidarnos son de los Pompílidos, que cazan arañas para introducir a sus bebés dentro de ellas. Bueno, no en todos los casos, en algunos pocos, las larvas solo chupan los fluidos de la arañan hasta matarla por desangramiento, o más bien «deshemolifamiento». Nada, cosas normales que pasan en la vida. También tenemos a los Evánidos, cuyas larvas son inoculadas en las puestas de huevos de cucaracha y así ejercen control biológico sobre ellas. Si, por ejemplo, ves en casa a una avispa que aparenta estar moviendo el trasero todo el tiempo de forma inquieta, tiene la cara de un auténtico robot extraterrestre y es de color azul metalizado, estás ante una *Evania appendigaster*, una especie de origen asiático pero que ahora está por todos lados. Al igual, claro, que los bichos que se comen sus crías. Probablemente hayan ido a comprobar, como si de la poli se tratara, si hay cucarachas en el hogar o no. Si ves muchas o durante mucho tiempo zumbando aquí y allá, es que hay mucho por hacer, y, por ende, ya sabes lo que significa. Más vale que saques tus pompones de *cheerleader* y que las animes para que te limpien bien la casa.

Y si de parasitismo estamos hablando, bajo ningún concepto, podemos olvidar ni himenóptero más grande de Europa, la avispa mamut o de cuatro puntos de la familia Scoliidae. Esta especie, que en su estado adulto puede alcanzar hasta los cuatro centímetros de longitud, se dedica a parasitar larvas de escarabajo rinoceronte, a las cuales buscan en la madera para inyectarle sus huevos, y que así las larvas al nacer tengan alimento asegurado. Por desgracia, este bello animal suele ser confundido con la avispa asiática invasora por los usuarios no expertos, con la cual no está emparentada, debido a su tamaño. ¡Cómo si en suelo europeo no hubiese magníficos y enormes himenópteros! Así que, si ves en un país europeo a una avispa de gran tamaño totalmente negra con cuatro puntos amarillos, no la mates o molestes: ¡disfrútala!

Lo que no debe preocuparte es de si va a picarte o no, pues no todos los himenópteros tienen aguijón venenoso. No te asustes de primera si ves a una criatura que parece a una avispa. Se debe mantener la calma y pensar que estos animales no han evolucionado para atacar y enemistarse con humanos día sí, día también. Menos aún se debe intentar golpearlas o manotearlas. Si en vez de una de estas avispas parasíticas, es una avispa de las de verdad, se cabreará, pues pensará que la estás atacando. Mejor abrir una ventana y que se vaya ella sola, tranquilamente. Y si es necesario llamar a algún servicio profesional, pues efectivamente lo que hay que hacer es llamar para que retiren un panal, por ejemplo, de un porche, pero no tomar la justicia por nuestra mano y hacer cosas indebidas, como tirar una piedra, o tirar un cubo de agua, o intentar prenderle fuego, pues la casa puede ir detrás. Más precavido aún hay que ser si se es alérgico. Hay que tener mucho cuidado con los *shocks* anafilácticos, que pueden ser letales. Aunque estos casos no son los más frecuentes. Lo que está claro es que enfadarlas o enfadarte porque las avispas y abejas existen, maldecir al cielo, y actuar en caliente nunca es una buena opción. Estos animales son muy importantes para los ecosistemas, pero si les damos zonas humanizadas en las que se sienten muy bien, y sin peligros, pues van a proliferar fuertemente en determinados lugares en los que pueden existir conflictos con las personas que allí viven. Pero hemos de recordar que el que siempre altera el ambiente original es el humano. Debemos gestionar el problema lo mejor posible, pero no enfurruñarnos con que el mundo es malo con nosotros y los bichos, que parece que estar solo para molestar, cuando, una vez más, nos están dando la vida.

En la mayoría de los casos que he presentado antes, los adultos no duran mucho, y son las larvas las que tienen más enjundia. Sin embargo, como sabrás, muchos otros himenópteros poseen estados adultos mucho más largos y funcionales.

Entre ellos, son famosos aquellos que se dedican a tomar néctar y polen de las flores, como las abejas y abejorros *Apis*, *Bombus*, *Megachile*, *Trigona* o *Xylocopa*. Cuando son larvas, estos insectos se encuentra en las estructuras que sus progenitores construyen, y es en ellas reciben cobijo y comida. Estas estructuras pueden tener forma de colmenas, donde vive una colonia constituida por miles de individuos, como ocurre con la abeja melífera, tal vez el himenóptero más conocido de todos. Pero, sobre todo, tienen forma de madrigueras cavadas en el sustrato, pues la mayoría de las abejas del mundo son solitarias o subsociales y viven bajo tierra.

Los adultos, como si de granjeros se tratase, recorren sus zonas de forrajeo, llenas de flores que normalmente aparecen en primavera, y en las que buscan alimento, yendo de flor en flor, visitando una aquí, otra allá, y otra, y otra más, otra más, para recolectar todo el alimento posible que se lleva de vuelta a casa, tanto néctar, que colectan libando o chupando en el centro de las flores, como polen, que recogen con las pilosidades del cuerpo. Al hacer este trabajo, se llenan de polen por todos sitios en el cuerpo, como si les hubiera estallado un saco de harina en toda la cara. De esta forma, en su constante visita a diversas flores, que no son más que los órganos sexuales de las plantas, van dejando restos de polen —que no son más que células reproductoras masculinas— de las anteriores en las que estuvieron, de forma que polinizan, participan en la fecundación, de las plantas. De ahí la importancia de la «pelambrera» corporal de las abejas: es determinante para que se enganche el polen. Incluso, en algunas especies, como en la famosa *Apis melifera*, o abeja de la miel, así como en muchas otras especies como los abejorros *Bombus*, o las bonitas abejas de las orquídeas *Euglossa*, existen estructuras de sedas especiales —que tiene forma de vellosidades—en el último par de patas para que estas maximicen la recolección de polen y lo lleven de vuelta a casa de forma segura: son las llamadas canastas o corbículas, y es la razón por que en muchas ocasiones observamos abejas con los mulsos de las patas traseras de color anaranjado, como si tuviesen algo pegado alrededor de ellos. Y efectivamente, lo tienen: no son otra cosa que mazacotes de polen.

Una vez llevan este alimento a casa, dejan el polen, y regurgitan el néctar que han tomado, junto con unas enzimas que lo procesan y lo preparan para su posterior ingestión. Este néctar procesado por las abejas es lo que llamamos miel, que, por decirlo de forma sencilla, no es más que néctar con saliva. Sí, así es, has bebido saliva de abeja, y no de una, sino de muchas, además.

Por otra parte, hay muchos himenópteros eminentemente cazadores, carroñeros u omnívoros. Es el caso de las avispas y hormigas, que están muy emparentadas entre sí. Y es verdad, que, pesado en un carroñero, nunca pensarías en un himenóptero, o en un escarabajo, que también, como hemos visto son imprescindibles en estos de quitar bichos muertos del medio. No, no… cuando pensamos en carroñeros, somos muy injustos y pensamos en buitres, en zopilotes, en hienas, o en chacales. Pensamos en los que salen más a menudo en fotografías de naturaleza y espectaculares documentales en alta definición. Pero esto no está bien. Los animales que mayor trabajo de limpieza hacen son los Artrópodos.

Figura 7.3. Ni los buitres, ni los chacales… los carroñeros más indispensables en los ecosistemas terrestres son sin duda los Insectos. En la foto, unas obreras de avispa alemana (*Vespula germanica*) consumen el cadáver de un pollito de gorrión.

La primera razón es porque son más, y por tanto deben morir en mayor cantidad. Así, la mayor parte de animales que pasan al otro barrio a lo largo del día no son elefantes, ni jirafas, sino bichejos. Bichejos que no se comen los buitres, ni los chacales, sino otros bichejos. Y tú no vas encontrando ingentes cantidades de bichejos muertos cuando te haces un selfie con un bello paisaje de fondo para colgarla en tus redes sociales, así que imagina la cantidad de materia orgánica que reciclan estos animales.

La segunda razón es porque son tan diversos que muchísimos de estos insectos son carroñeros multiescala. No solo comen bichos muertos de su tamaño, sino que también reciclan carne muerta de animales grandes, como reptiles, aves, y mamíferos, por muy enormes que sean. Nada más hace falta pensar en las moscas que ponen huevos en la carne de mamíferos muertos, y cuyas larvas, una vez nacidas, están haciendo un trabajo sucio vital para el mundo. Al igual que estas, hay multitudes de escarabajos que comen carne muerta de aquí y allá de criaturas grandes, y pequeñas, por supuesto, al igual que hace el batallón de avispas y hormigas que habitan nuestro planeta. ¿Has visto el pedazo de mandíbulas que tienen? Con esas herramientas, no cabe duda de que arrancan pedacitos de carne con una asombrosa eficiencia hasta dejar en los huesos los restos de cualquier criatura que se encuentren.

Con respecto a esto último, puede que las más increíbles sean las hormigas, probablemente los himenópteros más numerosos del mundo —se estima que hay alrededor de veinte mil billones de individuos en el planeta— y cuyas hordas limpian los montes, selvas y bosques del mundo de cualquier resto animal en descomposición posible. Otras especies además son unas cazadoras formidables, por lo que también participan de forma decisiva en el control de poblaciones de otros artrópodos, e incluso de pequeños vertebrados como lagartijas, a los que son capaces de abatir gracias a su colosal fuerza y a su trabajo equipo. Las hormigas guerreras o legionarias *Dorylus* son buena prueba de ello, conocidas como «siafu» de forma local. Las especies de este género, propio de África, se caracterizan por formar columnas de avance que arrasan con todo bicho que pille por delante. Disponen, como otras muchas hormigas cazadoras, de unas mandíbulas colosales y poderosas, con las que matan artrópodos, mamíferos o reptiles pequeños que se encuentren en su camino. En vez de vivir dentro de una gran red de galerías, cavado a gran profundidad bajo tierra, o en un árbol, como otras muchas hormigas, las siafu siempre están en constante movimiento, migrando de un lado a otro. Es en estos mismos desplazamientos donde practican sus implacables actividades cazadoras. La clave del éxito, como en todas las hormigas, reside en su trabajo en equipo.

Esto permite a las hormigas, no solo cazar, sino recolectar alimentos de todo tipo con mayor eficiencia, asistir a compañeras heridas si es necesario, limpiar sus hogares de forma más concienzuda para evitar enfermedades, formar balsas de hormigas para atravesar ríos, defenderse de forma coordinada gracias al uso de feromonas, e incluso, montar un sistema de cultivo de hongos bajo tierra como si de una granja se tratase o tener rebaños de pulgones —unos hemípteros de los que hablaremos dentro de poco en este capítulo— a los que protegen de los depredadores a cambio de ordeñarlos para obtener melaza, un líquido azucarado, producto de la digestión de estos pequeños insectos que se alimentan de plantas. Mutualismo puro y duro. ¡Qué de cosas consiguen las hormigas trabajando de forma coordinada! ¿Y cómo funciona esto del trabajo en equipo que realizan?

Como seguramente ya sabrás, algunos himenópteros viven formando colonias eusociales, llamadas colmenas en el caso de las abejas, avisperos, en el de las avispas, y hormigueros, en el caso de las hormigas. Este tipo de organización, bastante rara entre los animales, y que en los Artrópodos solo se da en Multicrustáceos e Insectos —concretamente en los Blatodeos, los Coleópteros, los Hemípteros, los Áfidos y los Himenópteros— consiste en presentar una estructura social ordenada por castas o clases que realizan diferentes tareas. En el caso de los himenópteros, existe una reina reproductora, obreras estériles que recogen alimento y defienden a la colonia, y machos o zánganos, que sí son fértiles y que solo aparecen en época de reproducción: hacen lo que tienen que hacer, y luego se mueren, tras haber vivido a cuerpo de rey, aunque con una etapa vital final fugaz. Justo de ahí viene el hábito de chinchar a la gente que trabaja poco llamándole «zánganos». Además, en la estructura eusocial, más de dos generaciones viven juntas, y los adultos cuidan de las crías. Si ponemos de nuevo a los himenópteros como ejemplo, pues son los animales sociales a los que más estamos familiarizados, estoy seguro de que habrás visto hormigas obreras acarreando larvas de su colonia en la boca, a fin de llevarlas de un lugar a otro más adecuado para su desarrollo. Pues justo en ese comportamiento tienes otra prueba de su eusocialidad: hacer de canguro también forma parte del pack.

Como ves, no encuentras aquí a las termitas y a sus termiteros, pues no son himenópteros, sino que son —a ver cómo te digo esto suavemente… maldita sea, no hay manera— cucarachas. ¡Qué! ¿Cómo? ¿Por qué? Pues sí, las termitas son cucarachas. Pero esta intrigante historia la veremos algo más tarde. Además, podrás comprobar que, a pesar de que lo primero que le viene a la cabeza a todo el mundo cuando se imagina insectos sociales con castas diferenciadas sean los avisperos y las colmenas, parece que los primeros insectos que vivieron de forma eusocial no fueron otros que las termitas, allá por el Jurásico, muchos millones de años antes de que los himenópteros eusociales aparecieran.

Dentro del grupo de los Himenópteros, las abejas y abejorros, las avispas y las hormigas disponen de un aguijón venenoso retráctil que usan para defenderse o cazar a sus presas, y que se encuentra en el extremo de su abdomen. Debido a ello, muchas de sus especies presentan llamativos patrones aposemáticos que sirven para advertir sobre sus químicos defensivos. Entre los más conocidos se encuentra el mítico patrón de rayas alternas entre amarillo y negro que las avispas o las abejas tienen en su abdomen. Como siempre, estos animales no quieren gastar su veneno, pues es costoso de producir, y prefieren reservarlo para situaciones extremas. En el caso de las abejas, todavía menos, pues está unido a sus órganos, y tener que usar el aguijón conlleva la muerte del animal. Sin embargo, aunque parezca un suicidio, esta muerte sirve para preservar un bien mayor: el bien de la colonia. Ese individuo es tan solo una pieza pequeña de un todo, de un conjunto de individuos que funcionan a una, como un superorganismo, como si el animal realmente fuera la colonia, y no el individuo. Y en ella, quien por encima de todo debe estar a salvo, es la reina. Es ella la única que pone huevos fecundados —de cuando en su juventud se apareó con un macho en un vuelo nupcial— para que la colonia permanezca fuerte. Lo hace sin parar, para reemplazar a las obreras viejas que se mueren, que nunca se reproducen —sino que hacen tareas de cuidado de larvas, limpieza y mantenimiento de la colonia, y recogida de alimento— y dar lugar a los individuos sexuados en la época de reproducción. Las hembras aladas son idénticas a sus hermanas obreras, pero son alimentadas por las obreras con una comida diferente, la jalea real, que las prepara para lo que se les viene encima cuando terminen la metamorfosis y sean adultas: el vuelo nupcial, encontrar pareja, fundar tu propia colonia… Los machos alados, sin embargo, se generan por un proceso diferente, la partenogénesis. Chan, chan, chan… Ha llegado el momento…

¿Recuerdas que había bichos que podían tener descendencia solos, como ciertos escorpiones? ¿Recuerdas que dije que cuando llegáramos a los himenópteros, contaría más detalladamente qué es eso de la partenogénesis? Pues ya estamos aquí.

El proceso de partenogénesis es raro dentro del mundo animal. Se trata de una forma de reproducción sexual sin necesidad de fecundación por parte de un macho. Aun así, en los artrópodos, encontramos diversos animales que lo presentan, como ciertos escorpiones, ácaros, arañas, artrópodos acuáticos, insectos palo o cucarachas. El tipo concreto de partenogénesis difiere según el animal, pero en términos generales se puede dividir en dos tipos. El primero de ellos se llama partenogénesis diploide. En él, la hembra que se va a reproducir sin necesidad de pareja engendra un descendiente que proviene de una célula obtenida por una especie de mitosis, es decir, por división celular de las células sexuales de la madre, y por tanto con genética idéntica. ¿Por qué se llama diploide? Porque al igual que su madre, la cría posee dos copias para cada gen que tiene en su ADN. De forma técnica, a estos individuos genéticamente diploides se les llama 2n. Nosotros los humanos también somos genéticamente 2n, y por lo general, prácticamente cualquier animal. Sin embargo, no somos copias idénticas de nuestras madres, sino que de las 2n, una copia «n» es de nuestra madre y la otra es de nuestro padre, que se unen durante el proceso de reproducción sexual. Pero aquí no, aquí las 2n pertenecen a la madre. Esta forma de partenogénesis se da por ejemplo en anfibios, y por supuesto en artrópodos, como los branquiópodos del género *Daphnia*. El segundo de los tipos, llamado partenogénesis haploide, parece aún más de ciencia ficción que el anterior. Pero no, es biología, que es todavía mejor.

Este tipo de partenogénesis es la que se da en las abejas eusociales que estamos tratando ahora. Y es justo el caso de las abejas, probablemente el más famoso proceso de partenogénesis del mundo, aunque la gente no conozca esta palabra del ámbito científico. Y la historia funciona así.

En la colonia, la única que puede reproducirse, la reina, puede poner huevos fecundados con el esperma del macho, que guardó del momento en que se reprodujo, y que serían 2n —de donde nacen hembras, sean obreras o princesas—, pero también puede usar su propio material genético para poner huevos sin fecundar. Estos huevos sin fecundar provienen de una división celular que divide una célula 2n de la madre en dos células «n» o haploides. Estos huevos con la mitad de genes, una vez eclosionados, resultan en una criatura haploide, que es un macho reproductor ¿Y qué implica esto de que vivía

Figura 7.4. Pequeñas chinches florícolas recién nacidas rodeando los huevos de los cuales han ecolsionado, de curiosa forma.

por ahí siendo haploide? Pues que, en vez de tener dos copias de cada gen en su material genético, como tendría un huevo fecundado de su madre, que da lugar a obreras o a princesas, pues solo tienen una. Espectacular, ¿verdad? Más que cualquier clonación increíble aparecida en la peli más fantasiosa, a decir verdad.

Llegado a este punto, puedes preguntarte… ¿Y qué pasa cuando este bicho raro, producto de la partenogénesis haploide, se reproduce, si va con la mitad de material genético por ahí? Pues no pasa nada. Pone la única copia de cada gen de la que dispone, su única n, y ya. Por otra parte, su pareja reproductora, pone la otra n, que resulta de una mezcla aleatoria del material genético 2n del que dispone. Así, con dos n unidas, el descendiente vuelve a ser diploide. Por lo que, en el caso del zángano, su chica pone una copia para cada gen, que contiene genética mezclada de sus ascendientes, y él pone la única que tiene, y tras la reproducción, se muere. Tras ello, una vez establecida en su nuevo feudo la princesa, ya reina, pues está fecundada, comienza a poner huevos de los que nacerán las obreras de la próxima colonia que acaba de fundar.

¡Cómo han chupado cámara los Himenópteros! Creo que, una vez visitados los coleópteros y los himenópteros, tenemos que darles espacio a los increíbles Hemípteros, conocido vulgarmente como chinches. Y claro, con semejante nombre, les cae encima una verdadera cruz, un estigma horrible, pues es casi un acto reflejo pensar en las únicas chinches de lo que nos han estado hablando desde que éramos pequeños y que han sido temidas desde tiempos inmemoriales por chupar la sangre de los humanos: las chinches de las camas de la familia Cimicidae, unos animales que en determinadas circunstancias se vuelven plaga, debido a que como siempre, les damos hábitats propicios para ello, y sin depredadores, o cambios ambientales que controlen sus poblaciones —por ejemplo, una casa calentita durante todo el año, sin apenas animales cazadores que los depreden— proliferan que da gusto. Aunque ha de quedar dicho, que pesa ser muy molestas, sus picaduras, estas, que se sepa, no transmiten enfermedades.

Sin embargo, en cualquier caso, estas chinches chupadoras de sangre o hematófagas son un mínimo porcentaje de la gran diversidad de chinches que habitan en el mundo. La mayoría de sus especies son herbívoras, detritívoras o cazadoras de insectos. Las primeras pueden estar especializadas en alimentarse de plantas y de las flores, por lo que incluso participan en procesos de polinización mediados por insectos. Por ello, se suelen encontrar una gran cantidad de bellas chinches de colores en las plantas. Por otra parte, hay muchas chinches especialistas en comer semillas, como las típicas chinches del género *Phyrrocoris*, chinches con patrones naranjas y negros que suelen encontrarse de forma muy común en los parques y jardines de países europeos. Otras se alimentan de savia, como muchos de esos pequeños bichitos que aparecen en los tallos y enveses de las hojas de nuestro jardín o terraza, y que llamamos de forma vulgar «pulgones» de la familia Aphididae, unas criaturas sorprendentes, nos pese lo que nos pese, pues, en general, a lo largo de su ciclo vital tienen alternancia en cuanto a su forma de reproducirse, ya que a veces es sexual con fecundación, pero a veces es partenogenética, por lo que un gran número de los individuos que vemos en las congregaciones de muchas especies no son más que clones unos de otros. Otras que también toman savia son las famosas chinches hediondas de la familia Pentatomidae. El nombre común de estas criaturas se basa en una razón de peso —o de peste, mejor dicho—. Si estos animales son molestados, secretan un líquido maloliente y de sabor horrible, de composición química variable en función del apestoso bicho que tengamos delante, y que les sirve para repugnar a los depredadores. Es importante que no confundamos a los Pentatómidos con los Pentastómidos, pues, aunque ambos son artrópodos, unos son insectos, y los otros son esos parásitos internos de los que ya hablamos en el capítulo cuarto, y que son más cercanos a los primeros mandibulados que existieron. En el caso de los pentatómidos, el nombre proviene de una característica anatómica del grupo: los cinco —*pente* en griego— segmentos —*tomos* en griego— que tienen sus antenas.

También se alimentan de savia nuestras queridas cigarras, también conocidas como chicharras, y que pertenecen a la familia Cicadidae, que en el estado de ninfa o de juvenil, se alimentan bajo tierra de la savia de las raíces durante años —a veces durante más de una década— hasta que se convierten en adultos, fase en que pasan a tener una misión muy importante: reproducirse antes de morir, motivo por el que los machos hacen ese sonido de motosierra tan característico, gracias a unos órganos estriduladores que poseen. Este sonido no es más que un reclamo para el apareamiento, muy asociado al calor veraniego. Se ha calculado que las cigarras pueden llegar a emitir llamadas de más de 100 decibelios, casi tanto como un avión al despegar. Así se convierten oficialmente en los insectos más ruidosos del planeta. ¡Y encima gritan cosas sexuales! ¡Ahí, sin tapujos, en medio de la calle! ¡Menos mal que no las entendemos, si no, tendríamos que ir con las orejas tapadas para no escucharlas! ¡Serán granujas!

Dentro de las chinches que se alimentan de materia de origen vegetal, también hay unas cuantas que son comedoras de madera muerta, y que se encuentran distribuidas en todos los continentes, excepto en la Antártida, claro. Ejemplo de ello son las curiosas especies del género *Otiocerus* o *Apache*, que viven en América del norte, o las increíblemente hermosas *Plectoderes* de América del Sur. Claro, cuando digo «unas cuantas» en cualquiera de estos animales, esta expresión se debe entender en el contexto del total de las demás de su grupo. En este caso se estima que el número de especies de hemípteros saproxílicos es similar al de todos los mamíferos conocidos del planeta, es decir, de varios miles.

Pero si de verdad quieres disfrutar de la «experiencia chinche» como un verdadero apasionado de los bichos, no puedes irte de ninguna manera de este capítulo, sin conocer a las chinches cazadoras, porque son un verdadero deleite para amante de la naturaleza, así como para cualquier persona curiosa que les guste descubrir cosas nuevas y sorprendentes. Normalmente, y como ocurre con cualquier insecto, estamos acostumbrados a que sean animales, muy pequeñitos o como mucho de un par de centímetros, pero es que aquí podemos encontrarnos a verdaderos gigantes de entre los artrópodos terrestres. Es el caso de las chinches cazadoras acuáticas gigantes de la familia Belostomatidae, muy extendida por todo el globo, y cuyo tamaño puede alcanzar tranquilamente alrededor de diez centímetros de largo. Están adaptadas a capturar presas bajo el agua, gracias al uso de toxinas y a su primer par de patas, modificados en forma de garfios con los que alancear y atrapar a sus presas, que puede ser incluso peces o anfibios pequeños, aunque por lo general se alimentan de artrópodos acuáticos. Parecidos, aunque de otra familia, y con un tamaño mucho más humilde, encontramos a la familia de los Nepidae, muy extendida también por el mundo, y cuyos integrantes son conocidos comúnmente como escorpiones de agua, o en el caso de los extraños *Ranatra*, conocidos como insectos palo acuáticos, debido a su forma de aguja. Estos interesantes animales también tienen una dieta similar a la de las chinches acuáticas gigantes, con quienes están emparentadas. También poseen toxinas para reducir a las presas y unas patas-ganzúa muy similares a las de los Belostomátidos. Por cierto, ambas familias de chinches cazadoras siguen respirando aire atmosférico en estado adulto, pues como hemos dicho, los insectos maduros no poseen branquias. Pero ¿cómo lo hacen? Los Belostomátidos tienen unos apéndices cortos al final de su abdomen con los que toman aire. En el caso de los Nepidae, estos cuentan con una especie de pajita al final del cuerpo que usan a modo de tubo de snorkel para seguir respirando aire atmosférico mientras cazan bajo el agua. Por tanto, las especies de ambas familias se colocan bocabajo con el «culillo» hacia arriba y el tubito sobresaliendo del agua. No son venenosos, pese a que mucha gente lo cree, tal vez por confusión con el nombre común «escorpión de agua». En cualquier caso, por ética, y también por no hacer el disparate, no se te ocurra ponerles el dedito o molestarlas, pues los pinchazos de sus garfios duelen bastante. A mí nunca me ha ocurrido trabajando, pero he visto unas cosas que dan para escribir un libro titulado *Cosas que no debes hacer cuando vas por el campo*. El problema, sin duda, no está en los animales, sino en los ejecutores de tan inteligentes prácticas —nótese la ironía—. Por si te lo preguntas, estas criaturas vuelan, así que cuando se seca el cuerpo de agua en que viven pueden disfrazarse a otro para seguir con su rutina de chinche acuática.

Si no quedas contento con estos auténticos Godzilla de agua dulce, no te preocupes, que te lo soluciono pronto con dos ejemplos más. Tenemos hemípteros acuáticos de otra familia, Notonectidae, que, conocidos comúnmente como nadadores entre otros nombres vulgares, que poseen un sistema único entre los hemípteros, y muy parecido al que hemos visto en coleópteros acuáticos. Llevan una burbuja de agua pegada a su cuerpo y nadan de espaldas para seguir respirando oxígeno mientras están sumergidos, una habilidad que usan para capturar pequeños animales acuáticos... Bueno, esto, y una saliva tóxica que deja fuera de juego a las presas, como el resto de sus parientes chinches acuáticas. Por otra parte, tenemos a los zapateros de la familia Gerridae, que, gracias a sus patas y a su estilizada constitución, son capaces de distribuir su peso corporal de una forma increíble y aprovechar la tensión superficial del agua para caminar por encima de esta, como ya vimos en algunas arañas. Estos animales también cazan pequeños bichitos acuáticos y son los que vemos muchas veces en grupo, arremolinados en torno a un punto en un cuerpo de agua que puede ser un estanque, una piscina, o el remanso de un río.

Cambiando de tercio, si abandonamos el agua, no creas que nos quedamos sin ejemplos sorprendentes de chinches cazadoras. Al contrario: hay especies tan espectaculares o incluso más en los ecosistemas terrestres. El más increíble de todos ellos es sin duda el de la familia de los diversos Reduviidae. Para abrirte el apetito, te digo que el nombre común de los Redúvidos no es otro que el de «chinches asesinas». ¡Vaya apodo! Ojo, son asesinas para sus presas, no para las personas. Eso sí, hay algunas consideraciones médicas particulares para algunas especies que sí que comentaremos después, aunque no tienen nada que ver con su nombre de asesinas. Tranquilidad: estos seres no son Jack el Destripador. Llamarlas asesinas es bastante inmerecido, porque los animales no son asesinos, sino que matan para sobrevivir cuando les hace falta. Sí que es cierto, que, si vemos su comportamiento desde el punto de vista humano, y nos imaginamos haciendo lo que hacen estas chinches, pues daría mucha grima. Pero claro, no somos chinches, sino personas hechas y derechas. Así que al lío: ¿qué hacen los Redúvidos? Estas criaturitas poseen diversas herramientas muy útiles para reducir y comerse a sus presas. Por ejemplo, presentan toxinas que inyectan mediante el uso de una boca modificada en forma de probósicide o trompa que clavan en sus presas. Otras, además, presentan un primer par de patas modificado, que, en vez de servir para caminar, tiene forma de patas raptoras con púas como las de las mantis o los estomatópodos marinos, como es el caso de las chinches Phimatinae o las Emesinae. Estas últimas están especializadas en rondar cerca de las arañas, a las que pueden cazar, o también robarles el alimento de las telas.

Por si fuera poco, algunas especies de chinches asesinas tienen formas de defenderse muy peculiares, pues usan sus toxinas para rociárselas a los depredadores en zonas sensibles, como los ojos, y provocarles irritación o cegarlos temporalmente, de forman que puedan escapar en medio del tumulto. Es el caso, por ejemplo, de la chinche asesina gigante *Platymeris*, de África, que es capaz de disparar un chorro de toxinas como si fuera una cobra escupidora en la cara de quien la moleste. Lo de gigante viene de su enorme tamaño nada usual para una chinche estrictamente terrestre, ya que puede llegar a medir hasta cuatro centímetros de largo.

Algunas de estas chinches asesinas, las Triatominae, han evolucionado para chupar sangre. Son consideradas especies de importancia médica, ya que pueden transmitir la enfermedad de Chagas, pues en ellas habita un protozoo, llamado *Trypanosoma cruzi*, que es el causante de la enfermedad. A pesar de lo que puedas creer, la transmisión no es debida a la picadura, sino a lo que ocurre cuando los mamíferos entramos en contacto con las deposiciones de estos insectos cuando defecan cerca de donde muerden. Según la Organización Mundial de la Salud, la enfermedad originalmente era endémica de zonas rurales de Sudamérica, pero con la globalización ha empezado a extenderse por otras zonas del mundo, como América del Norte, Europa o África y actualmente afecta más de siete millones de personas. Una vez más, la naturaleza entra en conflicto con la salud humana, por lo que debemos buscar las mejores soluciones posibles a este problema, que sin duda pasan por potenciar los estudios en medicina, para encontrar mejores soluciones a la enfermedad, pero también entomológicos y ecológicos, para comprender mejor a estos animales y saber cómo podemos convivir de forma segura con ellos.

En definitiva, hay chinches acuáticas o terrestres, hay chinches cazadoras o herbívoras, hay chinches grandes o pequeñas… Es decir, un mundo de chinches donde poder elegir a tu favorita, sin tener que pensar en la chinche de las camas o en el triatomino sudamericano. No hay lugar para el odio a las chinches. ¡Será por especies! En cualquier caso, si dejamos de lado sus hábitos o los ecosistemas donde viven, hay cosas más increíbles de los Hemípteros en las que fijarse. La más sorprendente es tal vez que forman agrupaciones sociales. Efectivamente, chinches con colegas. Y para hablar de ello con propiedad, he de introducir unos cuantos términos muy interesantes de conocer, de cara a lo que queda de capítulo. Para simplificar la información, hasta el momento hemos hablado de animales que viven de forma solitaria o animales que viven de forma agregada. Recuerda que los animales solitarios viven solos, excepto para reproducirse, prácticamente: la mayoría de los quelicerados del grupo de las arañas o los escorpiones son solitarios.

Por otra parte, los animales que viven de forma agregada se llaman gregarios. Pero, en este segundo grupo, podemos encontrar organismos con varios niveles de gregarismo. Pueden ser gregarios no obligados, es decir, son especies a las que les viene bien vivir en grupo por cuestiones prácticas, como por ejemplo disuadir a los depredadores o encontrar pareja rápidamente si viven poco tiempo en estado adulto, pero realmente no necesitan convivir forzosamente en sociedad, como muchos de los escarabajos o milpiés que entramos apelotonados bajos las piedras, todos juntos, sobre todo en invierno, cuando están en estado de pausa invernal. Pero también existen otras fases de gregarismo que van más allá, que es la que se da en animales gregarios obligados o en animales sociales. La sociabilidad, aunque también está presente en otros insectos de los que ya hemos hablado anteriormente, es algo rara; pero en chinches, sin embargo, es bastante común. Los insectos sociales tienen un desarrollo óptimo cuando viven con los de su especie, y encuentran muchas ventajas de vivir en comunidad, como por ejemplo cuidar de forma conjunta a sus crías con el resto de las madres, tener un desarrollo más rápido, y mejor que el que hubieran tenido de vivir de forma aislada, o comunicarse y protegerse en grupo de forma más efectiva. Si los aisláramos, serían capaces de vivir solos, pues no llegan al extremo de los superorganismos —donde la vida de un individuo de forma aislada no tiene sentido—, pero no lo harían de forma plena ni se desarrollarían igual de bien. Los Pyrrhocoridae —donde encontramos al *Pyrrhocoris* del que hablamos antes—, los pulgones Aphididae, son algunas de las familias de chinches donde hay especies sociales presentes.

Pero espera, que hay más. Más allá de los bichos sociales, sabemos que hay especies que necesitan vivir obligadamente en colonias porque son eusociales, donde todos los individuos forman único superorganismo, como ya hemos comentado con los Himenópteros, pero también con los Coleópteros, los himenópteros, e incluso los Multicrustáceos. En ellos existen algunas especies, raras excepciones a la norma, que presentan este tipo de organización social. Pero, en las chinches, también hay especies eusociales ¿A que no lo sabías? Siempre se habla de enjambres de avispas, de marabuntas de hormigas, pero ¿colonias de chinches? Pues sí, un sistema de castas, con sus chinches soldado y todo, como en las hormigas. Un ejemplo lo encontramos en la especie *Pseudoregma bambucicola,* el pulgón del bambú. Recordemos que los áfidos o pulgones pueden tener descendientes clónicos, que nacen por un proceso de partenogénesis a partir de hembras. Así, en esta especie, la reproductora puede dar lugar a dos tipos de descendencia: soldados, que son estériles, o sujetos fértiles. Los primeros defienden a los segundos, y los segundos se reproducen.

Pero si te quieres seguir sorprendiendo, tenemos que viajar al siguiente grupo más importante en cuanto al número de especies, que es el de los Lepidópteros o mariposas. Para empezar, son los insectos más importantes en cuanto a polinización se refiere, a pesar de que hayan sido eclipsadas por las abejas en los medios de comunicación con las campañas de salvar a las abejas, que esconden un problema de concepto muy importante que tratemos en un capítulo posterior. Los Lepidópteros son muy famosos debido a su archiconocido proceso de metamorfosis, que se pone de ejemplo en todos los colegios habidos y por haber, en el que una oruga que nació de un huevo depositado por la madre se alimenta de su planta nutricia para llegar a realizar un capullo o pupa, de la que posteriormente emergerá el adulto alado conocido como mariposa. Aunque en muchos casos los Lepidópteros son generalistas y sus plantas nutricias pueden ser prácticamente cualquiera, en muchos otros, las especies se alimenta de una planta específicamente. De ahí que muchas especies de mariposas tengan especificado en su nombre científico la planta en la que exclusivamente se alimentan hasta pupar. Por ejemplo, la mariposa de la col,

Pieris brassicae, se alimenta de col, palabra que en latín se traduce como *brassica*. Sí, esa palabra es la que apuntaban los romanos en la lista de la compra cuando querían coles.

Es irónico, por cierto, que ahora los Lepidópteros sean tan famosos y queridos entre el público general, casi como si no fueran bichos, gracias a un proceso de transformación que hasta el siglo XVII era totalmente desconocido. Como ya hemos comentado, por aquel entonces la gente pensaba que orugas y adultos alados eran animales diferentes, y no el mismo, pero en diferentes fases de su ciclo, hasta que se demostró la existencia del proceso de metamorfosis. Ahora, todo el mundo venera a estas bellas criaturas por sus bellos colores y no las considera seres infernales, lo que nos hace ver que la reeducación de la población con respecto a su actitud con el resto de los bichos también es posible.

Los Lepidópteros además son muy conocidos porque la mayoría de las especies, en su fase adulta, se alimentan en las flores, gracias a una estructura muy peculiar llamada espiritrompa o probóscide, que no es más que una pajita enrollable que los lepidópteros usan para libar el néctar. Un proceso en el que, debido a las pilosidades de su cuerpo, estos insectos se manchan enteros de polen, y al visitar la siguiente flor e impregnarlas con este sin quererlo, participan en la polinización asistida por insectos: acaban de ayudar a las plantas a fecundar a otras plantas de su especie en un proceso de reproducción sexual cruzada.

En cualquier caso, debe puntualizarse que la espiritrompa evolucionó después de la aparición de los primeros lepidópteros, que no contaban con este aparato succionados sino con mandíbulas, como el resto de los insectos. Y tiene su sentido. Las presiones selectivas no actuaron en esa dirección porque las flores no existían todavía cuando los Lepidópteros aparecieron, allá por el Triásico. ¿Así que para qué vale una espiritrompa? Así, fue a lo largo del paso de los millones de años que las mandíbulas que poseían sus ancestros se fueron modificando para convertirse finalmente en una trompita enrollable. De hecho, actualmente, hay algunas pocas especies que conservan las características más primitivas del grupo, por lo que todavía tienen mandíbulas. Es el caso de los lepidópteros de la familia Micropterigidae.

Como no podía ser de otra forma, otra de las razones por la que estos insectos son muy conocidos, y tal vez los más queridos por la sociedad y con mejor reputación dentro de todos los Insectos, es el impresionante y espectacular abanico de patrones, formas y colores de fantasía que presentan sus dos pares de alas. Las estructuras culpables de que las alas se vean tan maravillosas no son otras que miles de escamitas, que, en su conjunto, protegen la estructura alar, la matriz donde se insertan estas alas, y también les dan color. Sin embargo, ese color no está para divertirnos a los humanos, ni para que digamos que las mariposas son requetepreciosas: se trata de señales visuales que usan para comunicarse tanto con otros individuos de su especie —por ejemplo, en la reproducción, al estilo pavo real—. Es muy usual que también esos colores sirvan para lanzar señales a animales de otras especies, especialmente aquellos que son sus depredadores, para disuadirles. Sabemos, por ejemplo, que muchas mariposas son tóxicas debido a que acumulan sustancias químicas de la planta que consumen cuando son oruguitas, por lo que, en estado adulto, muestran patrones de fuertes colores en sus alas que advierten de su impalatabilidad. Es el caso de la única e inimitable polilla crepuscular de Madagascar *Chrysiridia rhipheus.* En otros casos, las mariposas «se tiran un farol» y muestran en los patrones de sus alas diseños que se asemejan a ojos —conocidos como ocelos— u otras estructuras que los hacen parecer más grandes y amenazadores, de forma que sus depredadores naturales pueden caer en el engaño y prefieren no atacarlos. Y entrecomillo lo de «tirarse un farol» porque, como ya he dicho en varias ocasiones, en realidad, los animales no piensan ni eligen, es una forma de hablar: son las presiones selectivas las que han seleccionado a aquellos individuos con estos patrones por ser los que menos eran depredados. Es el caso de la polilla gran pavón, cuyos dibujos alares en forma de ocelos parecen imitar a los ojos de un búho real, o la mariposa avispa, *Sesia apiformis*, cuya morfología corporal y coloración son casi idénticas a la de una abeja una avispa, con las que pretenden confundirse a fin de que sus posibles depredadores la consideren peligrosa y no la ataquen. Esto también ocurre con las larvas que en muchos casos se encuentran coloreadas de tonalidades brillantes para avisar de su toxicidad, o presentan estrambóticas estructuras con las que imitan la forma de ciertos animales tóxicos a fin de que los depredadores no las ataquen.

Aunque las especies que cuenta con la más increíble de todas las defensas habidas y por haber en lo que a lepidópteros se refiere, probablemente sean algunas de la familia Arctiidae como la polilla tigre de América del norte, o las polillas esfinge de la familia Sphingiidae. Como sabrás, los murciélagos son unos animales nocturnos que se alimentan de insectos, en especial mosquitos y polillas, y que son esenciales en la regulación de las poblaciones de estas, pues consumen ingentes cantidades de estas presas cada noche. El secreto de su eficiencia está en su sistema de ecolocalización de objetivos por ultrasonidos. Los murciélagos emiten un sonido con una frecuencia ultrasónica, tan alta que ni siquiera es audible para nosotros. Pero no es ese su cometido: la onda de sonido choca en los cuerpos que hay cerca, y rebota en ellos, revelando la posición de las presas cuando estas ondas rebotadas vuelven a ser recibidas por el murciélago, sin importar lo oscura o neblinosa que sea la noche que esté transcurriendo. Su exitoso sistema de caza les permite abatir a más de 1 000 presas por noche y con una enorme tasa de acierto, superior al 90 %. Desde la aparición de estos mamíferos voladores unos millones de años después de la extinción de los dinosaurios, murciélagos y polillas han estado compitiendo por dejarse atrás los unos a las otras, y las otras a los unos, en una carrera armamentística evolutiva sin cuartel: polillas más eficientes en defensa provocaba que se seleccionasen a los murciélagos más hábiles, que eran los únicos que conseguían atraparlas, y estos, con un nuevo salto cualitativo en su habilidad cazadora, provocaban que solo las polillas más defensivas de las siguientes generaciones sobrevivieran. Y así, una vez tras otra, con el paso de los millones de años hasta la actualidad. Nuevas armas, como compuestos químicos de sabor cada vez más horrible, o cada vez mejores y más refinados superpoderes de ecolocalización por ultrasonidos, fueron algunos de los grandes hitos alcanzados por polillas o murciélagos, respectivamente. Pero en algunas polillas también estaba evolucionando una increíble arma táctica para sabotear los ecolocalizadores de sus depredadores. Se trataba de la emisión de un soberbio berrido ultrasónico, tan bestia, que interfería en el radar de los murciélagos, un rasgo que parece haber aparecido en la historia evolutiva de estas criaturas hace menos de veinte millones de años. Así, si estos insectos ejecutan su técnica correctamente, se vuelven invisibles para sus depredadores, pues su posición no es detectable.

Por supuesto, la estrategia de otras muchísimas especies de mariposas no es la de meter miedo en el cuerpo de sus depredadores con colores o dibujos terroríficos, ni gritarles en toda la oreja para dejarlos ciegos —es extraño el asunto— sino la de pasar desapercibidas con colores apagados o de la planta en la que viven, o patrones que imitan al musgo, la madera, o cualquier otra estructura del entorno que les permita confundirse y quedar totalmente inadvertidas en el medio.

Como puedes ver, no estoy haciendo distinción alguna entre mariposas y polillas, básicamente, porque esta clasificación popular no tiene ningún fundamento científico y está basado en los hábitos diurnos o nocturnos de la especie. Así, una mariposa, según la cultura popular, sería diurna y por tanto colorida y estilizada, mientras que una polilla sería nocturna, y, por tanto, tendría muchas vellosidades que hicieran que su vuelo fuera más silencioso al cortar el aire, y unos colores más apagados. Pero lo que ocurre en realidad, es que si viéramos el parentesco de todas estas especies que conforman a los lepidópteros, las especies que se consideran polillas y las que se consideran mariposas se intercalan continuamente por aquí y por allá, sin dejar especie nocturnas y peludas por un lado y especies gráciles y diurnas por otro. ¿Y sabes por qué?

Parece ser que los lepidópteros más ancestrales eran bichos con forma de polilla, de los cuales posteriormente evolucionaron esas especies que consideramos tradicionalmente mariposas, pero también otras que siguen pareciendo polillas. Vamos, que son lo mismo. En cualquier caso, la palabra polilla además hacía referencia originalmente a las larvas u orugas de especies que apolillan o estropean la ropa, término que posteriormente se extendió por uso al resto de mariposas que se parecían a estas, es decir, de aspecto peludo porque están llenas de sedas, y de colores apagados. Sin embargo, aunque algunos lepidópteros considerados polillas son consideradas como dañinas porque comen textiles, madera de muebles o frutos secos, no todas lo hacen.

Aunque para cosas raras que pueden llegar a comer ciertas especies de mariposas, lo que viene ahora. No todo en los lepidópteros es color y bufets de néctar de flores o madera. Para nada. Porque, por poner un ejemplo, hay especies de mariposas hematófagas… Es decir, lo que quiero decirte a ti, que me acompañas hoy en este capítulo séptimo sobre el maravilloso mundo de los Artrópodos Insectos, es que hay mariposas que se alimentan de sangre. ¡Tachán! O más bien, un misterioso «Chán-chán-chán…».

Figura 7.5. Vista dorsal y rostro de una mariposa gran pavón, *Saturnia pyri*, el lepidóptero e insecto más grande de Europa, con 16 centímetros de envergadura alar. Fotografía del autor.

Calyptra es un género de lepidópteros muy peculiar. Contiene a diecisiete especies, de las cuales diez se alimentan de sangre en estado adulto o de mariposa, aunque ojo, para que no se diga que no tienen una dieta variada, también comen fruta… y sudor. Sí, chupan sudor de animal, muchas otras mariposas también lo hacen. Incluso hay algunas que beben lágrimas. El caso es que nuestras queridas *Calyptra* chupasangres, conocidas también como polillas vampiro, que viven en Europa, Asia y África, tienen una trompita modificada con respecto a la original que tienen el resto de mariposas, pues posee garfios y lengüetas preparados para pinzar y romper la piel de animales grandes, que pueden ser rinocerontes, elefantes o ganado, por poner algunos ejemplos. Al contrario que ocurre en los mosquitos, donde la que chupa sangre es únicamente la hembra —luego entraremos en este tema— aquí es el macho el que chupa sangre, y por una razón muy especial. Usa la sangre de los mamíferos como una fuente rica en sodio, que retiene para donárselo a la hembra como regalo nupcial cuando se reproduzca con ella, de forma que pueda realizar una satisfactoria, correcta y sanísima puesta de huevos. No me digas que no es espectacular. Por si te lo preguntas, no se conocen efectos adversos en los mamíferos que son parasitados por estas Nosferatu del mundo de los lepidópteros, ni tampoco enfermedades transmitidas por su picadura. Y sí, alguna vez han mordido a personas, y al parecer duele, pero tranquilo, estos casos no son más que anécdotas.

En cualquier caso, y como ya adelantaba el comienzo de este libro, las mariposas y polillas adultas que toman néctar, no solo alimentan exclusivamente de esta fuente y pueden suplementarla con otros alimentos para adquirir nutrientes que les hacen falta. Así, no es raro ver mariposas lamiendo sudor, succionando lágrimas en los ojos o chupando líquido de las cacas que hay en el campo. Sí, tú te empeñas en ver a los lepidópteros como seres angelicales y coloridos, pero son tan bichos como los demás, haciendo cosas de bicho, y bien que las quieres.

Otras de las más impresionantes características de los ciclos vitales de las mariposas es el que respecta a las grandísimas distancias que recorren algunas de sus especies para cerrar sus ciclos vitales. Tal vez el caso más llamativo sea el de la mariposa monarca, *Danaus plexippus*, que recorre casi 5000 kilómetros, desde Canadá y Estados Unidos hasta México, para pasar el invierno. Una vez el buen tiempo regresa, estos animales, no contentos con el primer viaje, realizan otro de vuelta de más de 1500 kilómetros para poder reproducirse. Como ves, semejante proeza no tiene nada que envidiar a las que realizan las grandes aves migratorias. En algunos casos, de hecho, estos animales han recorrido distancias aún mayores de forma accidental. A veces, las corrientes de aire arrastran a estos animales fuera de su ruta, lo que los ha llevado a cruzar el océano Atlántico y aparecen en Europa.

Y siguiendo justamente nuestra hoja de ruta, tras los grandes grupos de insectos que encontramos en el planeta, creo que, para finalizar este capítulo, hablaremos brevemente del algunos otros insectos que seguro esperas que aparezcan en estas páginas porque son muy bichos, y no hablar de ellos, sería considerado como pecado mortal… como por ejemplo los Dípteros, un orden que incluye, entre otros integrantes a las moscas, a los moscardones, a los tábanos, a los sírfidos y, por supuesto, a los mosquitos. A pesar de que estos animales parezcan tener solo dos alas —de ahí la palabra de origen griego *díptero*— estos animales siguen teniendo cuatro, solo que el segundo par se ha modificado y convertido en un par de palitos acabados en mazas, llamados halterios, que les confiere estabilidad en el vuelo, ya que actúan a modo de balancines. Este es el motivo por el cual es tan complicado seguir el vuelo de una mosca, ya que pueden realizar giros imposibles y muy complicados que otros insectos no, a causa de sus limitaciones anatómicas.

Como sabrás muy bien —a causa de alguna que otra noche en vela, por culpa de un mosquito que se te posa una vez tras otra en el oído para intentar picarte— algunos de estos animales buscan huéspedes de los que chupar la sangre, entre ellos mamíferos como nosotros los humanos. Tal vez hayas oído que, específicamente, son las hembras de mosquito las que realizan esta tarea. Esto es debido a que usan la sangre consumida como fuente de proteínas para poder realizar la puesta de huevos, y no para beneficio directo. Tanto machos como hembras se alimentan del néctar de las flores, hecho que los convierten en unos polinizadores nocturnos muy importante, cosa que mucha gente desconoce. Este motivo, ligado al hecho de que son importantísimos controladores poblacionales de animales, y a que constituyen una de las principales fuentes de alimento para muchos organismos, especialmente aves que se encuentran en rutas migratorias, los convierten en artrópodos esenciales para el planeta. Así las cosas, si estos insectos desapareciesen como mucha gente desea, nuestro mundo colapsaría por completo. Otra cosa muy distinta es que muchas de las especies de dípteros que chupan sangre sean vectores de transmisión de enfermedades, sobre todo en países vías de desarrollo. Algunas de las patógenos que transmiten los mosquitos son la malaria, la fiebre amarilla o el tifus. Sin embargo, y una vez más, lo que necesitamos urgentemente es continuar progresando en los conocimientos médicos de los que disponemos para encontrar mejores soluciones a este gran problema que afecta a un alto porcentaje de la población en estos países. Por otra parte, necesitamos cada vez un mejor conocimiento de la ecología y biología de estos animales para poder convivir con ellos de una forma más inocua. Hay que tener en cuenta además que muchas de las modificaciones que hacemos en el medio provocan que estos animales tengan explosiones poblacionales que hacen que estén por todos sitios durante casi todo el año, cosa que no ocurriría si el ser humano no hubiera transformado tan profundamente los ecosistemas del mundo.

Si continuamos nuestra visita por el universo de los dípteros chupasangre, tal vez los más raros de entre todos sean los de la familia Nycteribiidae, especializados en succionar la sangre de los murciélagos. Estos bichos ni tienen ojos, ni tienen alas, ni tienen nada que les haga parecer moscas en lo más mínimo. Solo tienen lo imprescindible para agarrarse bien a sus huéspedes y parasitarlos. Según estudios recientes, parece que esta familia no es monofilética y sus descendientes no provienen de un mismo ancestro común, sino que diversos bichos se han especializado en hacer lo mismo, y sus morfologías han convergido para hacer el mismo trabajo. ¡Quién diría que, pese a lo raro que suena, habría una gran diversidad de moscas frankesteinianas en aspecto especializadas en chupar la sangre de los murciélagos!

Por cierto, es importante no confundir a unos grandes mosquitos llamados típulas, con mosquitos chupa sangre, pues estos gigantes helicópteros son totalmente inofensivos para las personas, y además se alimentan en las flores, por lo que al mancharse de polen y viajar de flor en flor también participan

275

también en el proceso de polinización. Así que si ves un mosquito muy grande que parece un pterodáctilo de *Jurassic Park*, puedes acercarte sin problemas a admirarle, y hacerle unas cuantas fotos antes de que se vaya volando. Y es que, por si no lo has pillado ya cuando hablamos de los mosquitos, y ahora con las típulas, he de decirte que estos insectos son muy importantes en el proceso de la polinización.

Otra de las grandes funciones de los dípteros es la de reciclar porquería. A la cabeza, se encuentran las moscas o los moscardones, imprescindibles para el planeta, pues reciclan millones y millones de toneladas de nutrientes al consumir materia orgánica en descomposición, tanto en estado larvario como en estado adulto. Y cuando digo «materia en descomposición» o «porquería», efectivamente, me estoy refiriendo a lo que sabes que comen las moscas: caca, animales, muertos, comida podrida y otros maravillosos manjares que seguro que estás pensando para tu próxima comida navideña. Mmmm… ¡Qué rico! Estos animales realizan una función trascendental reciclando nutrientes y limpiando el medio de desperdicios, mejor que cualquier carroñero conocido que salga en la tele, y en los sitios más insospechados que puedas imaginar. ¡Diablos, existen hasta moscas especializadas en vivir en el crudo del petróleo, como *Helaeomyia petrolei*! Bien es cierto que hay algunas moscas como los tábanos, cuyo *modus operandi* es similar al de los mosquitos, y también algunas especies que colocan a sus larvas dentro de carne de animales, dando lugar a una enfermedad conocida como miasis. Esto suele ocurrir especialmente en zona rurales donde no hay entornos muy higiénicos. En cualquier caso, no es algo que ocurra como el que coge un resfriado, sino que hay que valorar su incidencia en una escala adecuada.

Pero si crees que los dípteros solo se dedican a chupar sangre, a comer caca o a tomar polen, te equivocas rotundamente. También hay dípteros cazadores, cuya maniobralidad rivaliza con la de cualquier ave rapaz. No hablo de otras criaturas que de los increíbles Asílidos, cuya especialidad es la cazar insectos en vuelo, a los que dejan K.O. gracias a unas sustancias neurotóxicas que se encuentran en su saliva. ¡Sí, veneno, en la saliva de una mosca! Su apariencia recuerda a la de una mosca normal, solo que algo más grandes y estilizadas. Por otra parte, tenemos a los bonitos Sírfidos, moscas vestidas de abeja, cuyos colores buscan confundir a los depredadores, pues les hacen creen que tiene un aguijón venenoso al igual que los insectos a los que imitan, de forma que consiguen en muchas ocasiones que las dejen en paz. Además de su faceta carnavalera, muchas de estas maestras del disfraz, son controladoras de plagas y excelentes polinizadoras. Puedes encontrarlas prácticamente en cualquier lugar, así que la próxima vez, estate atento, y no des a cualquier mosca por una mosca de la caca.

Para finalizar, tengo que hablarte de los reyes de entre los reyes de los bichos, o más bien las reinas, pues no son otras que las cucarachas, que pertenecen al orden Blattodea. Estos animales han sido demonizando de forma injusta, puesto que de sus miles de especies menos del 1 %, son domiciliarias, lo que quiere decir que pueden convertirse en plaga en las ciudades. Como siempre he dicho para el caso de otros ejemplos, hemos de ser conscientes de que echas placas en la ciudades, las hemos creado nosotros como especie, pues darle a animales tan duros de roer, como las cucarachas, los mosquitos, o las moscas, lugares propicios para que proliferen sin control, pues no tienen depredadores, siempre están calentitos, y tienen comida de sobra en cualquier lugar, puesto que los seres humanos sinceramente somos muy cochinos, y generamos una cantidad de desperdicios exorbitante. Así, ciertas cucarachas, han sabido adaptarse a estos territorios y meterse en las casas de todo el mundo gracias a la mano del ser humano, que la ha transportado de aquí para allá sin quererlo con sus mercancías desde hace siglos:

tres ejemplos muy famosos, son la cucaracha roja, *Periplaneta americana*, la cucaracha negra, *Blatta orientalis*, y la cucaracha, rubia o alemana, *Blatella germanica*. Sin embargo, la realidad de las cucarachas va mucho más allá. Son indispensables en el reciclado de nutrientes, en todos los ecosistemas terrestres del planeta excepto la Antártida. Algunas de ellas, incluso, participan en la polinización. Aparte de ello, son tremendamente indispensables para los ecosistemas pues son la base de la dieta de muchos de los animales que tanto nos gustan como las aves insectívoras o los pequeños mamíferos: no pienses que un erizo come florecillas… ¡Para nada, come cucarachas y lombrices y otros bichos que tal vez no te tocarías con un palo! Mejor, ellos tampoco quieren que los toquen. Por si fuera poco, las cucarachas exhiben comportamientos interesantísimos como la vida en sociedad, donde los individuos se desarrollan más rápido y más más sanos cuando están rodeados de sus congéneres, o el cuidado de sus crías. Y por si esto fuera poco, algunas especies —como la especie *Diploptera punctata*, propia de Asia y Oceanía— generan cristales de proteína a modo de leche materna con el que alimentan a sus churumbeles. Sí, tal como lo lees: las cucarachas hacen algo parecido a amamantar a sus crías, y si creías que los mamíferos como nosotros, fuimos los primeros en tener este tipo de alimentación, te equivocabas por muchos millones de años. Tranquilo, tal vez en el futuro pruebes esta sustancia y te pongas al día por si te estabas perdiendo algo, ya que se está estudiando como sintetizarse en el laboratorio para su uso como súper alimento, pues, sus propiedades nutritivas son, al parecer, sorprendentes.

Además, lo que poca gente sabe es que las cucarachas no solo son aquellas que vemos correteando por la cocina, sino también las termitas, que, aunque no lo creas, provienen del mismo ancestro, pero derivaron en otra rama diferente, allá por el Jurásico. Es por ello por lo que mantienen una forma

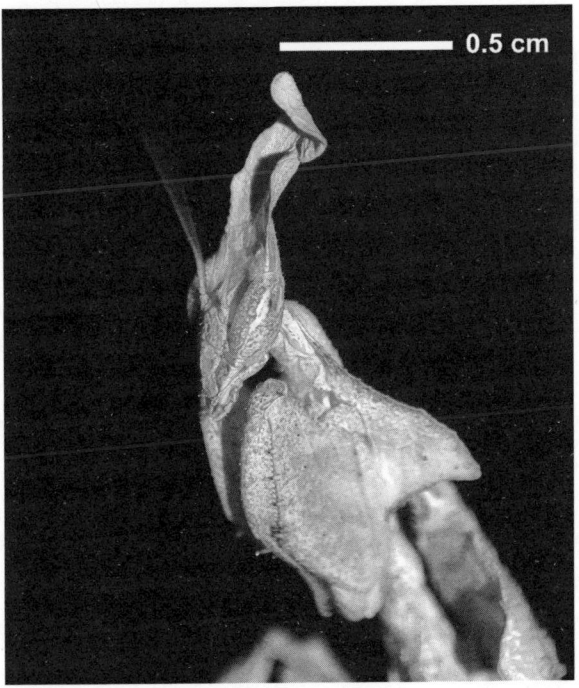

Figura 7.6. Retrato de una ninfa de mantis fantasma africana, *Phyllocrania paradoxa*, cuya morfología está totalmente modificada para asemejarse a hojas muertas para así camuflarse entre ellas.

de blatodeo primitivo y no se asemejan tanto a esos bichejos que te imaginas cuando te digo la palabra *cucaracha*. Estos fueron los primeros animales conocidos que vivieron en un sistema social de castas. Asimismo, también fueron los primeros animales, que conozcamos, en cultivar alimentos, como hongos, y no las hormigas, puesto que estas, como ya hemos visto, sufrieron una explosión de diversidad en el Cretácico con la aparición de las plantas con flor con las que evolucionaron como muchos otros insectos.

Las termitas son, sin lugar a duda, esencialísimas para el planeta, porque reciclan la madera muerta de los bosques y constituyen uno de los grandes grupos de animales recicladores en el mundo. Son probablemente, además uno de los animales más abundantes en el medio terrestre en todo el mundo y se estiman que su biomasa, probablemente casi duplica el peso de toda la humanidad. Sin contar el contenido en agua de su cuerpo, se estima que el peso seco de estas criaturas equivale a unos cien millones de toneladas. No han de ser confundidas con las hormigas, puesto que, aunque tienen un sistema de castas donde encontramos a una reina, obreras, princesas y príncipes que se reproducen en el vuelo nupcial, también hay un rey. Así las crías son descendientes de la pareja real, y pueden ser obreras o pueden ser soldados, cuyas cabezas y mandíbulas son enormes para defender a la colonia. Sin embargo, los individuos de estas castas pueden ser hembras o machos. Estos actúan como estériles, pero si alguno de los fundadores de la colonia, rey o reina muere, o incluso ambos, otros individuos de la colonia, excepto los de la casta soldado, pueden reemplazarles, muda especial mediante.

¿Tienes más ganas de bichos? Pues aquí llegan los Ortópteros, es decir, los saltamontes y los grillos, casi todos ellos herbívoros u omnívoros. Esta tendencia omnívora es especialmente marcada en el caso de los grillos, a los que les gustan vivir agregados pero que incluso pueden recurrir al canibalismo si la cosa se pone fea. Incluso hay alguna especie con hábitos cazadores, lo cual es extrañísimo para ser un saltamontes o un grillo. Es el caso el rarísimo *Saga pedo*, un ortóptero de gran tamaño que habita en Eurasia y se encuentra amenazado. Sus patas presentan púas, de forma que estos animales cazan a sus presas de una forma parecida a las mantis o santateresas.

Y así, desembocamos en los Mantodea, donde se incluyen las mantis, reyes de la caza sigilosa entre los insectos. Gracias a su sofisticada visión, a su primer par de patas con púas de tipo prensil para agarrar presas, y a sus asombrosas modificaciones corporales que las confunden con el entorno hasta el punto de ser fantasmas, son unas grandes cazadoras de insectos de las zonas de arbustos en prácticamente todos los ecosistemas del mundo. Si te asombran los insectos hoja o los insectos palo, las mantis no te decepcionarán: hay mantis hoja, mantis hoja muerta, mantis flor, mantis de corteza… Las locas morfologías que se han seleccionado a lo largo de las historias evolutivas de estos animales son para ver y no creer. Sin embargo, en ellas no hay veneno para matar a sus presas, por lo que ese cuento de que son peligrosas para las personas debe ser abandonado de una vez cuanto antes. Al contrario, controlan tan bien las poblaciones de otros insectos que aquellos agricultores bien informados que conocen su cometido natural las adoran hasta el punto de que cualquier día montan un club de fans de las mantis.

Otro de los aspectos que vuelven famosos a las mantis entre el público general es su comportamiento de canibalismo sexual, en que la hembra se come al macho durante el coito. Bien es cierto que esto ocurre, no pasa tan a menudo como sale en los documentales. En cualquier caso, este proceso sigue un razonamiento similar que ya seguimos en el caso de las arañas. Por lo general, las mantis viven poco, en torno al año. Una vez llegan al estado adulto, y macho y hembra se reproducen, ¿para qué sirve él, si le quedan días para morirse? Que por lo menos le de sus nutrientes a la hembra, para que ponga unos huevos sanos y de calidad, y ella muera en paz luego, ¿no?

Si seguimos el rastro de bichos reyes del camuflaje, lo lógico es tratar a los Phasmatodea, donde encontramos a los insectos palo y hoja, cuyas modificaciones corporales los hacen parecer ramas u hojas, respectivamente. Tienen caras completamente extraterrestres, cuerpos esbeltos, delgados y gráciles, y compactos, que, a pesar de ello, y de que no parezca así a primera vista, están provistos de alas funcionales bien plegaditas y protegidas en muchos de ellos. Eso sí que es tener un cuerpo bien aprovechado. Por cierto, tener un cuerpo compacto, no

Figura 7.7. ¿Te parece pequeñito este insecto palo asiático del género *Tirachodea*? ¡Pues los hay tres veces más grandes!

significa tener un cuerpo pequeño. La variabilidad de tamaños en los insectos palo es tremenda, con especímenes muy pequeños, pero con otros gigantescos. El insecto palo más largo del mundo, de hecho, se encuentra entre los artrópodos terrestres actuales más grandes. Se trata de una especie asiática del género *Phryganistria* cuyo cuerpo alcanza más de cincuenta centímetros de largo. ¿Deberíamos llamarlos «insectos tronco», en vez de «insectos palo»?

Cuestiones insondables aparte, si queremos hablar de un grupo raro, raro de verdad entre los insectos, podemos hablar, por ejemplo, de los Zorápteros, insectos alados de los más antiguos que existen, de aspecto pequeñín y pálido como el de una termita. Son extraños tanto en apariencia como en número de especies. A veces tienen alas, y a veces no. Con tan solo treinta integrantes de un mismo género, *Zorotypus*, son un taxón bastante pequeñito. Habitan en zonas tropicales de Asia, Oceanía, África y América y tienen una dieta muy concreta: se dedican a comer detritus y esporas de hongos en la madera podrida que hay en los suelos. ¡Esporas de hongos de la madera! Madera directamente no pueden comer, porque están desprovistos de piños lo suficientemente potentes como para eso.

Pero para potente, el nombre común de otras criaturas que merecen tener su espacio en este capítulo: los Dermápteros, llamados comúnmente tijeretas o «cortapichas», que no «cortapisas», ni «cortapizzas». Estaría bueno que este insecto fuera capaz de hacerte porciones en tu pizza cuatro quesos. Pero no, no: la palabra es *cortapichas*. Sin embargo, al parecer la etimología de la palabra no tiene nada que ver con cortar penecillos, sino que podría provenir de una mala adaptación de una palabra árabe, incorrectamente adaptada a su vez de una palabra latina, *centipedis*, que se parece a ciempiés, porque según algunas personas del pasado, este animal tiene algo de parecido con los verdaderos miriápodos. Pues vale, si ellas lo veían… Por cierto, ¿quién no ha oído nunca un alarido seguido de la frase «¡Ay, ay, que me va a picar el cortapichas!». Pues siento decirte que estos animales son totalmente inofensivos, y tremendamente interesantes de observar. Una de las cosas que más me fascinan de ellos es que las madres cuidan de sus crías incluso tiempo después de haber eclosionado.

Por cierto, hablando de miedos infundados, se me vienen a la cabeza los Psocodeos, grupo de insectos que incluye a los piojos de los libros y a los piojos propiamente dichos, esos que todos conocemos. Los piojos de los libros, esos bichitos milimétricos que a veces se anonimizan bajo la frase «Mira, un puntito negro», son bastante desconocidos para el público general. Sin embargo, a pesar de su nombre común, son totalmente inofensivos para nosotros. No solo eso, sino que son imprescindibles por su labor de reciclado de materia orgánica. En el caso de los piojos de verdad, esos que se te suben a la cabeza, pues como es lógico, la gente no les tiene cariño, sobre todo cuando hay brotes de ellos a lo largo del año, en concreto, en los ambientes escolares.

A ver, en un cole con montones de cabezas de niño pegadas, estamos creando un ambiente perfecto para una horda de piojos. Sin embargo, cumplen una labor importante en los ecosistemas: lo de siempre, controlar las poblaciones de animales grandes, y eliminar a los enfermos. Ya sabes, si te chupan sangre y eres un bicho fuerte, lo resistirás, pero si estás lleno de enfermedades y parásitos, ya sabes… ring ring, Caronte te está contactando por videollamada.

Y así, podemos seguir durante páginas hablando de insectos, hasta que me detengan mis editores, y con razón: tenemos a los Neurópteros, o a los Tisanópteros. Y a los Tricópteros, a los Embiópteros, a los Mecópteros, a los Estresípteros, Plecópteros, Grillobatodeos, Megalópteros… ¡Aaaah, la lista no acaba! Con más de treinta órdenes diferentes o grupos principales de Insectos, no cabe duda de que son los auténticos reyes de la diversidad animal en el planeta Tierra. Están por todos los sitios, haciendo de todo a miles de millones sin que tú te enteres, para que puedas estar tranquilo tomándote un refresco viendo una serie en el sofá, sin preocuparte porque tu realidad de humano se desmorone de un momento a otro. Son los recicladores número uno, los animales que más ayudan a las plantas a desarrollarse, los que más controlan a las plagas, los que sirven de alimento a todas esas especies de aves, reptiles y anfibios que tanto te gustan, las que mantienen en pie los ecosistemas terrestres que conocemos. Y nosotros somos animales terrestres, así que ya sabes lo que nos conviene. En definitiva, los Insectos tienen gran parte de culpa en eso de que existamos hoy aquí, porque si ellos desapareciesen, no duraríamos ni una semana en el planeta. Y no solo nosotros, sino también el resto de los vertebrados, y otros muchos organismos que dependen estrechamente de ellos: habría un colapso a escala planetaria del que solo te podría asegurar a ciencia cierta que se salvarían los microorganismos.

Tras estas duras declaraciones, puedes llegar a tener una duda razonable: ¿podría esto llegar a ocurrir? No solo la respuesta es afirmativa, sino que lamento comunicarte que ya está ocurriendo, poco a poco, sin que, aparentemente nos demos cuenta. Y no solo en los insectos, sino en todos los artrópodos. No es casualidad que el bienestar humano esté disminuyendo rápidamente en el presente. Siento decirte que el problema es tan grave, que hemos de tratarlo aparte, en el próximo capítulo, un capítulo tan oscuro como necesario. Un capítulo sobre el alarmante declive de los bichos.

8

HISTORIAS PARA NO DORMIR:
EL PELIGROSO DECLIVE DE LOS ARTRÓPODOS

Sería una insensatez negar que hoy vivimos en medio de una dramática y peligrosa crisis planetaria, que, literalmente, está poniendo en jaque nuestra existencia. Hacerlo es indefendible, y muestra de una cerrazón intelectual o ideológica que nada tiene que ver con el asunto. La progresiva disminución en la salud de los ecosistemas del planeta, y, en consecuencia, del bienestar y la calidad de vida que la población humana está experimentando como especie, es un hecho más que probado. Esta situación de profundos y complejos cambios adversos en el funcionamiento del planeta, a la que hemos llamado «Cambio Global», está conformada por diversos problemas de muy diferente naturaleza. Sin embargo, por muy diferentes que sean, todos ellos tienen algo en común: es el ser humano quien los ha provocado, a causa de los impactos negativos en el medio derivados de su actividad.

Y la actividad del ser humano, no ha sido, ni siquiera histórcamente, respetuosa con el medio: hemos extinguido especies debido a la sobrecaza, hemos reducido hábitats hasta la mínima expresión en cuestión de siglos, hemos sobreexplotado recursos naturales, como la madera, el agua, los minerales o los combustibles fósiles de una forma salvaje hasta el punto de provocar guerras entre países, y hemos envenenando con todo tipo de productos químicos tanto el aire como el agua, hasta del último acuífero subterráneo más remoto que puedas imaginar. Bien sea de forma química, lumínica, térmica, o sonora, no hay rincón en el planeta en que no sea medible alguna traza de destrucción humana.

Como ves, cambio global y cambio climático no deben ser confundidos. El cambio climático es solo una de las cabezas de la monstruosa hidra que es el cambio global. Puede que sea la más mediática, debido a la extensa cobertura que recibe en los medios —ya era hora— pero no podemos olvidarnos de las terribles fauces de las otras cabezas. La acidificación de los océanos, la desertificación, la contaminación, o la extinción masiva de especies que estamos viviendo actualmente son algunas de ellas. Y la sinergia de todas es catastrófica. Una infinidad de estudios firmados por los mayores expertos del mundo en campos como la química, la biología, la medicina, la oceanografía, la agroecología y otras tantas, y publicadas en las revistas científicas más prestigiosas, nos están mostrando como el mundo se está haciendo añicos a pasos cada vez más acelerados. Y lo que es peor... lo que está por venir. Para serte sincero, vamos tarde, y es muy difícil ya volver a la situación anterior. Pero no está todo perdido: al menos, todavía podemos evitar acabar en el peor de los escenarios posibles que se han predicho en lo que concierne a la temperatura media que alcanzará el planeta, o al número de especies que pueden extinguirse anualmente, o al creciente número de enfermedades que pueden emerger de un día para otro, como ocurrió con la Covid-19 en 2020 en todo el mundo, a causa de la acción humana. Claro que no es posible vivir como en el siglo XVI, pero sí lo es buscar alternativas más sostenibles a todo lo que hacemos. Sí lo es seguir generando conocimiento sobre nuevas tecnologías menos impactantes sobre el medio. Sí lo es seguir avanzando en medicina. Sí lo es seguir profundizando en comprender cómo los ecosistemas funcionan y cómo podemos protegerlos de una forma más adecuada. Sí lo es entender mejor a las especies de seres vivos que pueblan nuestro planeta. Y por supuesto, sí lo es divulgar a la sociedad sobre todo el nuevo conocimiento que los expertos y expertas de muy diversas disciplinas intentamos generar cada día para mejorar nuestra calidad de vida, desde generar una manera más limpia de producir energía hasta comprender mejor por qué un escarabajo prefiere vivir en un hábitat determinado en vez de en otro. Y para ello, hay que apostar, confiar, y cultivar la buena ciencia, y huir de argumentos falaces que no se encuentren suficientemente probados. La ciencia no se fundamenta en la especulación.

En lo que a la conservación de la biodiversidad planetaria respecta, se estima que alrededor de un millón de especies de animales y plantas están en peligro de desaparecer, la mayor parte de ellos en cuestión de décadas, según un reporte de Naciones Unidas llamado «IPBES Global Assesment Reporton-Biodiversity and EcosystemService», llevado a cabo en 2019 y en el que participaron cientos de expertos y expertas. En cuanto a los animales respecta, todos hemos visto alguna vez dramáticas escenas o infografías que alertaban sobre el riesgo de extinción que sufrían el oso panda, el oso polar, la ballena azul, el tigre, el lince o el águila. El problema de esta historia es que, tanto a nivel de calle, como a nivel institucional, cuando hablamos de animales en el ámbito de la conservación, también se piensa, la gran mayoría de las veces, en el oso panda, el oso polar, la ballena azul, el tigre, el lince o el águila. Casi nunca en el insecto, el arácnido o el decápodo. Este problema gravísimo es equivalente a intentar construir una casa por el tejado. Sin cimientos, sin artrópodos, no puede haber osos, ni aves, ni ballenas, ni la mayoría de las plantas con flor, ni parques con niños riendo en los columpios, ni tardes de cine. Se nos va la fuerza por los ojos, y pensamos siempre en los seres más carismáticos —que por supuesto deben de ser conservados— pero no recordamos que primero debe haber una comunidad de artrópodos y otros muchos animales, anónimos para el público general, que los sostengan. Por desgracia, este conjunto de organismos que es pilar fundamental para nuestra existencia no es ajeno a esta destrucción a la escala global de la biosfera que estamos llevando a cabo. Al contrario. Este engranaje fundamental para el funcionamiento de los ecosistemas de todo el mundo es uno de los que más sufre.

El problema de fondo es más grave aún, si cabe. No solo no se piensa en ellos cuando se aplican medidas de conservación o cuando hay que destinar fondos, o dar apoyo científico y técnico a preservar sus especies. Es que se les ha prestado tan poca atención en las políticas conservacionistas que ni siquiera hay generada información básica suficiente sobre ellos. Una información básica, como la distribución de las especies —que menos que saber dónde viven y dónde no— su ecología, o aspectos claves sobre sus ciclos de vida, que nos permita saber cómo conservar adecuadamente a estos animales. Y esto no solo ocurre con artrópodos, sino con ese cajón desastre que llamamos «invertebrados», o lo que es lo mismo, más del 90 % de especies animales, ese que no incluye a todos los que nos gustan, como el ya citado oso panda y el perrito de la pradera. ¿De verdad sabríamos si una lombriz extraña que solo habita en los suelos de los bosques de Tasmania está en peligro, si se diera el caso? Pues lo más probable es que no. Todos los puntos clave que actualmente nos están impidiendo conservar adecuadamente a los animales más clave que pueda haber en los ecosistemas están desarrollados de una forma impecable en el trabajo de Pedro Cardoso y coautores, titulado *The seven impediments in invertebrate conservation and how to overcome them* y publicado en el año 2011 —ya ha llovido y sigue estando tan vigente como entonces— en la prestigiosa revista *Biological Conservation*. No solo eso, si no que tal y como reza el título, se proponen formas de intentar solucionarlos. Y una de ellas es concienciar a la población de que estos organismos, pese a lo pequeñitos que son, o pese a que solo nos acordemos de los pocos que nos provocan problemas en la salud humana comparados con los que no, son imprescindibles para la vida. Y es por eso por lo que estamos aquí.

La realidad, como dije, es que nos ha pillado el toro. También con los Artrópodos. Diantres, ni siquiera sabemos realmente cuántas especies hay, pues son tantas que no damos abasto para describir y conocer correctamente a todas las que existen con los especialistas que somos, mientras alrededor del 40 % de las especies de insecto están en riesgo de extinción, y se nos van extinguiendo a ritmo de tres especies por día, según estiman algunos expertos. Y eso solamente en el grupo Insectos. Obviamente, muchas de ellas se van del planeta ni siquiera sin haber sido descritas por la ciencia. Lo cual da mucho miedo. Esos animales estaban haciendo algo en el ecosistema que ni siquiera sabemos qué era, y ahora no están... Incluso si no estaban haciendo nada aparentemente en nuestro beneficio, hemos roto el equilibrio natural de una forma terrible, al hacer desaparecer una forma de vida que nunca jamás volverá, lo cual nos empobrece como especie.

Puedes ir por el campo y decir que artrópodos hay muchísimos. Sí, pero por desgracia, muchísimos menos de los que debería haber para que los engranajes de los ecosistemas trabajen de forma adecuada. La palabra «común» es peligrosa de aplicar en Ecología. Te pondré ejemplo sencillo: tal vez haya un millón de bichos frente a ti, en una pradera. Pero tal vez, esa pradera tal vez necesite ocho millones para funcionar correctamente, por lo que se está muriendo lentamente, sin que te percates en una vida humana. Y esto es lo que está ocurriendo. Esto lo sabemos de forma segura. El escenario es crítico, a pesar de que los daños son muy complejos de calcular debido a la relativamente poca información disponible. Si la tuviéramos toda, la información que te muestro aquí sería sin duda aún más demoledora.

Todas las investigaciones que han intentado abordar el problema tienen clara su conclusión y arrojan cifras escalofriantes. Sabemos que todas las especies de vertebrados terrestres han contraído sus poblaciones un tercio tan solo en el último siglo debido a la acción humana. Sabemos que las poblaciones de todas las especies mamíferos del mundo han disminuido sus poblaciones en un 80% en ese mismo tiempo, y que hoy en día, la mitad de las especies de anfibios del planeta han sido puestas en peligro, de las cuales un 2,5% ya son irrecuperables porque las hemos extinguido. Sabemos que las poblaciones de aves en todo el mundo han disminuido del orden de varios millones. Y sabemos a ciencia cierta que los Artrópodos igualan o superan todas esas cifras. Para el caso concreto de los Insectos, los animales dentro del filo de los Artrópodos más estudiados en este aspecto, este alarmante y acusado declive de sus poblaciones incluso ha sido bautizado por los expertos como el «Apocalipsis de los Insectos». Aunque ciertamente, si se observan todos los estudios en su conjunto, para mí que sería más conveniente denominarlo, en general como el «Apocalipsis de los Artrópodos».

Obviamente, todas, todas las especies de artrópodos no están disminuyendo. Aquellas que se han adaptado a vivir en torno al ser humano y su mundo han visto sus poblaciones aumentar. A las cucarachas que viven en las alcantarillas no les va mal, y de hecho pareciera que son los únicos bichos que van a ser capaces de aguantar a nuestro alrededor dentro de poco. Tampoco les va mal a aquellas especies que se han visto beneficiadas por el cambio climático, y ahora encuentran sitios calentitos por doquier, por lo que han expandido sus poblaciones tanto de forma local como por todo el mundo —perjudicando, claro, a las que antes vivían allí—. Pregúntales a los mosquitos tropicales qué tal les va ahora. Antes estaban confinados a ciertas regiones calientes del planeta, y ahora viven por todos lados —al igual que las enfermedades que transportan, que está aumentando—, en lugares en los que antes sería inimaginable.

Las cifras que se han podido calcular son alarmantes. El 40 % de las especies de insectos polinizadores están amenazadas. Un famoso artículo publicado en la revista *PLOS One* por Caspar A. Hallmann y otros autores en el año 2017, estimaron que, en los últimos veinte años, la biomasa de insectos voladores en áreas protegidas de Alemania se había reducido en un 75 %. En todo el mundo, tan solo se han evaluado el estatus de conservación de 301 especies de arañas de las más de 50 000 descritas, y de ellas… ¡164 se consideran amenazadas! Imagina que pasaría si las evaluáramos a todas. También sabemos que los tamaños de artrópodos marinos de interés comercial están viendo reducidos sus tamaños corporales por la sobrepesca, pues los caladeros cada vez están más sobreexplotados. En resumen, los artrópodos, bien sea en el mar, o en la tierra, lo están pasando realmente mal. Y esto constituye un «problemón» de magnitudes inimaginables.

¿Y qué es lo que les ocurre para estar realmente mal? Literalmente, de todo. Como bien dicen los autores David L. Warner y sus colegas en el magnífico artículo publicado en la revista *Proceedings of the National Academy of Sciences* en 2021, se trata de una muerte por mil cortes. A pesar de lo resistentes, de lo fuertes y de lo resilientes que son, les están cayendo palos por tantos frentes a la vez, que no están teniendo tiempo para adaptarse a tantos cambios. La destrucción de sus hábitats, la sobrepesca, la acidificación de los océanos, el uso indiscriminado de pesticidas, la contaminación lumínica o del aire, la fragmentación de los hábitats, las especies invasoras, o los ríos de tinta en forma de mala prensa que siempre corren sobre ellos, son algunos de los impactos más graves que sufren hoy día las comunidades de artrópodos de todo el mundo. Tratemos brevemente cada uno de ellos.

La destrucción del hábitat, cuyo nombre ya lo dice todo, es probablemente el más intuitivo de los impactos que sufre el medio natural a causa de la acción humana, y por tanto las especies que viven en él. Todos y todas hemos visto imágenes sobre la tala indiscriminada de árboles en ciertas partes del mundo, o bosques ardiendo año sí, año también, debido a incendios provocados tan seguidos que no dejan espacio alguno para la recuperación de estos importantes espacios verdes. Pero esto va mucho más allá. Cuando hablo de destrucción de hábitat, también hablo de cambios en los usos del suelo. Porque el propio suelo está en peligro. Y, a causa de ello, la fauna más esencial del suelo también lo está, entre ellos los Artrópodos. Y como los Artrópodos lo están, el suelo está aún más en peligro. Es un círculo vicioso que va de mal en peor en cada nueva vuelta. El abandono de tierras de cultivo que crea paisajes yermos, de suelos pobres en nutrientes, y, en definitiva, desérticos. Un suelo destruido es tan duro y poco poroso, que incluso aunque le lloviera no es capaz detener agua, sino que se forman riadas sobre él. Es imposible de cavar por animales pequeños y mucho menos es lo suficientemente fértil, como para una vez abandona, se recupere solo, y vuelva la diversidad de microorganismos, plantas, hongos y otros microorganismos que habitaban allí antes de que el humano le sacara beneficio. Lo mismo ocurre con la agricultura industrial que se realiza en gigantescas extensiones y que va ligada al uso de pesticidas a gran escala, o el uso de recursos de forma nada sostenible. Si se eliminan grandes extensiones de hábitat original para hacer plantaciones que gastan muchísima agua y que son rociadas con todo tipo de sustancias químicas biocidas, es muy difícil que algún animal consiga vivir allí.

Tampoco hemos de olvidar la feroz y descontrolada presión urbanística que hoy día impera por doquier en muchísimas partes del planeta, especialmente en las zonas cercanas a costa, donde se estima que vivirán concentradas hasta casi 3 000 millones de personas en el año 2 100, y, por ende, donde se concentrarán los mayores impactos ambientales en el mundo. Además, una descontrolada presión urbanística normalmente va asociada a descontrol en la planificación, con ciudades que en vez de crecer de forma ordenada comienzan a tener barrios o urbanizaciones desconectadas por aquí y por allá, aislando o directamente eliminando, a toda la fauna que queda atrapada en parches de naturaleza que quedan descolgados entre carreteras o chalés. En múltiples ocasiones, la exclusividad con la que los promotores quieren vender nuevas construcciones también contribuye a este modelo nada sostenible: un bucle sin fin de edificaciones cada vez más a pie de playa que las anteriores, cada vez más a pie de montaña que las anteriores, o cada vez más a pie de la pista de esquí que las anteriores. Una estrategia que desemboca en un importante descuartizamiento innecesario del paisaje, con casa perdidas por aquí y por allá, o con todas pegadas cada vez más en un mismo punto, presionando sobre zonas protegidas de alto valor ecológico.

Lógicamente, los miles y miles de artrópodos que desarrollan gran parte de su vida sobre el suelo, entre sus constituyentes, o bajo este son los más afectados de forma directa por estos impactos, como los colémbolos, las arañas, los escarabajos, las hormigas… o las abejas. Sí, abejas. Es que la mayoría vive ahí ¿Te sorprende? No te preocupes, esto es muy común. En muchos casos se transmiten ideas equivocadas bajo el lema «salvemos a las abejas». Cuando se habla de conservar a estos animales, hemos de pensar en 20 000 especies de abejas, no únicamente en la abeja de la miel, y además en su variante doméstica, que, como indica su nombre dista poco del ganado, porque está seleccionada por el humano. De hecho — y como ya veremos después—esta abeja doméstica, propia de Europa y Asia, lejos de estar amenazada, se ha convertido en una especie exótica introducida en muchas otras partes del mundo, debido a la industria de la apicultura, de forma que les quitan el trabajo a los insectos polinizadores locales, que hacían mejor su trabajo porque han coevolucionado con las plantas que habitan en ese mismo lugar en el que ellos viven.

Así que, para pensar en conservar abejas, no podemos pensar en panales, en miel, o en apicultura. El 85 % de las especies de abeja no forman colonias, ni hacen colmenas. Son especies solitarias que viven bajo tierra. Ergo, el mayor trabajo de polinización dentro del grupo de las abejas lo hacen estas. Y si el suelo se va al garete, ya está la fiesta hecha. Por no decir que, de entro todos los insectos, los mayores polarizadores que existen no son las abejas, sino las mariposas y muchas de sus larvas también buscan refugio en el suelo.

En las aguas, tanto del mar como de los cuerpos de agua dulce, las cosas no van mucho mejor. La contaminación del agua constituye un problema a escala mundial. Los vertidos de basuras, como plásticos, tejidos, redes de pesca, o escombros están provocando desequilibrios gravísimos. Todas y todos hemos visto fotografías impactantes de animales que se enredan o que quedan atrapados en basura de todo tipo al querer usarlas como escondite. Y aunque la mayoría de los protagonistas de estas fotografías sean desdichados cetáceos o aves, esto también ocurre, y mucho, con los Artrópodos. Por si fuera poco, no se debe olvidar que además estos elementos están cambiando las condiciones del entorno y las propiedades químicas del agua. No solo eso, sino que, a causa del funcionamiento de las corrientes, las dinámicas tienden a acumular estos residuos de forma masiva en áreas concretas del océano, lo que provoca que el impacto sobre la vida sea mayor en estos lugares. Islas de basura en mitad del océano, o playas donde la arena no es ya visible, pues están llenas durante kilómetros y kilómetros de basura hasta la altura de la rodilla, son algunos de los ejemplos más terribles. No debe ser muy agradable ser un animal sésil, que no puede moverse, y al que no le da la luz o no le llega la comida por culpa de una capa de basura gigante que cubre todo su mundo.

Otra historia es la de los compuestos químicos de todo tipo que encontramos en las aguas. La lista de contaminantes de este tipo es prácticamente ilimitada. Algunos de ellos son todo tipo de fertilizantes —en especial nitrógeno—, hidrocarburos, metales pesados, pesticidas, detergentes, o contaminantes emergentes —es decir, que son de preocupación actual porque se detectan cada vez en mayores concentraciones— como los medicamentos o sustancias estimulantes como la cafeína que van disueltos en las aguas de evacuación y acaban en los océanos. Por supuesto, también encontramos aquí todos los productos químicos derivados de la degradación de las basuras. Mientras que algunos son letales en bajas concentraciones, o se pueden acumular en el cuerpo, como los metales pesados, otros se asemejan a hormonas y afectan al sistema endocrino de las especies. Esto puede provocar cambios de sexo, deformaciones o problemas en la muda, con sus consiguientes efectos letales o subletales a corto plazo.

Al igual que afecta a las especies de peces, la sobrepesca constituye un grave problema para la conservación de los artrópodos acuáticos, en especial, a aquellas especies de mayor interés comercial, es decir, el marisco, tanto de agua dulce, como de agua salada. Y que aumenta cada vez más. La Organización de las Naciones Unidas para la Alimentación y la Agricultura, más conocida como FAO por sus siglas en inglés —Food and Agriculture Organization— reporta que cada vez más pesquerías no son sostenibles. En 2019, se estimó que el 35,4 % de todas las pesquerías del mundo, fuesen del animal que fuesen, estaban sufriendo sobrepesca. Y eso que el funcionamiento del problema es sencillo de entender: estamos capturando muchos más de lo que se puede. Es decir, en el caso de los imprescindibles Artrópodos, se traduce en muchos más individuos de cangrejos, percebes, langostas, gambas, camarones y otras muchas especies de las que podríamos capturar, porque no da tiempo a que sus poblaciones se recuperen. ¿Por qué no les da tiempo a recuperarse? Por muchos motivos. Porque nos llevamos más reproductores de lo que debemos y cada vez hay menos descendencia, porque nos llevamos animales inmaduros, porque al capturarlos de forma tan intensiva destruimos el hábitat donde viven y no le da tiempo a recuperarse, porque estresamos a los animales y no crían bien, o porque ciertas enfermedades repuntan al cambiar la estructura poblacional o la composición de la población. Para comprender esto último, pongamos un ejemplo sencillo de entender. Imagina que, de un día para otro, el planeta estuviera habitado únicamente de bebés recién nacidos, que, como es lógico, se ponen enfermitos fácilmente. Esto sería el comienzo de una catástrofe. Al cambiar profundamente la composición de la población humana, no hay variedad alguna en los individuos que componen a la humanidad, no hay niños y niñas, no hay jóvenes, ni adultos, ni ancianos. Así, es más difícil que exista un escudo de grupo basado en la inmunidad de rebaño, donde las defensas de la gente de tu alrededor que ya ha pasado la enfermedad te protegen también por hacer de barrera y no traerte el virus a casa cuando viene de visita. Algo similar ocurre con los mariscos, donde es más fácil el repunte de una enfermedad si siempre me llevo bichos que midan en torno a unos valores parecidos y tengan una edad similar. Estoy restando resiliencia a esa población de bichos.

La sobrepesca se ha notificado para todo tipo de especies en cualquier lugar del mundo donde puedas imaginar. Así que figúrate cuántos millones de toneladas tenemos que estar llevándonos para que estos animales, tan numerosos y ubicuos como son, lo estén pasando tan mal. Las pescas son cada vez menos abundantes, con bichos cada vez más pequeños —si siempre te llevas los más grandes, mañana los más grandes serán más pequeños—. Esto hace que la presión ejercida en las capturas sea más grande, y se retroalimente el círculo vicioso. En concreto, las pesquerías de decápodos son las que más ha crecido en los últimos años, en comparación con la de cualquier otro animal marino de importancia comercial. Cosa que no deja de ser graciosa, porque realmente el aporte nutricional que nos proporcionan estos animales, en comparación con lo que cuesta capturarlos, y comprarlos, en el caso del consumidor, no compensa en absoluto.

Los Decápodos son de hecho, buenos indicadores de la salud de los ecosistemas. En los arrecifes, se sabe que las cosas van mal, en parte porque los decápodos lo están pasando horriblemente en estos lugares.

La acidificación es otro de los grandes problemas que afecta a nuestros queridos artrópodos acuáticos. Aunque *a priori* no parece igual de intuitivo que la sobrepesca o la destrucción de los hábitats, no es compleja de comprender. Es bien sabido por todos que, a causa del funcionamiento de las industrias, la quema de combustibles fósiles, o el masivo tráfico rodado que recorre todas las carreteras del mundo, entre otras actividades humanas, se emiten a la atmósfera enormes e insostenibles cantidades de dióxido de carbono, CO_2, a la atmósfera. Este gas es necesario para la vida, pues en concentraciones normales, hace que la temperatura del planeta sea más calentita y propicia para la vida, pues se trata de un gas de efecto invernadero. Además, es usado por las plantas, entre otros muchos organismos. Estas, realizar la fotosíntesis, fijan el carbono que se encuentra en las moléculas de CO_2.

Sin embargo, y gracias justamente a sus habilidades de invernadero, este gas se ha convertido en uno de los principales protagonistas del calentamiento global al encontrarse en exceso en el aire. La concentración media actual de este gas ha aumentado en aproximadamente un 50 % si la comparamos con los niveles anteriores a la revolución industrial. Esto significa que ha aumentado diez veces más rápido de lo normal. Así, este exceso de dióxido de carbono incide de forma directa en la temperatura media global, lo que en tierra firme conlleva que las especies vean alterados sus ciclos de desarrollo —que pueden no llegar a completar adecuadamente, con efectos letales o subletales—, sus distribuciones espaciales —muchas especies de lugares templados o fríos se ven obligadas a refugiarse en zonas climáticamente más benignas, o perecen— o sus ciclos vitales. Se calcula, por ejemplo, que el 60 % de las especies de insectos herbívoros europeos ya están desacompasados con los ciclos de las plantas de las que se sustentan, lo que afecta, por ejemplo, al proceso de polinización. Lo cual es una noticia terrible. En el mar, los efectos negativos del calentamiento de la temperatura del agua son similares. Pero, además, el exceso de gases de efecto invernadero también provoca graves problemas de forma directa en los océanos. Esto es debido a que las grandes masas de agua actúan como sumideros naturales de CO_2. Cuando este gas entra en contacto con el agua, se disuelve. Este proceso de disolución, en principio es bueno, pues constituye una fuente de carbono en las aguas marinas que les viene muy bien a los organismos. Además, también influye en las características del agua del mar, pues a causa de la reacción, aparecen compuestos químicos que acidifican ligeramente las aguas y afectan activamente a los valores de pH de las mismas. Cuando todo está en equilibrio, todo funciona genial. Pero la existencia de concentraciones demasiado altas de CO_2 en el aire, escenario en el que nos encontramos ahora, provocan mayores disoluciones de este gas en el agua, demasiados productos químicos acidificantes, y, por consiguiente, reducciones importantes de los valores del pH. Se estima que la acidez media de los océanos se ha incrementado casi un 30 % en el último siglo y medio. Y esto es un malísimo escenario para los artrópodos y otros animales marinos que se protegen con estructuras duras, y que como recordarás, están formadas principalmente de calcio. Un calcio que se disuelve en medios ácidos. Medios ácidos que impiden que cientos de millones de bichos esenciales para los ecosistemas puedan formar las imprescindibles corazas que protegen sus cuerpos, lo que equivale a una muerte casi segura o una vida no funcional debido a un desarrollo inadecuado de su organismo, o derivado de infecciones que les atacan a placer, o a causa de convertirse en presas demasiado fáciles.

Las especies invasoras, tanto en las aguas como en la tierra firme también están siendo una pesadilla para nuestros queridos artrópodos. Las peores son probablemente otros artrópodos, que, al parecerse mucho a ellos, compiten mejor por los mismos recursos cuando llegan a un nuevo ecosistema. Hay artrópodos invasores por todos sitios, en todos los ecosistemas y en todos los continentes, incluso en la Antártida. Entre los más famosos, se encuentran la hormiga argentina, la avispa asiática, el cangrejo de río americano, o el escarabajo picudo rojo. Pero la cosa no acaba ahí: arañas, cangrejos, milpiés, mosquitos, chinches, triops, escorpiones, libélulas… La lista no acaba, y se seguirá expandiendo en las próximas décadas.

Se conoce a ciencia cierta que un gran número de especies exóticas son introducidas cada día en algún lugar fuera de su distribución natural. La mayoría de ellas son transportadas de forma accidental, debido al transporte de mercancías, que a partir del siglo XXI está más globalizado que nunca. Lo que ocurre es que todas no llegan a convertirse en invasoras. Pero el peligro está ahí: imagina cuántas criaturas exóticas de pequeño tamaño están pululando por ahí a sus anchas, y nosotros ni siquiera lo sabemos. Imagina cuantas de estas se convierten en invasoras, pero nadie lo notifica hasta que alguien la encuentra por primera vez, porque el problema ya es muy evidente.

En otros casos, la especie invasora proviene del escape de poblaciones domésticas que se crían por algún motivo. Es el caso de la abeja melífera, que proveniente de Eurasia, ahora está viviendo por todo el planeta, interfiriendo en los ecosistemas que ya tenían polinizadores específicos para las plantas que allí habitaban y que eran mucho mejores porque habían evolucionado junto con las plantas. Otro caso es el de los multicrustáceos con valor comercial, como el cangrejo de río americano, que ha desplazado especies autóctonas en muchos lugares del mundo. Por otra parte, y como es lógico, la introducción de especies invasoras de plantas que modifican el hábitat original donde las especies están vivían, y de otros grupos animales no artrópodos, como mamíferos, reptiles o los anfibios en los ecosistemas, y cuya dieta se basa fuertemente en insectos, son asimismo motivo de impacto directo para las poblaciones autóctonas de artrópodos. Como ejemplo sencillo de comprender, te vuelvo a recordar el caso del pobre pseudoscorpión gigante de la isla de Santa Helena, que está en peligro crítico de extinción.

Para rematar el pastel de catástrofes que acabamos de ver a lo largo de este capítulo, y que se amontonan unos encima de otros, sin control alguno, queda el colofón final. La guinda del asunto no es otra que la mal información que circula por todos lados en referencia a los artrópodos. En el mundo actual hiperconectado en el que vivimos, donde se supone que deberíamos de tener a nuestro alcance más conocimiento que nunca, parece, en ciertos casos, que ocurre todo lo contrario. Cientos de noticias sensacionalistas corren por doquier, no importa el prestigio del medio de comunicación que lo difunda. Y no solo eso, hay bulos que corren por las aplicaciones de mensajería, *fake news*, montajes fotográficos cada vez mejor hechos, o imágenes o vídeos generados por inteligencia artificial casi imposibles de detectar y que corren como la pólvora a lo largo y ancho del mundo en cuestión de segundos. Como resultado, la población, en vez de ser cada vez más sabia, es más vulnerable a la desinformación. Esto se traduce en un mayor odio a los Artrópodos, en una mayor desconexión de la naturaleza por parte del ser humano, en un menor interés y presión sociales para conservar a estos animales vitales, y en definitiva, en una peor calidad de vida para la sociedad.

¿Y qué podemos hacer ante un panorama tan desolador, que afecta a los animales clave de los ecosistemas? Poner nuestro granito de arena. No podemos devolver a la vida a las especies que se extinguieron, ni usar magia para eliminar todos los problemas del mundo, ni tampoco podemos cambiar de un día para otro el funcionamiento de la sociedad. Pero sí podemos hablar de este problema en los colegios, o a nuestros familiares y nuestros amigos. Podemos coger un libro y leer información contrastada, en vez de leer un post en las redes sociales. Podemos, entonces, dentro de nuestras circunstancias personales, apostar por productos más ecológicos y respetuosos con el medio ambiente. Podemos ir a pie, si no es necesario usar el coche. Podemos colaborar en la toma de datos en las investigaciones de los equipos científicos que soliciten ayuda ciudadana y así ayudarlos en sus estudios, y de camino, usar este tipo de actividades como medio de sensibilización. Tenemos que proteger los ecosistemas para así proteger a las especies que allí viven. Debemos concienciarnos como sociedad de que la conservación de los Artrópodos debe estar en la agenda política nacional e internacional. Salvarlos es salvarnos a nosotros mismos. Ellos no nos necesitan en absoluto, pero para nosotros, ellos son imprescindibles, como ya bien dijo el famoso entomólogo y divulgador Edward O. Wilson. Vamos tarde, y todo comienza a desmoronarse, pero hay un rayo de esperanza. Todavía estamos a tiempo de que este problema alcance magnitudes catastróficas. Todavía estamos a tiempo de frenar esta devastación, y con los años, hacerla desaparecer casi por completo. Pero debemos trabajar a la de una. ¿Estás conmigo?

9

MIL MANERAS DE RESPONDER A LA PREGUNTA: «¿Y ENTONCES PA' QUÉ SIRVE UN BICHO?»

A lo largo de este libro, hemos estado tratando diferentes aspectos clasificatorios, ecológicos y ambientales de cada uno de los grandes grupos que conforman a los artrópodos. También hemos hablado, entre otras muchas cosas, de su riqueza en especies o de su contribución en biomasa al planeta. Desgraciadamente, también hemos tenido que abordar una parte muy oscura de nuestra propia historia como especie, y del planeta en su conjunto: cómo, a causa de los impactos que la actividad humana está provocando en el planeta, el ser humano está extinguiendo a los artrópodos, y deteriorando servicios ecosistémicos regulados por ellos y que son fundamentales para el funcionamiento de nuestra realidad tal y como la conocemos… Y por ende, para nuestra propia supervivencia. Ciertamente, a estas alturas del libro, ya te habrás dado cuenta de que hay mil maneras de responder a esa típica y tediosa pregunta que nos hacen a los científicos: «¿Y para qué sirve un bicho?», y que la forma más corta para hacerlo es diciendo: «Para todo». Sin embargo, creo que es importante, que, a modo de colofón final, nos despidamos del viaje que hemos recorrido juntos con un capítulo de conclusión, que, a modo de síntesis, nos recuerde por qué tenemos que darles las gracias a los artrópodos prácticamente —o literalmente— cada vez que respiramos.

En primer lugar, lo que debe quedar claro, pues es fundamental, es que, sin comunidades saludables y bien numerosas de artrópodos, los ciclos de nutrientes en el planeta no funcionarían como lo hacen. Los mares no serían tan fértiles como para abastecer a la humanidad y a muchos otros miles de especies. Ni tampoco los suelos, en la tierra firme, donde se estima que habita tal cantidad de artrópodos que el peso en toneladas de carbono que registran es igual al de toda la humanidad y todas las cabezas de ganado del mundo juntas. Sin este ejército de trabajadores implacables, toda la vegetación del mundo tal y como la conocemos se iría a pique sin reciclado de nutrientes o aireación del suelo suficientes para mantenerlas a todas. En consecuencia, las zonas naturales estarían totalmente deterioradas. Ni que decir tiene que tendríamos que decirle adiós a la agricultura, al menos en la concepción que tenemos de ella.

Por poner el más visual de los ejemplos, muchísimas plantas con flor son exclusivamente polinizadas por insectos. ¿Qué haríamos sin ellos? ¿Polinizar nosotros todas esas plantas a mano en todo el mundo? Claro, y si nos ponemos así, y las plantas no crecen como lo hacen ahora, tal vez la composición de la atmósfera cambiase en nuestra contra, más si los seres humanos siguiésemos contaminando.

Por otra parte, olvídate de todos los animales que se alimentan de bichos, y también de aquellos que se alimentan de animales que se alimentan de bichos. Por no decir que, sin millones de bichos comiendo algas microscópicas en los mares y otros cuerpos de agua, estas crecerían sin control, gastando el oxígeno del agua y asfixiando a todo ser vivo que lo usase para respirar. Así, me temo que adiós a los peces y sus colores, a los pájaros y sus cantos, a los anfibios, a los reptiles, a los mamíferos y a muchos otros seres vivos. Sí, podría ocurrir que algún animal de pequeño tamaño sobreviviese —en las grandes extinciones, los organismos más pequeños tiene más probabilidades de sobrevivir al necesitar menos recursos para mantenerse—, pero lo que parece seguro es que habría una extinción masiva, en cascada, de consecuencias catastróficas, que culminaría con la nuestra propia, por partida doble: esos animales grandes que han desaparecido también realizaban servicios ecosistémicos para mantener la vida, y al mismo tiempo eran una fuente de recursos que no podríamos explotar. Ah, espera, pero si esto ya está ocurriendo...

Sin Artrópodos, todo estaría lleno de animales en descomposición, de árboles muertos, de miles de millones de toneladas de desperdicios que nadie daría abasto para reciclar, ni tampoco tendría las herramientas necesarias para hacerlo de la forma óptima y devolver nutrientes al ciclo de la vida. Habría podredumbre por todos sitios, microorganismos creciendo de forma descontrolada, insalubridad y riesgos de infecciones letales por doquier. Bueno, todo esto que te estoy contando, lo hago generalizando mucho, y a bote pronto, echándole imaginación. ¿Y sabes por qué? Porque realmente, no creo que llegáramos a ninguno de esos escenarios, pues desapareceríamos antes. Estos bichos no entienden de agradecimientos y solo hacen las cosas para las que han evolucionado. Pero si lo hiciesen, no habría manera medible de mostrar una gratitud suficiente e igual a todo lo que hacen por mantener el planeta en funcionamiento. Tendremos siempre una deuda impagable con los Artrópodos, sin los cuales, tampoco podríamos haber llegado a existir. El mundo pudo albergar nuestra aparición como especie porque los Artrópodos estaban ya regulando desde hacía millones de años casi todo lo que delante de nuestros ojos se halla. Igual que ahora. Y cuando ya no queden bichos a los pisar, estrujar con la zapatilla o espantar en el campo mientras nos quieren quitar una miguita del bocadillo, nos arrepentiremos. Ya lo estamos haciendo, aunque nadie lo sepa. El deterioro que el planeta está sufriendo, así como una cada vez mayor falta de recursos, está muy ligado a las contracciones que estos animales están sufriendo en sus poblaciones, y a la pérdida de densidad suficiente de los mismos en el medio, a causa nuestras actividades nocivas contra el entorno.

Es decir, que, en términos generales, los Artrópodos nos dan la vida, nos dan salud, nos dan comida, cobijo, aire limpio, naturaleza, y, en definitiva, una vida digna de ser vivida. Sin artrópodos, no habría personas. No habría un jardín lleno de vida o muchos de los animales que aparecen en los documentales y de los que nos sorprendemos por su tamaño, su velocidad o su elegancia. No habría ese café de por la tarde con colegas, ni esa fiesta de mayoría de edad que celebra tu sobrina la semana que viene. Tampoco habría cumpleaños, ni risas de los niños en los parques, ni plataformas de *streaming* para ver pelis un domingo lluvioso, ni partidas de *Fortnite*, ni locales para hacer una rave, ni materiales para hacer esas manualidades que tanto te gustan. No habría apenas profesionales de la medicina, la enseñanza, o la construcción. No podríamos escuchar el último álbum de nuestra artista, ni ver en la tele al equipo de fútbol o de hockey sobre hierba que nos gusta. Tampoco existirían especialistas en conservar a las ballenas, a los linces o las rapaces, pues por mucho dinero que les destinásemos, los ecosistemas no podrían sostenerlos. No habría botánicos estudiando plantas con flor, pues el 90 % de las especies que las tienen son polinizadas por artrópodos. A decir verdad, cientos de ellos tendrían que pegarse por estudiar a las dos o tres que no lo hacen, claro, si es que sobreviven a suelos infinitamente menos fértiles que los de ahora. Por supuesto, adiós a los pinchos de tortilla, a los sándwiches de atún, y cualquier otra fuente de alimento que dependiera directa o indirectamente de los Artrópodos —es decir, la absoluta mayoría—. Estas cosas, aunque son de cajón, son difíciles de medir dada su magnitud. Sin embargo, algunas cifras que hay calculadas para ciertos sectores concretos de la alimentación ya son aterradoras: sin Insectos, se perdería un 75 % de cultivos que dependen directamente de ellos, es decir, sin pensar en todo el trabajo que hacen para airear el suelo, regenerar nutrientes y todas esas historias que hemos resaltado ya varias veces, y solo centrándonos en los servicios de polinización que hacen a las plantas que tenemos domesticadas para el consumo humano. Ojo, no debemos caer en el error de tener una visión utilitaria de los seres vivos: los organismos no están ahí para que nos sirvan de algo. Tienen tanto derecho a existir como tú o como yo, les veamos utilidad o no. Lo que está claro es que no están ahí para molestarnos, sino más bien para lo contrario. Estos animales forman la base de un sistema que funciona gracias a un delicado equilibrio, constituido por millones de piezas las cuales no podemos eliminar o modificar sin consecuencias catastróficas. Incluso en las ciudades, que desde el punto de vista ecológico no son más que otro ecosistema diferente, los Artrópodos, más allá del mosquito o la cucaracha domiciliaria, hacen cosas buenas por nosotros.

Por si esto no fuese suficiente, además de tejer nuestra realidad, efectivamente los Artrópodos todavía nos dan mucho más que eso: toca hablar de comida, de medicamentos y de muchas otras cosas. Pero recuerda, siempre esto en segunda instancia, sin olvidar lo primero, con una sencilla ecuación: bichos = vida.

Olvidándonos del trabajo de polinización y de los alimentos que consumimos derivados de este servicio ecosistémicos imprescindible, los artrópodos son una fuente de alimento —y de trabajo— directa para el ser humano: miles de toneladas de marisco, miel, insectos y otros productos derivados de artrópodos, como colorantes, harinas o suplementos alimentarios, se consumen anualmente en todo el mundo.

Por si fuera poco, gracias a los artrópodos hemos realizado grandes avances en la historia de la ciencia que repercuten sobremanera en nuestra calidad de vida. El campo de la genética no sería hoy el mismo si no fuera por la mosca de la fruta *Drosophila*, donde se ha usado desde comienzos del siglo XX como organismo modelo. Por no decir que la biotecnología, la ciencia de los materiales y la ingeniería estarían muchísimo menos desarrolladas. Solo tengo que ponerte como ejemplo el caso del hilo de seda en arañas, cuyas increíbles propiedades se están estudiando para ser replicadas, o el que concierne a los insectos voladores, los cuales son investigados como modelo para desarrollar mejores y más eficientes diseños en el mundo de la aeronáutica.

Incluso en un resumen exprés como este, mira todo lo que hemos contado ya sobre la importancia de estos animales sin recurrir todavía a lo único que todo el mundo piensa cuando pregunta si un bicho sirve de algo: sí, la detección de sustancias químicas que puedan ser de provecho para el ser humano y usarse como medicamento, como tratamiento contra el cáncer, o como plaguicida sostenible para cultivos ecológicos. Sí, los Artrópodos son una fuente inagotable de potencial genético en el que estudiar cientos de miles de compuestos con posibles aplicaciones para la salud humana. Se estima que solo en el veneno de las arañas, existen casi cuatro millones de compuestos diferentes, de los que, como resulta lógico con esa magnitud, todavía nos queda casi todo por saber sobre ellos.

Por ponerte algunos ejemplos específicos de entre los miles de medicamentos o principios activos usados en medicina humana que podrían enumerar, se encuentran muchísimas sustancias antitumorales que provienen de muchísimos artrópodos diferentes, la astaxantina, que se obtiene del krill y que tiene diferentes propiedades, entre ellas la antioxidante, el quitosano, un polisacárido que se obtiene del exoesqueleto de artrópodos marinos y que por ejemplo sirve como bactericida, o la famosa proteína LAL —lisado de amebocito de *Limulus*— que se encuentra en la hemolinfa de los cangrejos cacerola. Se usa, por ejemplo, en las vacunas, para medir el contenido en bacterias de las mismas. Y nosotros, obviamente, no queremos introducir bacterias junto con las vacunas, porque nos podía provocar una infección. El compuesto es muy sensible a estos microorganismos, pues en cuanto hay bacterias cerca, reacciona. Si esto pasa, mal. Si no, perfecto, la vacuna es segura. Esto, llamado a qué las empresas que desarrollan este tipo de medicamentos y otros similares los usen de forma masiva para extraerles su hemolinfa. En el proceso, algunos pocos mueren. La cosa está en que, si se capturan muchísimos, pues mueren muchísimos y no unos pocos, y esto, está poniendo en riesgo de extinción a sus poblaciones. Recordemos que los cangrejos cacerola se encuentran amenazados por otras muchas razones, y esta es una más para la lista. Se está trabajando para llegar a un equilibrio entre el desarrollo de medicamentos y la conservación de estos animales que están salvando miles de vidas a diario.

Por si esto fuera poco, muchos insectos, se han usado como modelos de estudio para comprender mejor el organismo humano, puesto que muchos órganos, aunque con formas y nombres diferentes, funcionan de forma similar. En este aspecto, tal vez esas cucarachas que tanto odias sean uno de los insectos que te hayan salvado la vida más veces a lo largo de tu existencia, pues muchos de los avances médicos de los que hoy día disponemos, han sido posibles gracias a estos animales. Por ejemplo, cucarachas de alcantarilla como las *Periplaneta* han sido sujetos de estudio recurrente en el campo de la neurobiología, entre otros muchos. Al ser tan fáciles de criar, y baratas de mantener, se convirtieron rápidamente en modelos ideales para infinidad de investigaciones relacionadas con la salud humana. Gracias al uso de cucarachas en laboratorio, conocemos muchos aspectos sobre el proceso de envejecimiento del cerebro, o sobre la acción de los tóxicos en el organismo de los animales. ¡Y tú sin darles las gracias!

Medicina y medicamentos aparte, otro de los aspectos que me gustaría volver a recalcar en este capítulo homenaje a los artrópodos, es nuestra conexión con ellos desde nuestro comienzo como especie, gracias a los cuales hemos crecido culturalmente. Existen constelaciones con su nombre, como son la de Escorpio o la de Cáncer, y decenas de cuentos, mitos e historias de folklore. Gracias a ellos nacieron bailes o se adornaron cientos de pinturas históricas —que no ilustraciones científicas— normalmente de tipo bodegón, como *Naturaleza muerta con frutas y jilguero* del pintor español del siglo XVII Francisco de Zurbarán —donde, a pesar de que el título no lo indique, también aparece una mariposa— o muchas de las obras del pintor belga del mismo siglo, Jan Van Kessel.

Pero si crees que este fenómeno de la influencia de los bichos en nuestra cultura es cosa del pasado, de un estado de civilización incipiente «ungaunga» que vivía en taparrabos en el campo, te equivocas estrepitosamente. No solo lo hacían tres cavernícolas rezando a un escarabajo de las cacas, cuatro griegos contando mitos sobre dioses del Olimpo, o unos cuantos romanos nombrando a un puñado de estrellas con nombres de artrópodos. Grandes hombres y mujeres de ciencia como el filósofo Aristóteles, el naturalista Carl von Linneo, la ilustradora Maria Sibylla Merian o el dramaturgo Wolfgang von Goethe fueron grandes estudiosos de los Artrópodos. Pero es que hasta hoy día tenemos artrópodos hasta en la sopa, y no solo literalmente, por eso del caldo de marisco. Existen referencias culturales a los artrópodos por absolutamente todos los lados. ¿Qué me dices de ejemplos como *La metamorfosis* del importantísimo escritor Frank Kafka, el famoso coche escarabajo, la expresión «tener mariposas en el estómago» o, puestos a hablar de mariposas, de la colosal ópera *Madame Butterfly* de Giacomo Puccini, ¿cuya aria pone los pelos de punta a cualquiera? Sí, sí, estos ejemplos son muy esclarecedores, pero obviamente, la cosa no acaba ahí.

Porque... ¿qué te parece que tres de las figuras históricas más importantes de la música moderna lleven nombre de artrópodos? Con esta presentación, no puedo estar hablando de otros que no sean The Beatles, Scorpions y Camarón de la Isla. Poca presentación hace falta para estos monolitos, pero por si acaso eres extraterrestre, o has estado congelado dentro de un bloque de hielo como el Capitán América desde el año de la polca, te hago un repaso rápido.

Te voy a decir una cosa: al igual que los bichos, The Beatles hacían a la gente gritar como loca. Pero no porque diesen asco por tener ese nombre —*beatle* es un juego de palabras que guarda una fuerte similitud con *beetle*, escarabajo en inglés—. Este cuarteto originario de Liverpool, Reino Unido, e integrado por John Lennon, Paul McCartney, Ringo Starr y George Harrison, cambió la historia del pop y el *rock* para siempre desde su formación a comienzos de los años sesenta, y se convirtió en un fenómeno de masas a nivel mundial. El grupo se disolvió en 1970. Tal vez, los diez años mejor aprovechados en la historia de cualquier grupo musical actual. Se convirtieron en leyenda. Y aunque el número de copias vendidas no tenga que ver con la calidad de la música, decir que tal vez sean los artistas que más discos han vendido en la historia, pues no es poca cosa, precisamente. Las cifras varían, pero estos insectos musicales parecen haber vendido la friolera de alrededor de 200 millones de álbumes oficiales y, según dicen, puede que cientos de millones más. Diversas teorías corren por ahí acerca del origen del nombre del grupo, pero lo que es innegable es que, de una forma u otra, hacen referencia a un insecto.

Donde no hay equívocos es en el caso de que tu grupo se llame Scorpions —no hace falta decir que la palabra significa 'escorpiones' en inglés— y que además tu logotipo sea un escorpión. Y ya, si, además, sacas un escorpión de protagonista en las portadas de tus discos de vez en cuando, y una canción que dice «hey, hey, sting in the tail» —'hey hey, aguijón en la cola'— está claro que te evitas malentendidos. Así, el grupo de escorpiones alemanes, con la inconfundible voz de Klaus Meine al micrófono hizo historia en el género del *hard rock* y el *heavy metal* y ayudó a afianzar estos estilos —y en el polo opuesto, a componer baladas históricas— desde finales de los sesenta hasta el presente, por lo que consiguió traspasar también la barrera de las más de cien millones de copias vendidas.

En último lugar, pero no por ello menos importante, tenemos al cantaor José Monje, más conocido como Camarón, originario de San Fernando, Cádiz, que es considerado por muchos expertos —pese a su prematura muerte en 1992 que le impidió seguir compartiendo su arte con el mundo— como el mejor cantaor de flamenco de todos los tiempos. Sus trabajos con el algecireño y genio de la guitarra Paco de Lucía y con el increíble guitarrista almeriense Tomatito han pasado a la eternidad. ¿Y por qué le llamaban Camarón a este hombre? Este mote, según dicen, y que le puso su tío, hacía referencia a la infancia del cantaor, a causa de la tez blanca y el pelo rubio que tenía, así como a lo nervioso que era: igualito a un camarón que salta de un lado a otro sin parar.

Bueno, y si hablamos de piezas musicales con nombre de Artrópodos, creo que una de las más famosas, por no decir la que más, es *El vuelo del abejorro* del compositor ruso Rimski-Kórsakov, que creó la pieza allá por el año 1900. Esta pieza frenética, que imita el sonido en vuelo de un abejorro, es una de las piezas de música clásica más usadas en la cultura popular, y, por ende, es casi imposible que no la hayas oído alguna vez. Tampoco podemos irnos sin hablar de *Las cuatro estaciones*, grupo de cuatro conciertos para violín compuestos por el genio barroco de la música Antonio Vivaldi, obra musical que se convertiría en una de las más grandes de todos los tiempos. Vivaldi quiso recrear en estos conciertos los sonidos de la naturaleza propios de cada estación en una obra maestra de la música programática, es decir, música que intentaba describir con sus melodías fenómenos o sonidos del mundo real, y que, por tanto, incluía alguno emitido por nuestros amigos los bichos: las moscas y los moscardones que aparecen en el concierto correspondiente al verano, cómo no. ¿Quién no sabe a qué se restaba refiriendo Vivaldi? *Las cuatro estaciones* van acompañadas por unos sonetos escritos por el propio Vivaldi, uno para cada estación, donde también aparecen las citadas moscas y moscardones y sus furiosos e insistentes zumbidos veraniegos.

Por supuesto, si hablamos de bichos y música, no puede faltarnos en la lista *La cucaracha*. La canción popular, internacionalmente conocida y con un origen bastante truculento, a día de hoy solo es cantada por fortuna para referirnos a una cucaracha que tiene problemas locomotrices. Estos problemas locomotrices pueden variar en función de la versión que estemos cantando: a la cucaracha, al parecer, pueden faltarle las dos patitas de atrás o una solamente.

Hablando de cantar, me están entrando ganas de bailar para hacer el número completo ¿Y qué mejor para esta ocasión que bailar una tarantela, esa danza típica propia de Tarento, en Italia y nació gracias a una araña?

En resumen, la historia cuenta que, en la antigüedad, allá cuando los griegos y los romanos, una araña que vivía en Italia, la araña lobo *Lycosa tarantula*, provocaba un extraño cuadro de síntomas que parecía un baile cuando mordía a los humanos. En muchos casos, estos cuentos eran simple exageración, porque esta araña de gran tamaño, como la gran mayoría de las especies, es inofensiva para las personas, y muy bonita, por cierto. En otros, los envenenamientos eran debidos a otra especie, la viuda negra mediterránea, que puede tener efectos de importancia médica, sobre todo en la población de riesgo. En algún momento, esta leyenda cambió al ir saltando de generación en generación, y los textos que han llegado a nuestros días nos muestran que el baile pasó a considerarse la cura del entrenamiento de esta araña. Así, la persona debía de luchar el envenenamiento bailando todo lo que pudiera hasta caerse al suelo, rendido. Este baile es el origen de la tarantela. Quien diría que una leyenda exagerada, y con una araña mal identificada, daría lugar a un baile tradicional tan importante para un país. Pero no te preocupes, que, si no te gusta el baile, tengo otros ejemplos para ti.

¡Hola! Sí, tú, al que le gusta la informática ¿Qué me dices de usar la palabra *bug* cuando detectamos errores en un programa? Aunque bien es cierto que, al parecer este término se lleva usando desde el siglo XIX para hacer referencia a fallos técnicos en general —de hecho, parece que fue Edison quien lo usó por primera vez—, hoy en día, no cabe duda de que, si alguien escucha esta famosísima y tan usada palabra, no va a pensar en otra cosa que no sean ordenadores, consolas y videojuegos, pues su uso está muy extendido en el campo de la programación. ¿Cómo es que una palabra genérica para errores técnicos acabó convirtiéndose prácticamente en un vocablo exclusivo del argot informático? Puede que los Artrópodos tengan gran parte de culpa en ello. Porque *bug*, además de 'error', significa 'bicho' en inglés.

La primera vez que quedó constancia del uso de la palabra *bug* en el entorno de la informática data de 1947. Por aquel entonces, no existían los ordenadores domésticos, y mucho menos los podíamos encontrar a miles de millones, sino que solo existían unos pocos en el mundo, en los centros de investigación más avanzados. Estas máquinas tampoco eran livianas ni pequeñitas como las de ahora, que caben en un bolso. Nada de eso: pesaban varias toneladas y ocupaban por completo una sala gigantesca. Una de estas máquinas, punteras y futuristas por aquel momento, llamada Mark II, se encontraba operando en la Universidad de Harvard, en Estados Unidos. Aquel día, se encontraba trabajando con ella la brillante científica y militar Grace Hopper, que era experta en computación, de hecho, de las más relevantes de la historia, y una de las primeras programadoras del mundo. En cierto momento, esta genio se percató de que algo había desencadenado un fallo importante en el sistema, que había interrumpido su funcionamiento normal. Así, al revisarla, se dio cuenta de que una pobre polilla perdida se había colado dentro del ordenador, en la sala, y había chocado con uno de sus relés, electrocutándose en el proceso. Grace, con humor e ingenio, hizo un juego de palabras que pasaría a la historia: había encontrado el primer *bug* —'error'— que era realmente un *bug* —'bicho'—. Cogió el cuaderno de registro de la máquina, donde se apuntaban todos los errores o acontecimientos importantes que afectaban a la Mark II, y escribió «primera caso real de bicho registrado» —«first actual case of bug being found»—. Así que, cuando escuchamos a una sobrina o a un amigo gritando desde su habitación de *gaming*: «¡No puede ser, se me ha bugeado!», cuando está jugando una partida de videojuegos en línea, lo que está diciendo es que el programa del videojuego está sufriendo fallos en los sistemas que lo hacen funcionar, de forma similar a cuando esa pobre polilla se estampó contra los circuitos de la Mark II en el siglo XX. ¡Eso es cultura! Bueno, y hasta humor negro, según como se mire. ¡Nos estamos riendo de una desdichada polilla!

¿Qué te parece? ¡Hasta en nuestro lenguaje encontramos artrópodos! Me apuesto lo que quieras a que no sabías la historia del *bug*. Aparte de esta, hay muchas otras expresiones también relacionadas con artrópodos, aunquela mayoría de ellas por desgracia, al menos en la cultura hispanohablante, reflejan la visión negativa que se tiene por lo general de estos animales. Entre otros ejemplos, se encuentran «Hablar como una chicharra», «Ser insignificante como un insecto», «Ser más pesado que una mosca», «En un asunto, en vez de avanzar, ir para atrás como los cangrejos» o «Pegarse como una ladilla» —aunque existen algunas pocas positivas como «Una persona tan trabajadora como una hormiguita»—. Algo similar ocurre con los refranes, aunque estos parecen estar más balanceados en cuanto a la proporción de cosas malas y buenas que se dicen sobre los bichos. De hecho, algunos se contradicen con otros refranes que tratan el mismo tema. Por ejemplo, por un lado, encontramos «En la cabeza del perezoso tiene pasto el piojo», pero a la vez por otro «Niño con piojos, saludable y hermoso, niño sin ellos, endeble o enfermo». Igualmente, una gran cantidad de refranes están referidos a la vida del campo, el mundo del campo, en donde se originaron estos dichos, y pretenden tener un valor predictivo sobre el tiempo, o sobre las prácticas agrarias, como por ejemplo «Año de avispas, bueno para las viñas», o «Cuando las arañas por sus hilos descuelgan, la lluvia está cerca». Por supuesto, estos dichos no tienen ningún fundamento científico, y debemos verlos como rimas llenas de gracia que se decía antaño, para intentar explicar la realidad con las herramientas que se tenían por aquel entonces, pero nada más. De hecho, muchas de las creencias populares infundadas, negativas, que la gente tiene sobre los Artrópodos vienen derivadas de aquí. Esperemos que eso comience a cambiar, pues ahora, más que nunca, debemos tomar conciencia como sociedad de la imprescindible labor de los Artrópodos en los ecosistemas de todo el mundo.

¡Ey, ey, oye! Sí, a ti que te gusta el fútbol. ¿Creías que te quedabas fuera de este capítulo? Pues precisamente, tú menos que ninguno. No debes olvidar que uno de los mejores jugadores de la historia del deporte, Lionel Messi, es apodado «La Pulga» debido a su gran habilidad para escabullirse de los contrincantes con una facilidad pasmosa. El jugador argentino es, en gran medida, uno de los futbolistas más laureados, tanto a nivel individual como de equipo, gracias a la fructífera etapa de dos décadas que vivió en el F.C. Barcelona, equipo de la liga de primera división de fútbol española, y que finalizó en 2021. Tampoco podemos olvidar a Yashin, conocido como «la araña negra», debido a su indumentaria oscura, y su desempeño impecable y acrobático bajo los tres palos: este mítico portero soviético de los años 50 y 60 es considerado por muchos como el mejor portero de la historia del fútbol.

Pidiendo disculpas por todos aquellos actores y actrices, personajes de películas y libros con apodos que hacen referencia a algún artrópodo, y que no voy a poder tratar aquí debido al limitado espacio del que disponemos—esto da para un libro entero por sí solo— creo que, sin duda alguna, si hubiera que dedicarle un espacio a alguno en especial, sería a una de las más grandes figuras de la cultura pop en todo el mundo: estoy hablando de Spiderman, o Spider-Man, como quieras llamarle. Este personaje de historietas de la compañía americana Marvel Comics, nacido en 1962 de la mano del guionista Stan Lee y el dibujante Steve Dikto, es uno de los personajes ficticios más reconocibles y seguidos del mundo. Cómics, películas, dibujos animados, y productos de todo tipo con la marca Spider-Man se venden a millones en todo el mundo, desde estuches y mochilas para ir cole, hasta bicicletas u objetos de decoración, pasando por menaje del hogar y disfraces. De tal magnitud es la «Spidermanía» y la veneración a este personaje, que un ejemplar original en perfecto estado del primer número de cómic en que apareció este personaje —*Amazing Fantasy* número 15— fue subastado en 2021 por nada más y nada menos que 3,6 millones de dólares. ¡No puede ser que la gente ame a Spider-Man y odie a las arañas! Como suelo decir... ¡Menos Spider-Mans y más Spider-Fans! No creo que haga falta introducir mucho a Spider-Man, pero por hacer un resumen, se trata de un chaval de Queens (Nueva York, Estados Unidos) llamado Peter Parker, un tipo muy responsable y estudioso, pero que es poco popular en el instituto, por lo que recibe un fuerte acoso escolar por parte de sus compañeros. Un día, le muerde una araña radiactiva que había escapado de un experimento durante una exposición científica, y debido a ello, su material genético sufre cambios —cosa a todas luces imposible en la vida real, lo siento— y se vuelve proporcionalmente tan fuerte como una araña. Además, tiene «supervelocidad», es capaz de trepar por las paredes, y, por si fuera poco, también posee un sentido extra, denominado «sentido arácnido», que le advierte del peligro cuando está cerca. Tras la trágica muerte de su tío Ben a manos de un delincuente, comprende que tal como decía este, «un gran poder conlleva una gran responsabilidad», por lo que decide usar sus poderes para hacer el bien y defender al más débil. Esto le lleva a encontrarse con muchos malos malosos, algunos de los cuales también tienen nombres de bichos, como El Escarabajo o el Escorpión.

La cosa no acaba aquí con las arañas. Sin salirnos del mundo de las viñetas de Marvel tenemos a Viuda Negra, al Hombre Hormiga y la Avispa, a Mariposa Mental —de los X-Men de Marvel— o Blue Beetle, de la compañía DC Comics. Como es evidentemente, con un filón así, todos estos personajes han disfrutado también diversas adaptaciones al mundo del cine y otros medios.

Fuera del mundo del cómic, hay otros grandes personajes-bicho muy famosos en todo el mundo... ¿No te suenan la Hormiga Atómica, o la Abeja Maya y sus amigos, como Hopper el saltamontes? ¿No te viene a la cabeza ninguna película que haya tenido bichos como protagonistas? ¡Pues claro! Justamente *Bichos*, de la empresa Pixar, que marcó un hito en la historia de la animación, o *Ant-Z*, de Dreamworks, ambas protagonizadas por hormigas. Pero la cosa no acaba ahí: billetes y sellos con bichos que vuelven locos a los amantes de la filatelia y el coleccionismo, marcas comerciales con gambas como mascota, videojuegos con personajes que son artrópodos, documentales, cuentos populares, modelos de automóvil, ropa decorada con motivos relacionados con artrópodos y directamente inspirada en ellos, predicciones del futuro en los horóscopos, bajo signos zodiacales de artrópodos... y así podríamos seguir todo lo que queda de día.

Y, por si fuera poco, no debemos olvidarnos de todas las discusiones de bar, fuentes de amistad y enemistad a partes iguales —la mayoría sin sentido, todo hay que decirlo— que inician estos bichos. A todo el mundo le gusta contar el récord del artrópodo más grande del mundo, o del que vive más tiempo. Todo el mundo se sorprende al saber que la araña más grande del planeta mide aproximadamente lo mismo que el área de la pantalla de tu ordenador portátil, que hay insectos palos que sobrepasan el medio metro de largo, que existen artrópodos que viven durante décadas como es el caso de las reinas de hormiga, o alguna que otra araña, o que la pinza de un cangrejo aplasta más fuerte que la mordida de un tigre —cualquiera hace un pulso con él—. A todo el mundo le gusta contar entre risas como el pito de un percebe mide más que su cuerpo, o que alguna vez existieron libélulas que casi alcanzaban el metro de envergadura alar, asombrosos milpiés que medían más que una moto grande o un jugador de baloncesto profesional. Es inherente al ser humano, sorprenderse por la belleza de este mundo, y por los tesoros que la naturaleza nos muestra en cualquier rincón del mundo, sean la selva, en el bosque, o incluso enfrente de nuestra casa en un descampado. Una vez dejamos de lado los prejuicios, y ahondamos en el conocimiento de estos animales es imposible no sucumbir ante su grandeza y profesar una profusa admiración hacia ellos. No hay forma alguna de rebatir que estos animales son una fuente de bienestar, de vida, de recursos e inspiración para todos y todas nosotros que conformamos la humanidad, sin importar nuestra procedencia, edad o época en que naciéramos. Los Artrópodos, nos guste o no, nos gusten o no, nos hacen posible habitar este planeta: están siempre vigentes, están siempre de moda, están siempre inspirándonos, aunque la mayoría de las veces no seamos conscientes de ello.

Así de maravillosos son los Artrópodos. Son mucho más que bichos. Son mucho más que unos animales cualesquiera. Son mucho más que «pelos» , alas, muchas patas y muchos ojos. Son mucho más que una moda pasajera entre los niños y niñas en sus primeras etapas. Dentro del grupo de los Animales, son los seres vivos más esenciales para nuestra existencia, los que nos dan todo sin recibir nada a cambio. Es cierto que algunas especies provocan perjuicios para el ser humano, pero esto es una nimiedad, comparada con todo lo que nos brindan: la vida. Muchas veces tendemos a ver la vida con una visión cortoplacista que nos impide ver que este planeta es mucho más complejo que lo que pasa en una sola vida humana, y que todo lo que hay a nuestro alrededor, ya existía antes, gracias a organismos que habitan el planeta antes que nosotros. Los seres humanos tan solo vivimos en el espacio entre dos compases de la mayor y más grandiosa sinfonía de todos los tiempos: la historia de la vida. El humano solo lleva aquí unas pocas decenas de miles de años, y ellos, cientos de millones. Es imposible que el mundo no gire en torno a ellos tras todo ese tiempo y que casi todos los procesos se encuentran regulados por los mismos. Así hemos de aprender a convivir con ellos, a amarlos, a respetarlos y a conservarlos.

AGRADECIMIENTOS

Escribir un libro siempre es un proceso maravilloso, donde contar algo se convierte en el vehículo que une a quien lo escribe, con todas aquellas personas que han confiado en que el viaje en que se iban a sumergir merecía la pena. Por ello, en primer lugar, quiero darte las gracias a ti, que has elegido este loco libro como compañero de aventuras, en tus tranquilas tardes de café o chocolate caliente en un frío y lluvioso invierno, de decenas de viajes de metro hacia el trabajo o de plácidas noches de verano a la orilla del mar. Espero que tu camino hasta aquí haya sido gratificante y divertido. También espero no haber mandado a nadie a Urgencias después de que haya leído la palabra *cucaracha*. Pero, sobre todo, sobre todo, espero que te hayas encariñado de nuestros amigos los Artrópodos.

Por otra parte, me gustaría reconocer la ayuda prestada por todas aquellas personas que, de una forma u otra, han contribuido a que este libro fuera mucho mejor, bien fuese recomendándome bibliografía, cediéndome fotografías o material, inspirándome con estimulantes charlas por los pasillos del departamento, o leyendo y releyendo hasta la última coma de alguno de mis capítulos en busca de erratas. Es un privilegio disfrutar de la ciencia con todas vosotras y vosotros. Entre todas ellas, quiero destacar la desinteresada ayuda de Sergio Álvarez-Ortega, Elena Cuesta, José Gómez Sánchez, María Herranz, Candela Martín Rodríguez, José Miguel Martín Rodríguez, Pilar Martínez-Hidalgo, Miguel Ángel Olalla-Tárraga y María Ángeles Rodríguez Burgos. En especial, debo dar miles de gracias al enorme entomólogo que es Eduardo Galante-Patiño. Es todo un honor que un científico de tu talla, y que tanto ha luchado a lo largo de su extensa carrera investigadora por la conservación de los Artrópodos, en especial, de los Insectos, haya aceptado mi invitación para escribir el prólogo de este libro. Como ya te dije, no existe una persona más indicada para ello. Gracias por tus comentarios y por tus correcciones, que, sin duda, han contribuido a mejorar este manuscrito, y por tan bonito prólogo que inaugura estas páginas, y en el que ha quedado claro que el libro es macarra con ganas.

A caballo entre lo personal y lo académico, se encuentran dos grandes personas, mi gran amigo el matemático Juan Manuel Muñoz-Ocaña, y mi compañera de camino, y por suerte de profesión, la bióloga Irene Martín-Rodríguez. Su desinteresada y encomiable labor de apoyo técnico- científico y empuje constante e infatigable durante la última década han sido cruciales para el desarrollo de mis proyectos científicos. Imposible el valorar cuantas aventuras hemos vivido juntos y en las que hemos descubierto cosas sorprendentes, muchas de las cuales ilustran estas páginas. Todo lo aprendido con su ayuda no tiene valor medible. Como ejemplo para ilustrar esto, la mayoría de las fotografías que muestro a lo largo de estas páginas, las he realizado en compañía de estos monstruos, en alguna de las múltiples campañas en que han participado. Tampoco se han quedado atrás durante la escritura de este libro, donde han estado estudiando y corrigiendo textos al detalle como auténticos monjes copistas. Por si esto fuera poco, han aportado valiosas sugerencias e ideas durante todo el proceso de escritura de este libro, sobre todo a la hora de adaptar las partes técnicamente más duras y pesadas para un público general.

En el apartado personal, por supuesto, tengo que agradecer la asistencia en secretaría de Mia y Kleo, y su gratificantey constante compañía peludita durante las mañanas, tardes o noches de escritura. Como auténticas expertas felinas, han estado supervisando cada página, y programando breaks estratégicos para que el autor desconectase y aprovechara convenientemente para jugar. Asimismo, debo agradecer la labor educativa que hicieron mis padres, Fernando y Manoli, en mi infancia, pues dejaron volar libre el germen de mi curiosidad en una edad muy temprana, a pesar de que ni ellos, creo yo, supieran, una vez la cabra tira al monte, ya no hay vuelta atrás por mucho que crezcas. En estos momentos, me acuerdo especialmente de mi madre, que hasta el último momento en que le fue posible ha estado colaborando en mis labores científicas como una más del equipo. Gracias por dedicarme tantas sonrisas y palabras bonitas a lo largo de tu vida. Cada vez que pongo un vinilo de Cyndi Lauper siento que estás cerca.

En el apartado institucional, debo agradecer al Real Instituto Belga de Ciencias Naturales por permitirme fotografiar diversos ejemplares de su extensa colección, tarea que sido harto indispensable para la realización de este libro. De igual manera, agradezco al Instituto Smithsoniano, en especial a Sarah Bradley, por disponer de un repositorio de material libre de derechos, y por resolver mis dudas en cuanto a la utilización de este a lo largo de estas páginas.

Asimismo, agradezco a la editorial Pinolia, y en especial a Eugenio Manuel Fernández y Sofía Soltero, por apostar por la divulgación de los Artrópodos, tarea harto necesaria en un escenario actual en donde tenemos al planeta contra las cuerdas, y en el que la difusión de la ciencia juega un papel fundamental para sensibilizar y concienciar a la población acerca de estos animales tan fundamentales para la vida. De igual modo, debo darle unas gigantescas gracias a Sabela Arranz, por su dedicado y detallado trabajo de edición.

Por último, y para cerrar este libro, como no podría ser de otra forma, debo agradecer, por todo, a los protagonistas de este libro, los Artrópodos. Debido decir que me siento un afortunado por trabajar con estos increíbles animales, por compartir innumerables aventuras con ellos, a cada cual más insólita, lo que me ha permitido descubrir su fascinante mundo y muchos de sus secretos, bien sea en el medio natural, o bien en el laboratorio, a lo largo de los estudios en los que he participado. Todas esas vivencias que he tenido el lujo de experimentar a lo largo de mi vida me han permitido, en muchos de los casos, ilustrarte de primera mano la biología de estas criaturas. Muchas de las cosas increíbles que te cuento las he visto frente a mí, y, por muchas veces que lo haya presenciado, me siguen dejando igual: ¡con la boca abierta! Sorprendentes, maravillosos, y esenciales para este mundo. A todos esos maravillosos bichos que pueblan nuestro planeta solo les digo: ¡eternamente, gracias! Reitero por enésima vez: la vida tal y como la conocemos no sería posible sin ellos.

REFERENCIAS

S i has llegado hasta aquí… ¡debo darte mis más sinceras enhorabuenas, estas a punto de acabar este libro! ¡Espero que hayas descubierto muchas cosas nuevas que desconocías sobre los Artrópodos y, sobre todo, que te hayas divertido! Antes de terminar, no podía irme sin proporcionar un listado de aquellas fuentes más imprescindibles consultadas durante la elaboración de este libro, que te pueden ser de mucha utilidad para encontrar gran cantidad de información adicional sobre alguno de los temas aquí tratados. Si tienes interés en obtener referencias específicas, o un listado detallado de los trabajos técnicos consultados para la realización de algún capítulo, ¡no dudes en contactar conmigo!

Aria, C. «The origin and early evolution of arthropods». *Biological Reviews* nº 97 (2022): 1786-1809.

Armstrong, A.J. & Siegfried, W.R. «Consumption of Antarctic krill by minke whales». *Antarctic Science*, nº 3 (1991):13-18.

Armstrong, J., Armstrong, D. & Hilborn, R. «Crustacean resources are vulnerable to serial depletion–the multifaceted decline of crab and shrimp fisheries in the Greater Gulf of Alaska». *Reviews in fish biology and fisheries*, n° 8 (1998): 117-176.

Balian, E.V., Lévêque, C., Segers, H. & Martens, K. (Eds.). «Freshwater Animal Diversity Assessment». *Hydrobiologia* 595 (volumen completo reimpreso), 2008.

Bandaranayake, W.M. The nature and role of pigments of marine invertebrates. *Natural Product Reports*, n° 23 (2006): 223-255.

Barber, J.R., Plotkin, D., Rubin, J.J., Homziak, N.T., Leavell, B.C., Houlihan, P.R. & Kawahara, A.Y. «Anti-bat ultrasound production in moths is globally and phylogenetically widespread». *Proceedings of the National Academy of Sciences*, n° 119 (2022): e2117485119.

Behringer, D.C. & Duermit-Moreau, E. «Crustaceans, one health and the changing ocean». *Journal of invertebrate pathology*, n° 186 (2021): 107500.

Boenish, R., Kritzer, J.P., Kleisner, K., Steneck, R.S., Werner, K.M., Zhu, W. & Mimikakis, J. «The global rise of crustacean fisheries». *Frontiers in Ecology and the Environment*, n° 20 (2022): 102-110.

Braddy, S.J., Poschmann, M. & Tetlie, O.E. «Giant claw reveals the largest ever arthropod». *Biology Letters*, n° 4 (2008): 106-109.

Brierley, A.S. «Diel vertical migration». *Current Biology*, n° 24 (2014): R1074-R1076.

Broly, P., Deville, P., & Maillet, S. «The origin of terrestrial isopods (Crustacea: Isopoda: Oniscidea)». *Evolutionary Ecology*, 27 (2013): 461-476.

Brusca, R.C., Giribet, G., Moore, W. *Invertebrates*. Fourth edition. Sinauer Associates, Oxford University Press, 2022.

Cardoso, P., Erwin, T.L., Borges, P.A., & New, T.R. «The seven impediments in invertebrate conservation and how to overcome them». *Biological conservation*, n° 144 (2011): 2647-2655.

Cheng, T. *General Parasitology*. Second Edition. Academic Press College Division, 1986.Cohen, A.C. & Morin, J.G. «Sexual morphology, reproduction and the evolution of bioluminescence in Ostracoda». *The Paleontological Society Papers*, n° 9 (2003): 37-70.

Cowles, J. *Amazing arachnids*. Princeton University Press, 2018.

Cumberlidge, N. «Freshwater decapod conservation: recent progress and future challenges». En *Advances in freshwater decapod systematics and biology*, editado por ,., 53-69. Brill: 2014.

Davies, N.S., Garwood, R.J., McMahon, W.J., Schneider, J.W. & Shillito, A.P. «The largest arthropod in Earth history: insights from newly discovered *Arthropleura* remains (Serpukhovian Stainmore Formation, Northumberland, England)». *Journal of the Geological Society*, n° 179 (2922): jgs2021-115.

Dezfuli, B.S., Giari, L. & Bosi, G. «Chapter three - Survival of metazoan parasites in fish: Putting into context the protective immune responses of teleost fish». En *Advances in Parasitology*, editada por en Rollinson, D. & Stothard, n° 112 (2021): 77-132.

Edgecombe, G.D. «Arthropod origins: integrating paleontological and molecular evidence». *Annual Review of Ecology, Evolution, and Systematics*, n° 51 (2020): 1-25.

Elipe, J. & Villagras, B. «El fin de un mito: causas clínicas de la muerte de Fernando el Católico». *Studium*, n° 24 (2018): 41-60.

Fang, J. «A world without mosquitoes: eradicating any organism would have serious consequences for ecosystems--wouldn't it? Not when it comes to mosquitoes». *Nature*, n° 466 (2010): 432-435.

Fernández, R., Edgecombe, G.D. & Giribet, G. «Phylogenomics illuminates the backbone of the Myriapoda Tree of Life and reconciles morphological and molecular phylogenies». *Scientific Reports*, n° 8 (2018): 83.

Food and Agriculture Organization of the United Nations. https://www.

fao.org/3/cc0461en/online/sofia/2022/status-of-fish-ery-resources.html. Giraldes, B.W., Coelho, P.A., Coelho Filho, P.A., Macedo, T.P. & Freire, A.S. «The ghost of the past anthropogenic impact: Reef-decapods as bioindicators of threatened marine ecosystems». *Ecological Indicators*, n° 133 (2021): 108465.

Giribet, G. & Edgecombe G.D. *The invertebrate tree of life*. Princeton University Press, 2020.

Green, C.H., Widder, E.A., Youngbluth, M.J., Tamse, A. & Johnson, G. E. «The migration behavior, fine structure, and bioluminescent activity of krill sound-scattering layers». *Limnology and Oceanography*, n° 37 (1992): 650-658.

Hallmann, C. A., Sorg, M., Jongejans, E., Siepel, H., Hofland, N., Schwan, H. & De Kroon, H. «More than 75 percent decline over 27 years in total flying insect biomass in protected areas». *PloS one*, n° 12 (2017): e0185809.

Hauke, T.J. & Herzig, V. «Dangerous arachnids—Fake news or reality?». *Toxicon* n° 138 (2017): 173-183.

Hoshiba, H. & Sasaki, M. «Perspectives of multi-modal contribution of honeybee resources to our life». *Entomological research*, n° 38 (2008): S15-S21.

Jackson, J.B., Kirby, M.X., Berger, W.H., Bjorndal, K.A., Botsford, L.W., Bourque, B.J., & Warner, R.R. «Historical overfishing and the recent collapse of coastal ecosystems». *Science*, n° 293 (2001): 629-637.

Kent, D. S., & Simpson, J. A. «Eusociality in the beetle *Austroplatypus incompertus (Coleoptera: Curculionidae)*». *Naturwissenschaften*, n° 79 (1992): 86-87.

Lacey, N., Ní Raghallaigh, S. & Powell, F.C. «*Demodex* mites—commensals, parasites or mutualistic organisms?». *Dermatology*, n° 222 (2011): 128-130.

Mángano, M.G., Buatois, L.A., Waisfeld, B.G., Muñoz, D.F., Vaccari, N.E. & Astini, R.A. «Were all trilobites fully marine? Trilobite expansion into brackish water during the early Palaeozoic». *Proceedings of the Royal Society B*, n° 288 (2021): 20202263.

Marek, P.E., Buzatto, B.A., Shear, W.A., Means, J.C., Black, D.G., Harvey, M.S. & Rodriguez, J. «The first true millipede-1306 legs long». *Scientific reports*, n° 11 (2021): 23126.

Marshall, J. & Oberwinkler, J. «The colourful world of the mantis shrimp». *Nature*, n° 401 (1999): 873-874.

Melic, A., Ribera, I. & Torralba, A. (Eds.). *Revista IDE@ - SEA*. Sociedad Entomológica Aragonesa, 2015. En línea: http://sea-entomologia.org/IDE@/. Consultado: 12/01/2024.

Misof, B., Liu, S., Meusemann, K., Peters, R.S., Donath, A., Mayer, C. & Zhou, X. «Phylogenomics resolves the timing and pattern of insect evolution». *Science*, n° 346 (2014): 763-767.

Morin, J.G. «Luminaries of the reef: The history of luminescent ostracods and their courtship displays in the Caribbean». *Journal of Crustacean Biology* 39 (2019): 227-243.

Nentwig, W., Ansorg, J., Bolzern, A., Frick, H., Ganske, A.S., Hänggi, A., Kropf, C. & Stäubli, A. *All You Need to Know About Spiders*. Springer, 2022.

Nyffeler, M. & Birkhofer, K. «An estimated 400–800 million tons of prey are annually killed by the global spider community». *The Science of Nature*, n° 104 (2017): 1-12.

Oka, S.I., Tomita, T. & Miyamoto, K. «A mighty claw: pinching force of the coconut crab, the largest terrestrial crustacean». *PLoS One*, n° 11 (2016): e0166108.

Ombati, R., Luo, L., Yang, S. & Lai, R. «Centipede envenomation: Clinical importance and the underlying molecular mechanisms». *Toxicon*, n° 154 (2018): 60-68.

Organización Mundial de la Salud. https://www.who.int/es/news-room/fact-sheets/detail/chagas-disease-(american-trypanosomiasis). Patek, S.N., Korff, W.L. & Caldwell, R.L. «Deadly strike mechanism of a mantis shrimp». *Nature*, n° 428 (2004): 819-820.

Pérez, G.M. «La historia de los genes homeóticos». *Arbor,* n°
168(662), (2001): 229-246.

Piccolin, F., Pitzschler, L., Biscontin, A., Kawaguchi, S. &
Meyer, B. «Circadian regulation of diel vertical migration
(DVM) and metabolism in Antarctic krill *Euphausia* su-
perba». *Scientific Reports,* n° 10 (2020): 16796.

Plotkin, D., & Goddard, J. «Blood, sweat, and tears: a review
of the hematophagous, sudophagous, and lachryphagous
Lepidoptera». *Journal of Vector Ecology,* n° 38 (2013): 289-
294.

Poly, W.J. «Global diversity of fishlice (Crustacea: Branchiura:
Argulidae) in freshwater». *Hydrobiologia,* n° 595 (2008): 209-
212.

Resh, V.H. & Cardé, R.T. (eds.). *Encyclopedia of Insects.* Second
edition. Academic press, 2009.

Rosenberg, Y., Bar-On, Y.M., Fromm, A., Ostikar, M., Shos-
hany, A., Giz, O. & Milo, R. «The global biomass and num-
ber of terrestrial arthropods». *Science advances,* n° 9 (2023):
eabq4049.

Rota-Stabelli, O., Daley, A.C. & Pisani, D. «Molecular time-
trees reveal a Cambrian colonization of land and a new sce-
nario for ecdysozoan evolution». *Current Biology* 23 (2013):
392-398.

Sanders, C., Mellor, P.S. & Wilson, A.J. «Invasive arthropods».
Revue scientifique et technique, n° 29 (2010): 273-286.

Savoca, M.S., Czapanskiy, M.F., Kahane-Rapport, S.R.,
Gough, W.T., Fahlbusch, J.A., Bierlich, K.C. & Goldbogen,
J.A. «Baleen whale prey consumption based on high-resolu-
tion foraging measurements». *Nature,* n° 599 (2021): 85-90.

Schoenemann, B. & Clarkson, E.N. «Discovery of some 400
million year-old sensory structures in the compound eyes of
trilobites». *Scientific Reports,* n° 3 (2013): 1429.

Schoenemann, B. & Clarkson, E.N. «The median eyes of trilobites». *Scientific Reports,* n° 13 (2023): 3917.

Schoenemann, B. «An overview on trilobite eyes and their functioning». *Arthropod Structure & Development*, n° 61 (2021): 101032.

Schofield, C.J. «The behaviour of Triatominae (Hemiptera: Reduviidae): a review». *Bulletin of Entomological Research*, n° 69 (1979): 363-379.

Sverdrup-Thygeson, A. *Extraordinary Insects: Weird. Wonderful. Indispensable. The ones who run our world.* Mudlark. 2019.

Tarling, G.A. & Fielding, S. «Swarming and Behaviour in Antarctic Krill. Advances in Polar Ecology». En *Biology and Ecology of Antarctic Krill*, editado por Siegel V, 279-319. Springer, 2016.

Telford, M.J. & Thomas, R.H. «Expression of homeobox genes shows chelicerate arthropods retain their deutocerebral segment». *Proceedings of the National Academy of Sciences*, n° 95 (1998): 10671-10675.

Thoen, H.H., How, M.J., Chiou, T.H. & Marshall, J. A different form of color vision in mantis shrimp. *Science*, n° 343 (2014): 411-413.

Tihelka, E., Howard, R.J., Cai, C. & Lozano-Fernandez, J. «Was there a Cambrian explosion on land? The case of arthropod terrestrialization». *Biology*, n° 11(10), (2022): 1516.

Wagner, D.L., Grames, E.M., Forister, M.L., Berenbaum, M.R. & Stopak, D. «Insect decline in the Anthropocene: Death by a thousand cuts». *Proceedings of the National Academy of Sciences*, n° 118 (2021): e2023989118.

Zaspel, J.M., Zahiri, R., Hoy, M.A., Janzen, D., Weller, S.J. & Wahlberg, N. «A molecular phylogenetic analysis of the vampire moths and their fruit-piercing relatives (Lepidoptera: Erebidae: Calpinae)». *Molecular Phylogenetics and Evolution*, n° 65 (2012): 786-791.

Este libro se terminó de imprimir en el mes de junio de 2024
en Industria Gráfica Anzos S.L.U. (Madrid).